高等职业技术教育系列教材

航 空 概 论

主　编　凡进军　刘让贤　晏初宏

副主编　宋　斌　张启元　唐道湘

参　编　李雨林　曹　伟　余洪伟

主　审　夏罗生

西安电子科技大学出版社

内 容 简 介

本书包含绪论及 7 章内容。全书围绕飞行器飞行原理、航空发动机等核心知识,主要介绍了形形色色的飞机,飞机飞行的原理,发动机,飞机的基本构造,机载设备、机场和空中交通管理,飞行器的发展概况和飞行器有关技术概述等内容。各章章末均附有思考题与习题,帮助学生进一步巩固本章所学知识。

本书通过较为翔实的史料、丰富的图片和深入浅出的文字,比较系统地介绍了飞行器的发生情景和发展现状,并展望了飞行器的发展前景,具有较强的知识性、科学性、趣味性和可读性。

本书是西安电子科技大学出版社组织编写的高等职业技术教育"十三五"规划教材,既可作为航空、航天职业技术学院及职工大学的飞行器制造工艺、航空发动机装配与试车、飞机制造技术、航空机电设备维修、飞机维修、导弹维修等相关专业的教材,也可供关心和热爱航空、航天事业的广大读者阅读参考,还可作为航空、航天工厂员工的自学教材。

图书在版编目(CIP)数据

航空概论/凡进军,刘让贤,晏初宏主编.
—西安:西安电子科技大学出版社,2019.10(2024.7 重印)
ISBN 978–7–5606–5476–8

Ⅰ.① 航… Ⅱ.① 凡… ② 刘… ③ 晏… Ⅲ.① 航空学—高等职业教育—教材
Ⅳ.① V2

中国版本图书馆 CIP 数据核字(2018)第 190810 号

策　　划　杨丕勇
责任编辑　杨丕勇
出版发行　西安电子科技大学出版社(西安市太白南路 2 号)
电　　话　(029)88202421　88201467　　　邮　　编　710071
网　　址　www.xduph.com　　　　　　　电子邮箱　xdupfxb001@163.com
经　　销　新华书店
印刷单位　陕西天意印务有限责任公司
版　　次　2019 年 10 月第 1 版　　2024 年 7 月第 12 次印刷
开　　本　787 毫米×1092 毫米　1/16　印　张　18.25
字　　数　432 千字
定　　价　44.00 元
ISBN 978–7–5606–5476–8
XDUP 5778001–12
如有印装问题可调换

前　言

从飞机被发明出来到现在已经有一百多年了，这是一个不平凡的世纪。1903 年 12 月 17 日，在美国北卡罗来纳州的基蒂霍克沙洲上，由莱特兄弟制作的世界上第一架有动力、可操纵、重于空气的载人飞行器试飞成功。虽然留空时间只有短短的 12 秒，飞行距离也只有微不足道的 36 米，但却标志着人类飞行的梦想变成了现实，开创了航空飞行的新纪元。

应该说，飞机的发明是人类在 20 世纪取得的最伟大的科学技术成就之一。由于飞机的存在，地球"变小"了，如今在不到一天的时间里，人们就可以飞到地球上的任何一个角落。这对于生活在 20 世纪以前的人类来说，简直是一个难以想象的人间奇迹。飞机为人类的进步与发展插上了翅膀，将人们的活动范围从陆地、海洋扩展到天空，并且越飞越高、越飞越快、越飞越远，创造了人类历史上一个又一个辉煌，并对社会生活的各个方面产生了和正在产生着极其巨大的影响。

在航空技术发展的早期，由于缺乏合适的动力，飞机的发明比以蒸汽机为标志的工业革命晚了近 140 年。直到 19 世纪末、20 世纪初，活塞发动机被发明和应用之后，人类才终于圆了飞行梦。在 20 世纪前半叶，装有活塞发动机的螺旋桨飞机主宰了天空，并在两次世界大战中大显身手，改变了人类的战争模式，同时也推动了民用航空事业的发展；20 世纪 40 年代后，喷气发动机的出现，使飞机突破声障，实现了超声速飞行，并从此进入了喷气飞行时代；大涵道比涡扇发动机和宽体旅客机的出现，使航空运输的成本大大降低，并实现了不着陆越洋飞行。飞行不再是少数冒险家追求刺激的方式，而是普通大众不可或缺的交通工具。21 世纪，航空动力技术呈现加速发展态势，将有可能研制出超过声速 5～10 倍的高超声速飞行器及空天飞机，使人类进入更加经济、安全、快速、便捷的高超声速及大气层、外层空间天地往返航行的时代，开创人类航空史上的新纪元。

飞机带来了新的军事文明、交通文明、时空文明，人类与时间、人类与空间、时间与空间的关系已经且还在因飞行而改变。航空的每一次进步，都是一次对自然、技术和人类生理与心理极限的挑战。今天，人类对航空技术的探索并未止步，探索未知秘密、追求更大自由的脚步始终没有停歇，而飞机的发展也没有达到尽头。高超声速到底有多快？变体飞机能对未来作战产生何种影响？人类的求知欲望正在和现实需求不断结合，推动着飞机继续向前发展，更大、更快、更好的飞机将会在新的一百年中不断飞上蓝天，为人类造福。

中国航空工业的起步并不算太晚，在中华民国时期就曾试图建立航空工业，但最终只是修理与维护少量的活塞发动机和飞机。中华人民共和国的航空工业从 1951 年 4 月 17 日创立之后，历经风雨，披荆斩棘，终于走出一条不平凡的道路。经过几代航空人艰苦卓绝的奋斗，中国航空工业已经从一个弱小的幼苗，逐渐成长为一棵枝繁叶茂的参天大树，成功研制并生产了上万架战斗机、强击机、轰炸机、直升机、侦察机、教练机、无人驾驶飞机、支线客机和通用飞机，为国防现代化和经济建设做出了突出贡献。中国航空工业的几十年，是一部艰苦奋斗、不断前行、变革求新的光荣历史，是一首报国强军、敬业富民、问道蓝天的恢弘诗篇。几代航空人不断拼搏进取、薪火相传，创造了中国航空工业的辉煌成就。他们的伟大精神为后来者树立了典范，承载着航空工业腾飞奋起的光荣与梦想。

本书带有较浓厚的科普性质，是为了普及航空、航天科普教育而编写的，通过较为翔实的史料、丰富的图片和深入浅出的文字，比较系统地介绍了飞行器的发生情景和发展的现状，并展望了飞行器的发展前景，具有较强的知识性、科学性、趣味性和可读性，特别适合关心航空、航天事业，热爱航空、航天事业的青少年读者阅读参考。本书包含绪论和 7 章内容。全书以飞行器飞行原理、航空发动机等为核心知识，主要介绍了不同类型的飞机，飞机飞行的原理，发动机，飞机的基本构造，机载设备、机场和空中交通管理，飞行器的发展概况和飞行器有关技术概述等内容。

参加本书编写的有凡进军、刘让贤、晏初宏、宋斌、张启元、唐道湘、李雨林、曹伟、余洪伟等老师和工程技术人员。由凡进军、刘让贤、晏初宏担任主编，宋斌、张启元、唐道湘担任副主编，李雨林、曹伟、余洪伟担任编委。其中，绪论、第 1 章由张家界航空工业职业技术学院凡进军、晏初宏老师编写，第 2 章由张家界航空工业职业技术学院刘让贤老师编写，第 3 章由张家界航空工业职业技术学院刘让贤、唐道湘老师编写，第 4 章由张家界航空工业职业技术学院宋斌、张启元老师编写，第 5 章由张家界航空工业职业技术学院凡进军、李雨林老师编写，第 6 章由中国航天第二研究院第二总体设计部曹伟工程师编写，第 7 章由张家界航空工业职业技术学院余洪伟老师编写。全书由凡进军、刘让贤、晏初宏老师负责统稿和定稿工作。

本书由张家界航空工业职业技术学院夏罗生教授担任主审，他对全书提出了许多宝贵的建议和修改意见。另外，张家界航空工业职业技术学院的晏玫、龚素霞老师，在本书的统稿工作中付出了辛勤的劳动。在此，谨向他们表示衷心的感谢。

由于编者水平有限、经验不足，书中的疏漏在所难免，恳请读者批评指正。

编　者
2019 年 6 月

目　　录

绪论 1
 0.0.1 人类的飞天之梦 1
 0.0.2 第一次飞上天空的有动力的
   飞机和人 1
 0.0.3 航空与航天的基本内涵 2
 0.0.4 飞行器的分类 3
 0.0.5 航空航天发展简史 6
 0.0.6 飞行环境 11
 思考题与习题 13

第 1 章　形形色色的飞机 15
 1.1 军用飞机 15
  1.1.1 战斗机 15
  1.1.2 截击机 19
  1.1.3 强击机 20
  1.1.4 轰炸机 21
  1.1.5 战斗轰炸机 22
  1.1.6 反潜机 23
  1.1.7 侦察机 23
  1.1.8 预警机 24
  1.1.9 电子干扰飞机 26
  1.1.10 军用运输机 26
  1.1.11 空中加油机 28
  1.1.12 舰载飞机 28
  1.1.13 教练机 29
 1.2 民用飞机 30
  1.2.1 旅客机 30
  1.2.2 货机 34
  1.2.3 通用飞机 35
  1.2.4 公务机 35
 1.3 无人机 36
  1.3.1 战略侦察无人机 36
  1.3.2 战斗无人机 37
  1.3.3 微型无人机 38
  1.3.4 中国的无人机 38

  1.3.5 无人飞艇 39
 1.4 直升机 39
  1.4.1 MD500/530 直升机 40
  1.4.2 AH-64 "阿帕奇" 攻击直升机 40
  1.4.3 CH-47 "支奴干" 运输直升机 41
  1.4.4 RAH-66 "科曼奇" 直升机 41
  1.4.5 S-80/H-53E 重型直升机 41
  1.4.6 S-92 双发中型直升机 42
  1.4.7 俄罗斯研制的直升机 42
  1.4.8 NH-90 多用途军用直升机 43
  1.4.9 EH-101 三发多用途直升机 44
  1.4.10 中国研制生产的武直-10
    武装直升机 44
  1.4.11 V-22 "鱼鹰" 倾转旋翼直升机 44
  1.4.12 贝尔-波音 609 民用
    倾转旋翼直升机 45
  1.4.13 直升机加气囊式组合飞艇 45
  1.4.14 复合式直升机 46
  1.4.15 气囊飞机 46
 思考题与习题 46

第 2 章　飞机飞行的原理 49
 2.1 流体流动的基本知识 49
  2.1.1 飞行相对运动原理 49
  2.1.2 流体的连续性假设和状态方程 49
  2.1.3 流体的可压缩性、声速 c、黏性和
    传热性 50
  2.1.4 来流马赫数和雷诺数 52
  2.1.5 流体流动现象的观测和描述 52
  2.1.6 流体的模型化 56
 2.2 流体流动的基本规律 57
  2.2.1 质量守恒与连续方程 57
  2.2.2 能量方程与伯努利方程 58
  2.2.3 低速、亚声速和超声速管内
    流体的流动 59

2.2.4 小扰动波在气流中的传播 60

2.2.5 马赫波、膨胀波和激波 62

2.3 作用在飞机上的空气动力 63

2.3.1 飞机机翼的几何外形和参数 63

2.3.2 低速、亚声速时飞机上的
空气动力 65

2.3.3 跨声速时飞机上的空气动力 ... 71

2.3.4 超声速时飞机上的空气动力 ... 75

2.3.5 风洞的作用和试验要求 80

2.4 飞机的重心、机体坐标轴系和
飞机平衡 84

2.4.1 飞机的重心 84

2.4.2 机体坐标轴系 85

2.4.3 飞机在作用力相互
平衡时的运动 85

2.5 飞机的稳定性和操纵性 87

2.5.1 稳定、不稳定与中和稳定 ... 87

2.5.2 飞机的纵向(俯仰)稳定性 ... 88

2.5.3 飞机的方向(航向)稳定性 ... 88

2.5.4 飞机的横向(侧向)稳定性 ... 89

2.5.5 飞机的操纵 90

2.6 飞机的增升装置 93

2.6.1 襟翼 93

2.6.2 前缘襟翼 95

2.6.3 前缘缝翼 95

2.6.4 喷气襟翼 96

2.6.5 附面层控制 96

2.7 飞机的飞行性能、起飞和着陆 96

2.7.1 飞机的飞行性能 96

2.7.2 起飞和着陆 98

2.7.3 悬停飞行 99

2.8 飞机的机动飞行 100

2.8.1 飞机的盘旋飞行 100

2.8.2 俯冲飞行 101

2.8.3 筋斗 101

2.8.4 横滚 101

2.8.5 半筋斗翻转 102

2.8.6 半滚倒转 102

2.9 直升机的飞行原理 102

2.9.1 直升机概况 102

2.9.2 直升机的主要特点 103

2.9.3 直升机旋翼的工作原理 103

思考题与习题 105

第3章 发动机 107

3.1 发动机的一般概念与发展 107

3.1.1 发动机的一般概念 107

3.1.2 航空发动机溯源 108

3.1.3 航空发动机的发展 110

3.2 活塞式航空发动机 119

3.2.1 往复式活塞发动机 119

3.2.2 空气螺旋桨 124

3.3 喷气式航空发动机 124

3.3.1 推力的产生 124

3.3.2 燃气涡轮发动机 126

3.3.3 无压气机式空气喷气发动机 147

3.4 直升机用发动机 148

3.4.1 涡轮轴发动机 148

3.4.2 涡轮轴发动机的基本构造 149

3.4.3 涡轮轴发动机技术的
发展概况 153

3.5 火箭发动机 153

3.5.1 火箭发动机的主要性能参数 154

3.5.2 液体火箭发动机 154

3.5.3 固体火箭发动机 157

3.5.4 固、液混合火箭发动机 160

思考题与习题 161

第4章 飞机的基本构造 164

4.1 飞机的基本组成结构 164

4.1.1 飞机的组成结构及其功用 164

4.1.2 载荷、变形和应力的概念 165

4.1.3 对飞机结构的基本要求 167

4.2 机翼、尾翼及其载荷 169

4.2.1 机翼载荷 169

4.2.2 机翼受力构件的基本构造 170

4.2.3 机翼结构的基本构造形式 174

4.2.4 机翼上的活动面 176

　　4.2.5　尾翼载荷及尾翼结构 176

　4.3　机身及其载荷 177

　　4.3.1　机身载荷 177

　　4.3.2　机身受力构件的基本构造 178

　　4.3.3　机身结构的基本构造形式 180

　4.4　起落架 181

　　4.4.1　起落架的配置形式 182

　　4.4.2　起落架的结构形式 183

　　4.4.3　起落架的收放 185

　　4.4.4　起落架的缓冲系统 187

　　4.4.5　起落架的刹车装置 190

　4.5　直升机的基本构造 192

　　4.5.1　直升机的组成 192

　　4.5.2　旋翼的构造 193

　　4.5.3　自动倾斜器 195

　思考题与习题 196

第5章　机载设备、机场和空中
　　　　交通管理 198

　5.1　航空仪表 198

　　5.1.1　飞机飞行状态参数测量 198

　　5.1.2　发动机状态参数测量 207

　　5.1.3　电子综合显示器 209

　5.2　飞机导航技术 209

　　5.2.1　飞机导航技术的一般概念 209

　　5.2.2　仪表导航 210

　　5.2.3　无线电导航 210

　　5.2.4　惯性导航系统 212

　　5.2.5　全球定位系统(GPS) 213

　　5.2.6　北斗导航系统(BDS) 214

　5.3　飞机自动控制技术 214

　　5.3.1　飞机的自动驾驶和自动
　　　　　　驾驶仪 214

　　5.3.2　飞机的飞行轨迹控制 215

　　5.3.3　电传操纵 216

　　5.3.4　现代飞机的综合飞行
　　　　　　管理系统 217

　5.4　其他机载设备 218

　　5.4.1　通信设备 218

　　5.4.2　雷达设备 218

　　5.4.3　电气设备 219

　　5.4.4　高空防护设备 220

　　5.4.5　救生设备 221

　　5.4.6　防冰设备 222

　5.5　机场和空中交通管理 223

　　5.5.1　机场 223

　　5.5.2　地面保障 224

　　5.5.3　空中交通管理 224

　思考题与习题 226

第6章　飞行器的发展概况 228

　6.1　飞机和直升机 228

　　6.1.1　军用飞机 228

　　6.1.2　民用飞机 230

　　6.1.3　特殊飞机 232

　　6.1.4　直升机 235

　6.2　导弹 236

　　6.2.1　有翼导弹 236

　　6.2.2　弹道导弹 242

　　6.2.3　反弹道导弹导弹系统 246

　6.3　航天器 247

　　6.3.1　航天器的基本系统 247

　　6.3.2　卫星结构 247

　　6.3.3　空间探测器结构 248

　　6.3.4　载人飞船 248

　　6.3.5　空间站 250

　6.4　火箭 250

　　6.4.1　探空火箭 250

　　6.4.2　运载火箭 251

　6.5　航天飞机和空天飞机 254

　　6.5.1　航天飞机 254

　　6.5.2　空天飞机 257

　思考题与习题 257

第7章　飞行器有关技术概述 260

　7.1　CAD/CAM 技术 260

　　7.1.1　CAD/CAM 基础知识 260

　　7.1.2　常用的 CAD/CAM 软件 263

7.2 主动控制与综合控制技术 265
　7.2.1 主动控制技术 265
　7.2.2 综合控制系统 269
7.3 隐身技术 271
　7.3.1 隐身技术的一般概念 271
　7.3.2 隐身技术原理 272
　7.3.3 反隐身技术 274
7.4 系统工程 274
　7.4.1 飞行器的可用性 275
　7.4.2 飞行器的可信性 277
　7.4.3 飞行器的能力 277

7.4.4 飞行器的有效性 277
7.4.5 飞行器的寿命周期费用 278
7.5 微机电系统 279
　7.5.1 微机电系统概述 279
　7.5.2 MEMS 在航空领域的应用 279
　7.5.3 MEMS 在微纳卫星领域的
　　　　应用 281
思考题与习题 282

主要参考文献 284

绪　　论

0.0.1　人类的飞天之梦

飞向天空，是人类亘古以来的幻想，是古往今来最经久不衰的话题。看到小鸟在天空中自由翱翔，人们都渴望像鸟儿一样飞行。在世界各民族绚丽多彩的神话中，都能找出许多人与鸟比翼齐飞的传说。嫦娥奔月，这个故事反映出人们想升空飞行的强烈愿望。

在古代关于舜帝的传说中，舜帝在受其继母迫害、将被烧死在谷仓顶上时，手持斗笠(另一种说法是天女赠送的披风)从空中跳下，逃离了熊熊大火。在《封神演义》里有个叫雷震子的人，是姜太公手下的一员大将，他肋下生翅，能在空中自由飞来飞去。还有牛郎织女，七仙女下凡，列子御风飞行，萧史和弄玉乘龙、骑凤上天，孙悟空腾云驾雾等神话故事，充分反映出人们对飞行的遐想和渴望。

在西方的神话中，许多神化人物都长有翅膀。长着一对小小肉翅的可爱的小天使，至今还被人们喜欢。在古希腊，广泛传诵着伊卡洛斯与他父亲一起用羽毛和蜡做了一对翅膀，竟成功地从克里特岛上的监狱里逃出来的故事。勇敢的伊卡洛斯不听父亲忠告，执意高飞，想接近太阳，结果因翅膀被熔化而掉进了大海。在著名民间故事集《一千零一夜》中，有名的"飞毯"就是对直升机飞行器的一种向往；"神灯"中可飞行数百里的巨人，实际上是人们对能在空中自由翱翔的飞机的渴望。

0.0.2　第一次飞上天空的有动力的飞机和人

人类为了实现腾空飞行的梦想，从探索鸟类飞行的奥秘到驾驶飞机在空中飞行，经历了一个漫长而又曲折的过程。1903年12月17日是一个值得永远纪念的日子，美国莱特兄弟自己动手设计、由弟弟奥维尔·莱特驾驶的"飞行者1号"，在北卡罗来纳州的基蒂霍克沙洲实现了人类历史上第一次有动力、稳定、可操纵的持续(12 s)飞行；当天由哥哥威尔伯·莱特驾驶的第四次飞行，在空中只停留了短短的59 s，飞行距离也只有微不足道的260 m，但却使人类渴望了几千年飞向天空的梦想变为现实，开创了人类现代航空的新纪元。

如图0-1所示，"飞行者1号"是一架普通的双翼飞机。飞机长6.5 m，翼展12.3 m，机翼面积47.4 m^2，起飞重量340 kg。它采用了鸭式布局，一副前翼和一副主机翼都是双翼结构，前翼兼作升降舵，两个方向舵装在机身后面。一台8.8 kW的活塞式汽油发动机装在下机翼中间偏右的部位，用链条带动两副推进式螺旋桨，螺旋桨直径为2.59 m，分别安装在驾驶员位置的两侧。机身骨架和机翼用枞木和布制成，上下机翼之间用支撑柱加强。最初人是趴在下部机翼上驾驶的，1908年才改成坐式，1912年又将滑橇改成带机轮的起落架。

图 0-1　"飞行者 1 号"和莱特兄弟

　　在莱特兄弟实现首次动力飞行后的第 6 年，即 1909 年 9 月 21 日，在美国加州奥克兰市郊外的派德蒙特山附近，被孙中山先生称为"不可多得之奇才"的旅美华人冯如，亲自驾驶自己设计制造的有动力的飞机，成功地首次飞上蓝天，被誉为中国第一个飞行家，如图 0-2 所示。

图 0-2　冯如和冯如设计制造的飞机

　　一年后，冯如再接再厉，又制造成一架双翼机，并于 1910 年 10 月至 12 月在奥克兰进行多次飞行表演，均获得成功，受到孙中山先生和旅美华侨的赞许，并获得美国国际航空学会颁发的甲等飞行员证书。1911 年 2 月，冯如怀着报效祖国的心愿，与助手朱竹泉等人带着两架自制的飞机回国。这两架飞机中，其中一架翼展 8.9 m，弦长 1.37 m，采用一台功率为 22 kW 的活塞发动机，螺旋桨转速为 1200 r/min；另一架为双翼鸭式布局飞机，发动机功率为 55 kW，采用推进式螺旋桨。

0.0.3　航空与航天的基本内涵

　　航空航天技术是 20 世纪人类在认识自然和改造自然的过程中最活跃、发展最迅速、对人类社会生活最有影响力的科学技术领域之一，也是代表一个国家科学技术先进性的重要标志。

　　航空是指在地球周围稠密的大气层内的航行活动。航天是指在大气层之外的近地空间、行星际空间、行星附近以及恒星际空间的航行活动。但是，在地面发射航天飞行器或者当航天飞行器返回地面时，都要经过大气层，特别是水平起降的航天飞机，虽然主要活动在大气层之外的空间，但其起飞和降落过程与飞机极为相似，兼有航空和航天的特点。所以从科学技术上看，航空与航天不仅是紧密联系的，有时甚至是难以区别的。航空航天一词，既指进行航空航天活动所涉及的科学技术，又指研制航空航天飞行器所涉及的科学技术。

航空航天技术是高度综合的现代科学技术，综合运用了基础科学和应用科学的最新成就，应用了工程技术的最新成果。力学、热力学、材料学、电子技术、自动控制理论和技术、计算机技术、喷气推进技术以及制造工艺等科学技术的进步，都对航空航天技术的进步和发展起到了重要的作用。现代科学技术在航空航天领域的应用中相互交叉、渗透，产生了一些新的学科；航空航天技术在发展中提出的新要求，又促进了这些学科的发展。

航空航天技术的发展与军事应用密切相关，而其巨大的进展对国民经济和社会生活都产生了重大影响。航空航天技术用于军事，使军事装备和军事技术发生了根本性的变化，使战争从平面向立体转化，使战争的格局发生了巨大的变化。在战争中，飞机执行拦击、侦察、轰炸、攻击、预警、反潜、电子干扰以及运输、空降等任务。同时，民用航空的发展也改变了交通运输的结构，为人们提供了一种快速、方便、舒适、安全的交通运输工具。飞机和直升机还广泛应用于农业作业、森林防火、大地测绘、地质勘探，以及在高空中进行各种科学技术的研究工作等。

航天技术和其他的科学技术相结合，开拓了许多崭新的技术领域。卫星通信已成为现代传递信息的重要手段，通过卫星广播可以对广大地区的公众直接进行电视广播；卫星导航引起了导航技术的重大变化，实现了全球、全天候、高精度的导航定位；气象卫星、地球资源卫星给人类带来的利益更是显著的；环绕地球运行的航天站(空间站)、航天飞机、行星际和行星探测器等，是人类认识自然、改造自然的先进工具。

0.0.4　飞行器的分类

在地球大气层内或大气层之外的空间(含环地球空间、行星和行星际空间)飞行的器械，通称为飞行器。一般，飞行器可分为三大类：航空器、航天器、火箭和导弹。在大气层内飞行的飞行器，称为航空器；在大气层之外的空间飞行的飞行器，称为航天器；依靠制导系统控制其飞行轨迹的飞行武器，称为导弹；靠火箭发动机提供推进力的飞行器，称为火箭。

1. 航空器

任何航空器都需要产生升力来克服自身的重力，然后才能升空飞行。按照产生升力的基本原理，可将航空器分为两大类：一是靠空气静浮力升空飞行的航空器(习惯上称为轻于空气的航空器)，二是靠航空器与空气相对运动而产生空气动力升空飞行的航空器(习惯上称为重于空气的航空器)。航空器的分类如图 0-3 所示。

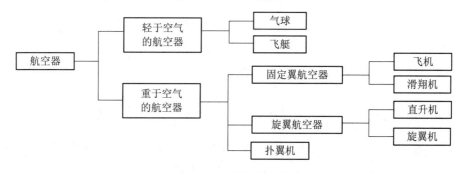

图 0-3　航空器的分类

(1) 轻于空气的航空器。轻于空气的航空器包括气球和飞艇，其主体是一个气囊，其中充以密度小于外界空气密度的气体(如热空气、氢或氦)，由于气球所排开的空气重量大于气球本身的重量，所以通过静浮力使气球升空。气球没有动力装置，升空后只能随风飘动或被系留在固定位置上。飞艇装有发动机、螺旋桨、安定面、操纵面以及装载人或物的吊舱，飞行路线可以控制。

(2) 重于空气的航空器。重于空气的航空器是靠自身与空气相对运动而产生的升力升空飞行的。这种航空器主要有固定翼航空器和旋翼航空器两类。固定翼航空器包括飞机和滑翔机，旋翼航空器包括直升机和旋翼机。滑翔机在飞行原理与构造形式上与飞机基本相同，只是它没有动力装置和推进装置，一般由弹射或拖曳升空，然后靠有利的气流(如上升气流)或降低高度(位能转变为动能)继续飞行。旋翼机与直升机的区别是，旋翼机的旋翼没有动力直接驱动，是靠自身前进时(前进的动力由动力装置提供)的相对气流吹动旋翼转动而产生升力的。

除了以上两种航空器之外，还有一种航空器是许多工程师和航空爱好者正在探索研究而至今尚未成功的、模拟鸟类飞行的扑翼机。

2. 航天器

航天器是在稠密大气层之外环绕地球飞行，或在行星际空间、恒星际空间，基本上按照天体力学规律运行的各种飞行器，又称空间飞行器。与自然天体不同的是，航天器可以按照人的意志，改变其运行轨道。如图 0-4 所示，航天器可以分为无人航天器和载人航天器。无人航天器可以按照是否环绕地球运行分为人造地球卫星和空间探测器；载人航天器又可分为载人飞船、航天站(又称空间站)和航天飞机。

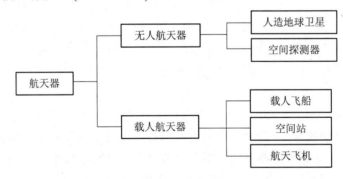

图 0-4 航天器的分类

(1) 无人航天器。无人航天器包括人造地球卫星和空间探测器。

① 人造地球卫星，简称人造卫星，是由运载火箭发射到一定高度，获得必要的速度，沿一定轨道环绕地球，基本上按天体力学规律运行的一种航天器。人造地球卫星按其用途又可分为用于科学研究的科学卫星，直接为国民经济和军事服务的应用卫星，以及进行航天技术试验的技术试验卫星等。它们又可按用途再加以细分，例如应用卫星可分为通信卫星、气象卫星、侦察卫星等。

② 空间探测器，又称为深空探测器，是对月球、行星和行星际空间进行探测的航天器，目前，已发展到了探测太阳系之外的宇宙空间的探测器。

(2) 载人航天器。按照飞行和工作情况，载人航天器可分为载人飞船、航天站(空间站)

和航天飞机。

① 载人飞船包括卫星式载人飞船和登月载人飞船。它们提供航天员在外层空间生活和工作的条件，并能使航天员安全返回地面。载人飞船可以独立进行航天活动，也可以作为往返于地面和航天站(或月球)之间的"渡船"。

② 航天站是可供多名航天员长期生活的航天器。它的运行原理与环绕地球的卫星式载人飞船类似，主要区别是，卫星式载人飞船运行的时间很短，一般仅能一次使用后返回地面。

③ 航天飞机是可以重复使用，往返于地面和近地轨道之间运送有效载荷或在轨道上完成规定活动的航天器。航天飞机一般可以设计成飞机形式，由运载火箭送入轨道，返回地面时可像飞机那样着陆。目前，正在探索像飞机那样水平起飞、水平着陆的航天飞机(又称空天飞机)。

3. 火箭和导弹

在许多文献中，"火箭"一词既指火箭发动机又指以火箭发动机为动力的飞行器。如指火箭发动机，可按能源分为化学火箭、核火箭、电火箭；如指以火箭发动机为动力的飞行器，可按用途分为无控火箭弹、探空火箭、运载火箭等。

导弹是由制导系统控制其飞行轨迹的飞行武器，特点是带有战斗部。按导弹飞行特点可分为弹道式导弹、巡航导弹和可作高机动飞行的导弹(如地空导弹、空空导弹等)三大类。导弹的动力装置可以是火箭发动机，也可以是涡轮喷气发动机或冲压发动机。每一类导弹，还可以按用途或射程大小再予以细分。

0.0.5　航空航天发展简史

碧空万里，浩瀚无垠，神秘莫测，令人神往。自古以来，人类就怀有飞行的愿望，但是在社会生产力水平低下的年代，这种愿望是难以实现的。不过，许多先驱人物的勇敢探索，却为人类实现飞行提供了有益的经验和教训。特别是18世纪的产业革命，推动了科学技术的发展，为人类实现飞行的愿望提供了条件。

1. 航空发展简史

1) 轻于空气的航空器

利用空气静浮力升空，在技术上是比较容易实现的。中国在10世纪初期，就有了类似于热气球的"孔明灯"，将其升入空中作为战争中的联络信号。18世纪末期，法国的蒙哥尔费兄弟制成的热气球，载上一些动物升空飞行了8 min后安全降落。1783年10月15日F.P.罗奇埃乘热气球上升到26 m高度，飞行了4.5 min。同年11月21日，罗奇埃和达尔朗德又乘热气球在约1000 m高度用12 min飞行了约12 km，这是人类首次乘航空器飞行。随后，法国的物理学家查理制成了以丝绸作气囊充以氢气的气球，升空915 m，飘行了约25 km后降落。后来他又制造了一只更大的气球，下系可以载人的吊篮。他和一位同伴乘这只气球在空中飘行了50 km，留空时间超过2 h。

气球的出现激起了人们对乘气球飞行的热情，有人开始致力于飞艇的研究。经过多年的探索和试验，人类制成了带动力、可操纵的飞艇，并升空飞行。1900年，德国的齐柏林制成了长128 m，容积为11 300 m³的硬式飞艇，巡航速度为60 km/h，并于1910年开辟了载客的定期航线。图 0-5 是齐柏林制造的世界上第一个实用的 LZ-1 飞艇。

图 0-5　世界上第一个实用的 LZ-1 飞艇

　　第一次世界大战期间，德国曾用这种飞艇轰炸伦敦。第一次世界大战后，齐柏林又建造了两艘巨型飞艇，在欧洲到南美和美国的商业航线上飞行。这种飞艇长 245 m，容积为 200 000 m³，速度为 130 km/h，载客 75 名。1937 年，一次从德国到美国的飞行中飞艇突然起火爆炸，旅客全部遇难，从此飞艇的商业飞行结束了。20 世纪 70 年代以后，许多国家又应用新材料、新技术研制新的飞艇，用以巡逻和吊装大型设备。

　　2) 重于空气的航空器

　　人类关于飞行的许多探索和试验都是从模仿鸟类的飞行开始的，中外历史文献中都记载着用羽毛制成翅膀尝试飞行的记录，但这些尝试都没有获得成功。19 世纪初，英国的 G.凯利提出了重于空气的航空器的飞行理论，阐明了利用固定机翼产生升力及利用不同翼面控制飞机的设计理念。他制造了第一架滑翔机进行试飞，以验证其理论的有效性，确立了现代飞机的基本构形。他的重要著作《关于空中的航行》，为后来航空器的研制提供了重要的理论基础和经验。图 0-6 是 G.凯利于 1847 年设计制作的一架载人滑翔机，可以说 G.凯利是世界上成功地使载人滑翔机飞上蓝天的第一人。

图 0-6　G.凯利于 1847 年设计制作的载人滑翔机

为了使飞机能够成功地飞行，必须解决升力、动力、稳定飞行和操纵的问题。有些人将蒸汽机作为动力装置，并对此进行了探索。1896 年，美国科学家兰利制造了一个用蒸汽机作动力的飞机模型，如图 0-7 所示，飞行高度达到 20 m，飞行距离达 760 m。1893 年，汽油内燃机(活塞发动机)问世，20 世纪初，美国科学家兰利又制造了安装活塞发动机的飞机，但 1903 年的两次试飞均未成功，主要原因是未能解决飞机稳定飞行和操纵的问题。

图 0-7　美国科学家兰利的蒸汽机飞机模型

　　当时，有一些人沿着另一条道路对飞行进行探索，即用滑翔机进行试验飞行，先解决滑翔机的飞行稳定和操纵问题，然后再加上动力，作动力飞行。德国的李林达尔是先驱者，他仔细研究了鸟类的飞行，制成弓形翼剖面的滑翔机，并在 1891 年至 1896 年进行了 2000多次滑翔飞行试验，解决了滑翔机的飞行稳定和操纵问题，积累了大量的数据。他准备在滑翔机上装上发动机作动力飞行试验，但不幸在一次滑翔飞行中失事牺牲，这一愿望未能实现。美国的莱特兄弟在李林达尔滑翔飞行活动的鼓舞下，对航空产生了浓厚的兴趣。他们制造出滑翔机进行飞行操纵试验，又自己设计制造了风洞，在风洞中试验不同的机翼模型，测定空气动力数据，并根据实验结果改进了滑翔机。1902 年秋季，他们进行了近千次滑翔飞行，取得了圆满成功。1903 年，他们制造了“飞行者 1 号”飞机，装上 8.8 kW 的水冷 4 缸活塞发动机和螺旋桨。1903 年 12 月 17 日，莱特兄弟驾驶“飞行者 1 号”飞机飞行，实现了人类最早的持续动力飞行。

　　20 世纪初，欧洲也有人从事飞机的研究工作。法国的桑托·杜蒙于 1906 年，法国的布莱里奥于 1909 年，都成功地飞行了他们自己设计的飞机。布莱里奥驾驶“布莱里奥XI号”单翼机于 1909 年首次飞越了英吉利海峡，全程 40 km，飞行时间 37 min。

　　1914 年爆发了第一次世界大战，飞机开始用于军事目的，各国拥有的飞机已达数百架。飞机起初主要用于侦察和照相，后来由于战争的需要，又出现了带武器的“驱逐机”，其目的是“控制天空”，接下来又出现了轰炸机和强击机。

　　第一次世界大战肯定了飞机在战争中的作用，促进了航空科学技术和航空工业的发展。战后，许多国家开办了民用航空运输业，以继续发展航空工业。1919 年开始，已有了几条定期国际航线。为了改进飞机的性能，空气动力学理论获得了飞速发展，飞机结构、航空发动机都取得了重大的进展。这些科学技术成果很快反映到飞机的设计上。20 世纪 20 年代初，双翼机逐渐向单翼机过渡，到 20 世纪 30 年代初期，双翼机已趋于被淘汰的态势。同时，出现了起落架可以收放、驾驶舱封闭、发动机加整流罩等一系列提高空气动力效率的构造形式；飞机材料也由木材、层板、亚麻布等逐渐改用铝合金，提高了结构强度，降低了飞行阻力。科学技术新成就大量应用于飞机设计中，使飞机的性能有了很大提高。1937 年，苏联的"安特 25"从莫斯科直飞美国，1938 年飞机的升限纪录为 17 094 m，1939 年创造了 755.09 km/h 的飞行速度纪录。

第二次世界大战中，飞机得到了广泛的应用，飞机的性能迅速提高，参战飞机的数量大，种类多，出现了总质量 62.5 t 的轰炸机和速度达 784 km/h 的战斗机。1944 年，盟军对德国的轰炸中，曾一天出动过 1000 架轰炸机和 900 架护航战斗机。当时所用的飞机，几乎全是用活塞式发动机和螺旋桨推进的，最大速度达 700 km/h 以上，可说是已接近活塞式发动机飞机的速度极限。当飞机速度接近声速时，出现了气动阻力急剧增大的问题，活塞式发动机和螺旋桨已难以提供足够的推力(或拉力)。同时，机翼上气动压力中心的变化，引起飞机稳定性和操纵性方面的一些新问题，从而为进一步提高飞行速度带来了障碍，当时人们称之为"声障"。突破"声障"，首先要发动机提供足够的推进力以克服急剧增加的阻力，活塞式发动机和螺旋桨已无能为力。涡轮喷气发动机的出现，解决了这一问题。1939 年，第一架装有涡轮喷气发动机的飞机试飞成功，这便是德国人亨克尔设计的 He-178 飞机，如图 0-8 所示。

图 0-8　世界上第一架涡轮喷气式飞机 He-178

随后，美国、英国和苏联都先后发展了装有喷气发动机的战斗机和轰炸机。第二次世界大战后，军用飞机的发动机基本喷气化。通过空气动力学对跨声速、超声速流动特点的研究和气动弹性力学的研究，解决了超声速飞机设计的一系列问题。在 20 世纪 50 年代初期，出现了超声速的军用飞机，到 20 世纪 60 年代，有些战斗机的最大速度已达声速的 3 倍左右。这时，又遇到了所谓的"热障"问题，即由于长时间高速飞行产生的气动加热而导致结构材料性能下降的问题，解决问题的方法主要是研制质量轻、耐高温的新材料和新型结构。

民航飞机使用喷气发动机较晚。1952 年，第一架装涡轮喷气发动机的民航飞机"慧星"号投入航线运行，但由于在结构设计时未考虑疲劳断裂问题，在 1953 年至 1954 年之间连续三次失事。吸取了"慧星"号失事的教训，改进了结构设计之后，20 世纪 50 年代末期出现了多种型号的喷气式旅客机。1968年底，苏联首先试飞了超声速旅客机图-144；1969年初，英国和法国合作研制的"协和"号旅客机试飞，并于1976年用于航线飞行。这两种超声速飞机的最大速度略大于声速的两倍，但是超声速旅客机的噪声大、耗油率高，超声速飞行时产生的"声爆"对地面有不利影响等缺点，限制了它的应用和发展。

直升机的飞行稳定问题和操纵问题比较复杂，所以直到1936年才成功地试飞了第一架载人直升机。直升机具有灵活、方便和不需要固定机场设施等优点，在民用航空运输、军事和救护等方面得到广泛的应用，在第二次世界大战后得到了较快的发展。在20世纪50年代，直升机的速度为100～200 km/h，目前已提高到400～500 km/h。

2．火箭、导弹发展简史

火箭是中国发明的。在10世纪，中国的文献中已有火药用于火箭的记载，12世纪已出现了以火药为能源利用反作用力推进的火箭雏形。

近代火箭和导弹是在第二次世界大战后期才出现的。1942年，德国研制成功V-2火箭，发射了世界上第一个以火箭发动机为动力的弹道导弹，其弹头(战斗部)质量为1 t，导弹总质量约13 t，最大射程320 km。战后火箭(发动机)技术得到了飞速发展，成为各类导弹的主要动力源(也有一些导弹以其他发动机为动力源，如涡轮喷气发动机机和涡轮风扇发动机)。火箭也是科学研究的有力工具，1945年，美国研制了专门用于大气探测的探空火箭。美国和苏联还利用缴获的V-2火箭，发射了一批探空火箭。1957—1958年，国际地球物理年活动，推动了探空火箭的发展，许多国家都研制了自己的探空火箭。我国从1958年开始，也成功地发射了几种探空火箭。

20世纪50年代初，世界上兴起了一股发展弹道导弹的热潮。当时有人认为远程弹道导弹最终会代替远程轰炸机，美国和苏联都发展了不同型号的中程、远程或洲际弹道导弹。根据当时的技术水平，远程或洲际导弹都采用了多级火箭的形式，并且以液体火箭为主。我国从20世纪50年代中期开始，也发展了自己的弹道导弹和用于发射航天器的运载火箭。

带有核弹头的弹道导弹是一种破坏力巨大的进攻性武器。为了提高其在战争中反应的灵活性、机动性、突防能力和命中精度，并对付反导弹系统的拦击，20世纪60年代以后，发展了可储存液体推进剂、固体推进剂的弹道导弹；发展了多弹头分导、地下井发射、机动发射等技术。

能作大过载、高机动飞行的有翼战术导弹，如地空导弹、空空导弹等，是从20世纪50年代初开始发展的，20世纪60年代至70年代是大发展时期。它们大约经历了三个阶段：20世纪50年代的第一代地空导弹，主要是针对高空远程轰炸机，一般比较笨重；随着空袭方式的转变(由高空转向中、低空)，中、低空或超低空的地空导弹得到发展，并采用雷达、红外、激光等多种制导体制，导弹趋于固体化、小型化；20世纪70年代中期以后的地空导弹则向多用途、多层次防空和提高制导精度的方向发展。第一代空空导弹多为近距、中空、尾后攻击型，第二代是中距拦射和全天候型，第三代则为远距拦射和近距格斗型，即向着提高制导系统精度、有多目标攻击能力和上射下射能力的方向发展。

巡航导弹是一种飞行轨迹类似于飞机的导弹。最早的巡航导弹是德国研制的装脉冲发动机的V-1导弹。第二次世界大战后，发展了许多舰载和机载巡航导弹，但都较笨重，制导精度也不高。20世纪70年代以后，由于高效率小型涡轮风扇发动机的出现，以及中制导、末制导技术及核弹头小型化等方面的进展，一批空中发射、潜艇发射、陆地发射的巡航导弹相继问世。由于这类导弹具有低空、超低空突防能力和较高的命中精度，近年来得到了较快的发展。

3. 航天发展简史

19 世纪末到 20 世纪初，涌现出了许多富有探索精神的航天先驱者。苏联的齐奥尔科夫斯基，从理论上证明了利用多级火箭可以克服地球引力而进入太空。他建立了火箭运动的基本数学方程，并肯定了液体火箭发动机是航天器最适宜的动力装置。美国的戈达德提出了火箭飞行的原理，并导出了脱离地球引力所需的 7.9 km/s 的第一宇宙速度。他以很大的精力研制液体火箭发动机，并于 1926 年作了首次飞行试验。德国的奥伯特研究了火箭飞行的数学理论，提出了许多关于火箭的构造和飞行的新概念。这些先驱者的工作，为航天技术的发展奠定了基础。

第二次世界大战结束后，苏联和美国都通过仿制 V-2 火箭积累了研制现代火箭系统的经验，并预见到在这个基础上有可能发射人造地球卫星。他们在研制大型远程弹道导弹的同时，解决了发射人造地球卫星的一系列技术问题。1957 年 10 月 4 日，苏联把世界上第一颗人造地球卫星送上太空，开创了人类航天的新纪元。随后，美国于 1958 年 1 月 31 日发射了一颗只有 4.8 kg 的人造地球卫星。此外，法国、日本、中国、英国等也先后用自己研制的运载火箭，成功地发射了自己的第一颗人造地球卫星。

卫星发射成功之后，人类转向了对空间更广泛的探测。月球，这个地球的天然卫星，便是第一个探测的目标。从 1959 年开始，苏联和美国发射了许多的月球探测器，并以绕月飞行、硬着陆、软着陆等方式对月球进行了科学考察。1969 年 7 月 16 日，美国航天员首次登上月球，随后又进行了多次登月活动。对太阳系内行星的探测是 20 世纪 60 年代初期开始的，苏联和美国都发射了许多的空间探测器，分别对金星、火星、水星、木星、土星以及行星际空间和彗星进行了探测。其中，美国发射的"先驱者"10 号于 1973 年 12 月飞近木星，行程 1×10^{12} m，向地球发回 300 幅木星和木星卫星的照片。它利用木星引力场加速飞向土星，又借助土星引力场加速，于 1986 年 6 月飞越冥王星平均轨道，成为第一个飞出太阳系的航天器。

第一个载人航天站是苏联于 1971 年 4 月发射的"礼炮号"。1973 年美国发射近地轨道"天空实验室"。可以重复使用的航天飞机于 1981 年试飞成功，1982 年 11 月开始商业性飞行。1984 年，航天飞机成功地施放了两颗卫星，并回收了两颗失效的通信卫星，航天飞机成为了人类可以往返近地空间的工具。

中国空间技术研究院成立于 20 世纪 60 年代末，在"东方红一号"之后，中国空间技术研究院先后自主研制并成功发射了 80 多颗人造地球卫星、11 艘"神舟"飞船和中国第一个月球探测器"嫦娥一号"，在人造卫星、载人航天和深空探测三个航天技术领域实现了新跨越，多项技术跨入世界先进行列。"天宫一号"是中国于 2011 年 9 月 29 日发射的第一个目标飞行器，飞行器全长 10.4 m，最大直径 3.35 m，由实验舱和资源舱构成。2011 年 11 月 3 日，"天宫一号"顺利实现了与"神舟八号"飞船的对接任务，如图 0-9 所示。按照计划，"神舟九号"飞船于 2012 年 6 月 16 日成功发射，顺利实现了与"天宫一号"的载人自动和手动交会对接，向太空筑巢之梦迈出了关键的一步，为中国航天史掀开了极具突破性的一章，标志着中国全面掌握了空间交会对接技术且载人航天技术更加成熟。2016 年 10 月 17 日，"神州十一号"飞船成功发射，它是中国载人航天工程三步走中从第二步到第三步的一个过渡，是为中国建造载人空间站做的准备。预计到 2022 年，中国将建成自己的太空家园，中国空间站届时将成为世界唯一在轨运行的空间站。

图 0-9　"天宫一号"飞行器与"神舟八号"飞船顺利完成了对接任务

0.0.6　飞行环境

1. 大气飞行环境

包围地球的空气层(大气)是航空器唯一的飞行活动环境，也是导弹和航天器的飞行活动环境。大气层没有明显的上限，它的各种特性在垂直方向上的差异非常显著，例如空气密度和压强都随高度增加而减小。在 10 km 高度，空气密度只相当于海平面空气密度的 1/3，压强约为海平面压强的 1/4；在 100 km 高空，空气密度只是地面密度的 4×10^{-5} %(百万分之零点四)，压强只是地面的 3×10^{-5} %(百万分之零点三)。

以大气中温度随高度的分布为主要依据，可将大气层划分为对流层、平流层、中间层、热层和散逸层等 5 个层次，而航空器的飞行环境是对流层和平流层。

(1) 对流层。大气中最低的一层为对流层，气温随高度增加而降低，空气对流运动极为明显。对流层的厚度随纬度和季节的变化而变化，低纬度地区平均为 16～18 km，中纬度地区平均为 10～12 km，高纬度地区平均为 8～9 km。对流层集中了大约全部大气质量的 3/4 和几乎全部的水汽，是天气变化最复杂的层次，飞行中所遇到的各种重要天气变化几乎都出现在这一层中。

(2) 平流层。平流层位于对流层之上，顶界扩展到 50～55 km。在平流层内，随着高度的增加，起初气温保持不变(为 190 K)或者略有升高；到 20～30 km，气温升高很快；到了平流层顶，气温升至 270～290 K。平流层的这种气温分布特征，同它受地面影响较小和存在大量臭氧有关。过去常称这一层为"同温层"，实际上指的是平流层的下部。平流层中的空气沿垂直方向的运动较弱，因而气流比较平稳，能见度较好。

(3) 中间层。中间层从 50~55 km 伸展到 80~85 km 的高度。这一层的特点是，随着高度的增加，气温下降，空气有相当强烈的沿垂直方向的运动。这一层顶部的气温可低至 160~190 K。

(4) 热层。热层从中间层顶延伸到 800 km 高空，这一层的空气密度极小，声波已难以传播。热层的一个特征是气温随高度的增加而上升，另一个特征是空气处于高度的电离状态。

(5) 散逸层。散逸层又称外大气层，位于热层之上，是地球大气的最外层。该层的空气极其稀薄，又远离地面，受地球引力较小，因而大气分子不断地向星际空间逃逸。

2. 空间飞行环境

空间飞行环境包括自然环境和诱导环境。自然环境包括真空、电磁辐射、高能粒子辐射、等离子体、微流星体等；诱导环境是指航天器或其某些系统工作时诱发的环境，如失重、振动、冲击及感应磁场等。

(1) 地球空间环境。地球空间环境包括地球高层大气、电离层和磁层。高层大气密度和压强随着高度的增加而按指数规律下降，在 1000 km 处的大气压强为 10^{-10}~10^{-10} Pa，在 10 000 km 处约为 10^{-14} Pa。此外，大气密度与压强还随季节和太阳活动程度等因素的变化而变化，因而是极复杂多变的结构。电离层几乎全为电子和正离子，电子的浓度随高度变化，还随昼夜、季节、纬度和太阳活动的变化而变化。从距离地球表面 600~1000 km 处开始向远处空间延伸，有一个磁层，其顶层距离地面为地球半径的 8~11 倍。磁层中还存在着密集的高能带电粒子辐射带，又称"范艾伦辐射带"，可能引起航天器材料、器件和人体辐射损伤。

(2) 行星际空间环境。行星际空间是一个广阔的极高真空度的环境，存在着太阳连续发射的电磁辐射、爆发性的高能粒子辐射和稳定的等离子体流(太阳风)。这里的环境主要受太阳活动的影响，另外还受来自银河系的宇宙线和微流星等的影响。

3. 标准大气

航空器的飞行性能与大气状态的主要参数(温度、密度、压强等)有着密切的关系，而大气的物理性质(温度、密度、压强等)是随所在地理位置、季节和高度的变化而变化的。为了在进行航空器设计、试验和分析时，所用的大气物理参数不因地而异，必须建立一个统一的标准，即所谓的标准大气。它是由权威机构颁布的一种"模式大气"，它依据实测资料，用简化方程近似地表示大气温度、密度、压强、声压等参数的平均垂直分布。将按照这个公式计算出来的大气参数沿高度的变化排列成表，即为标准大气表。例如，国际标准规定，以海平面的高度为零。在海平面，大气的标准状态为：气压 760 mmHg，气温 15 ℃，声速 341 m/s，空气密度 1.225 kg/m³。

由国际性组织(如国际民用航空组织，国际标准化组织)颁布的标准大气称为国际标准大气，国家机构颁布的称为国家标准大气。中国国家标准总局于 1980 年颁布了"中华人民共和国标准大气"(30 km 以下部分)。应当注意，各地的实际大气参数是与标准大气之间存在差别的。

思考题与习题

一、选择题

1. 嫦娥奔月是_____的神话故事。

A. 美国　　　　　　B. 英国　　　　　C. 法国　　　　　D. 中国

2. 莱特兄弟是_____人。

A. 中国　　　　　　B. 德国　　　　　C. 美国　　　　　D. 英国

3. 冯如是_____的第一个飞行家。

A. 中国　　　　　　B. 英国　　　　　C. 法国　　　　　D. 美国

4. 还有一种航空器是许多工程师和航空爱好者正在探索研究而至今尚未成功的、模拟鸟类飞行的是_____。

A. 滑翔机　　　　　B. 直升机　　　　C. 旋翼机　　　　D. 扑翼机

5. 重于空气的航空器有_____等。

A. 固定翼航空器　　B. 扑翼机　　　　C. 旋翼航空器　　D. 旋翼机

6. 载人航天器有_____等三种。

A. 载人飞船　　　　B. 航天站　　　　C. 航天飞机　　　D. 空间探测器

二、填空题

1. 在地球周围稠密大气层内的航行活动称为(　　)。(　　)是指在大气层之外的近地空间、行星际空间、行星附近以及恒星际空间的航行活动。

2. 通常，飞行器可以分为(　　)、(　　)、(　　)三大类。

3. 任何航空器都需要产生(　　)克服(　　)才能升空飞行。

4. 中国在 10 世纪初期，就有类似于热气球的(　　)出现，将其升入空中作为战争中的联络信号。

5. 英国 G.凯利的重要著作(　　)为后来航空器的研制提供了重要的理论基础和经验。

6. (　　)年，第一架装有涡轮喷气发动机的飞机——德国的 He-178 试飞成功。

7. 1968 年底，(　　)首先试飞了超声速旅客飞机图-114；1969 年初，英国和法国合作研制的(　　)号客机试飞，并于(　　)年用于航线飞行。

8. 火箭是(　　)发明的。在 10 世纪，(　　)的文献中已有火药用于火箭的记载，12 世纪已出现了以火药为能源利用反作用力推进的火箭雏形。

9. 1957 年 10 月 4 日，(　　)把世界上第一颗人造地球卫星送上太空，开创了人类航天的新纪元。

10. 美国于 1958 年 1 月 31 日发射了一颗只有(　　)的人造卫星。

11. (　　)是中国于 2011 年 9 月 29 日发射的第一个目标飞行器，且于 2011 年 11 月 3 日顺利实现了与(　　)的对接任务。

12. "神舟九号"飞船于(　　)成功发射，顺利实现了与(　　)的载人自动和手动交会对接，向太空筑巢之梦迈出了关键的一步，为中国航天史掀开了极具突破性的一章，标志着中国全面掌握了空间交会对接技术且载人航天技术更加成熟。

13．到(　　)年，中国将建成自己的太空家园，中国空间站届时将成为世界唯一的空间站。

14．以大气中(　　)随高度的分布为主要依据，可将大气层划分为(　　)等 5 个层次，而航空器的飞行环境是(　　)和(　　)。

三、问答题

1．为什么说航空航天技术是代表一个国家科学技术先进性的重要标志？

2．为什么说航空与航天是难以区别的？

3．为了使飞机能够成功地飞行，必须解决一些什么问题？

4．涡轮喷气发动机是为了解决什么问题而出现的？

5．解决"热障"问题的主要方法是什么？

6．限制超声速旅客机应用和发展的原因是什么？

7．19 世纪末到 20 世纪初，涌现出的许多富于探索精神的航天先驱者的代表人物是哪几位？他们的主要贡献是什么？

8．为什么要建立一个统一的标准大气？什么是标准大气表？

第 1 章 形形色色的飞机

1.1 军 用 飞 机

1.1.1 战斗机

战斗机又称为歼击机，是用于在空中消灭敌方飞机和巡航导弹的军用飞机，在第二次世界大战前曾经被称为驱逐机。战斗机飞行速度快、机动性好，是军用飞机中装备数量最多、应用最广、发展最快的机种，其研制水平往往代表了航空科学技术的发展水平。当代的战斗机多兼有空战和对地作战的能力，被称为多用途战斗机，这是战斗机发展的重要方向。

20 世纪的两次世界大战，对战斗机的快速发展起到了重大的作用。在二战结束之前，战斗机基本上是螺旋桨飞机一统天下，其动力装置是活塞式航空发动机。二战之后，苏联和美国瓜分了德国大量喷气式战斗机的设计资料、研究设备和优秀设计人才，还先后引进、仿制了英国的涡轮喷气发动机，并加以改进改型，于 1944—1947 年相继研制成功世界上第一代喷气式战斗机，典型的机种有美国的 F-80 飞机和苏联的米格-15 飞机，如图 1-1 所示。这种战斗机主要装用离心式涡轮喷气发动机，但飞行速度都没有超过声速(飞行马赫数接近0.9)。气动外形布局为中后掠机翼，机上武器主要是航炮，采用光学瞄准、尾追攻击的作战方式。

(a) 美国的 F-80 飞机　　　　　　　　　　(b) 苏联的米格-15 飞机

图 1-1　世界上第一代喷气式战斗机

第二代喷气式战斗机的种类繁多，且基本上都能实现超声速飞行。主要的战斗机是 20世纪 50—60 年代投入使用的美国的 F-104 飞机和苏联的米格-21 飞机，如图 1-2 所示。它们的特点是采用小展弦比机翼或三角翼，装用轴流式加力涡轮喷气发动机，飞行马赫数大于 2，除光学瞄准外还带有平视显示和单脉冲雷达，机上装有航炮并外挂导弹或火箭弹，主要作战方式为尾追和部分全向攻击。

(a) 美国的 F-104 飞机　　　　　　　　　　　(b) 苏联的米格-21 飞机

图 1-2　第二代喷气式战斗机

　　第三代喷气式战斗机于 20 世纪 70 年代中期开始装备部队,是目前各个航空强国的现役主力战斗机。这一代战斗机采用了大量的先进技术,如气动外形上采用边条翼和鸭式布局,装用推重比为 8 一级的涡轮风扇发动机,火控航电采用了总线综合、红外传感器和脉冲多普勒雷达。机上的武器除了先进的航炮外,还有红外导弹和发射后不管的中距雷达精确制导导弹,可以实现超视距、多目标的全方位攻击,具备全天候和多用途的能力,自动化程度高,亚声速、跨声速机动能力强,攻防能力和生存能力也有了显著的提高。在第三代战斗机使用的过程中,人们还利用所取得的先进技术不断地对其进行改进改型。最具代表性的第三代战斗机有美国的 F-15 飞机和 F-16 飞机、俄罗斯的苏-27 飞机、法国的"幻影 2000"飞机,如图 1-3 所示。

(a) 美国的 F-15 飞机　　　　　　　　　　　(b) 美国的 F-16 飞机

(c) 俄罗斯的苏-27 飞机　　　　　　　　　(d) 法国的"幻影 2000"飞机

图 1-3　第三代喷气式战斗机

　　第四代喷气式战斗机具有隐身、过失速机动、不加力超声速巡航、短距起降、超视距多目标攻击等特点,且装备了更先进的航空电子与武器系统,与第三代喷气式战斗机相比具有全面的优势。据报道，美国的 F-22 飞机与 F-15 飞机相比，每飞行小时的维修工时降低了约 70%，其综合作战效能提高了近 10 倍。

　　目前，世界上主要的第四代战斗机有美国的 F/A-22"猛禽"飞机、F-35(JSF)飞机，俄罗斯的 1.44 验证机和 S-37 验证机，如图 1-4 所示。俄罗斯对第四代战斗机(在俄罗斯叫第五代)的研制工作从未停止过，2000 年 2 月 29 日，新一代重型战斗机 1.44 验证机进行了首飞，而 S-37 验证机早在 1997 年 9 月 25 日就进行了第一次飞行。

(a) 美国的 F/A-22 "猛禽" 飞机

(b) 美国的 F-35(JSF) 飞机

(c) 俄罗斯的 1.44 验证机

(d) 俄罗斯的 S-37 验证机

图 1-4　第四代喷气式战斗机

　　中国人民空军于 1949 年 11 月 11 日正式成立，经过半个多世纪的光辉历程，已经成长为一支强大的队伍，已有数千架各型战斗机，并逐步实现了向高新技术水平的跨越。1969 年 7 月 15 日，我国自行设计、研制的第一种高空高速全天候歼 8 I 飞机首飞成功，后来又逐步研制出歼 8 II、歼 8 II M、歼 8 III 系列飞机，走出了自行研发的第一步，缩短了与发达国家间的技术差距。图 1-5 是我国自行研制的歼 8 I 和歼 8 II 战斗机。

(a) 歼 8 I 战斗机

(b) 歼 8 Ⅱ 战斗机

图 1-5 我国自行研制的歼 8 Ⅰ 和歼 8 Ⅱ 战斗机

1970 年 12 月 26 日，我国自行研制的歼 12 飞机首飞上天。在米格-21 的基础上，我国还系列发展了歼 7、歼 7 Ⅰ、歼 7 Ⅱ、歼 7Ⅲ、歼 7FS、歼 7MG、歼 7E。我国自行研制的轻型歼击机超 7 "枭龙"于 2003 年 9 月 3 日首飞成功，如图 1-6 所示。

图 1-6　超 7 "枭龙"战斗机

2007 年 1 月 5 日，歼 10 战斗机揭幕亮相，如图 1-7 所示。它是我国自行研制的具有完全自主知识产权的第三代战斗机。作为新一代多用途的战斗机，歼 10 分单座、双座两种机型，性能先进，用途广泛，实现了我国军用飞机从第二代向第三代的历史性跨越。歼 10 战斗机具有很强的超视距空战、近距格斗、空对地攻击和空中对接加油能力，在国际上被定位成了"三代半"战斗机。

图 1-7　我国具有完全自主知识产权的歼 10 战斗机

歼 20 是我国研制的第四代隐身重型战斗机，如图 1-8 所示。该机采用了两台国产涡扇 10B 发动机、DSI 两侧进气道、全动垂尾、鸭式布局等，可以说融合了全球多种优秀战斗机的精彩设计。歼 20 于 2010 年 10 月 14 日组装完成，2010 年 11 月 4 日进行了首次滑跑试验，2011 年 1 月 11 日首飞成功，标志着我国隐形战斗机的研制工作掀开了新的一页。

图 1-8　我国歼 20 战斗机

歼 31 是我国研制的第四代中型单座双发隐形战斗机，如图 1-9 所示。该机是针对国际市场需求研发的隐身多用途战斗机，综合作战效能优异，具有自主知识产权。该机采用单座、双发、外倾双垂尾、全动平尾的常规气动布局，两侧布置大 S 弯进气道，设有内置弹舱。于 2012 年 10 月 31 日歼 31 引首飞成功，这标志着中国成为世界上第二个同时试飞两种第四代战斗机原型机的国家。此外，歼 31 还有发展成为新一代隐形舰载战斗机的潜力。

图 1-9　歼 31 战斗机

1.1.2　截击机

截击机是专门用于在空中截击入侵的敌方轰炸机、侦察机或巡航导弹的战斗机，其任务是保卫重要城镇、战略要地、交通枢纽等不被空袭。截击机通常由地面雷达站或预警机引导至目标区，再用机载雷达截获并跟踪目标，当处于有效攻击位置时对目标实施攻击。截击机应具有快速反应能力，不论何时，在接到警报后，能迅速起飞并到达指定空域。第二次世界大战后期，美国研制了专门用于夜间截击轰炸机的"黑寡妇"P-61 截击机。20 世纪 50 年代后，美国和苏联相继研制了 F-102、F-106、米格-19ПM、雅克-25 等截击机。到 20 世纪 70 年代中期，由于机载雷达小型化且性能大幅提高，美国在新研制的战斗机上都装有先进的雷达和导航装置，例如 F-15、F-16 战斗机。这些战斗机除具备空战格斗能力外，也能很好地执行截击任务，因而从那时起，美国就不再继续发展专用的截击机了。但是，苏联于 20 世纪 70 年代后期还研制出新型截击机米格-31(如图 1-10 所示)，并于 1980 年装备苏联空军，总共只生产了 200 余架。

图 1-10　苏联研制的米格-31 截击机

1.1.3　强击机

强击机是专门执行战役战术攻击任务，从低空、超低空攻击地面或水面目标的军用飞机，故又称攻击机。强击机有两个战役战术攻击任务。其一是纵深遮断，主要目的是切断或减弱敌人后方对前线人员的补充和物资供应，削弱敌方前线的作战能力，所以又叫孤立战场；其二是近距空中支援，指直接支援地面部队作战，从低空、超低空攻击地面目标，摧毁敌方战役战术纵深内的防御工事、坦克、地面雷达站、炮兵阵地、前线机场和交通枢纽等重要军事目标，所以又称战场攻击。

在第二次世界大战中，苏联先后研制并广泛使用的著名强击机有伊尔-2、伊尔-10。美国于 20 世纪 50 年代研制出喷气式舰载强击机 A-4。20 世纪 60 年代末和 70 年代初，苏联研制了苏-25、雅克-38 强击机，美国研制了 A-10 攻击机。20 世纪 80 年代初，美国研制出先进的具有隐身性能的 F-117A 攻击机(又叫隐身战斗轰炸机)，如图 1-11 所示。它主要用于压制敌方防空系统，摧毁严密设防的指挥所、战略要地、核生化中心、重要工业目标等。

图 1-11　美国研制的 F-117A 隐身攻击机

20 世纪 60 年代，我国自行研制出单座双发超声速强 5 型攻击机，如图 1-12 所示。其主要任务是近距空中支援和对地攻击，也可用于完成对空作战任务。该机为两侧进气、大后掠中单翼，机身为全金属半硬壳结构，以铝合金及高强度合金钢为主要材料，在座舱周围布置有防弹装甲，采用两套相互独立的液压助力操纵系统。其飞行性能优良，操纵灵敏，座舱舒适，视野宽阔，火力强，可靠性及安全性好，完成任务的能力强。

图 1-12 我国研制的强 5 型攻击机

1.1.4 轰炸机

轰炸机是用炸弹、鱼雷或空地导弹杀伤破坏地面或海上目标的军用飞机，按起飞重量、载弹量和航程的不同大致分为轻型轰炸机、中型(中程)轰炸机和重型(远程)轰炸机。轻型轰炸机又称战术轰炸机，起飞重量一般为 20～30 t，航程可达 3000 km，载弹量 3～5 t，主要用于配合地面部队，对敌方供应线、前沿阵地和各种活动目标进行战术轰炸；中型轰炸机起飞重量为 40～90 t，航程 3000～6000 km，载弹量 5～10 t；重型轰炸机又称战略轰炸机，主要用于远程奔袭，深入敌后，对敌方战略目标如军事基地、交通枢纽、经济和政治中心进行战略轰炸，起飞重量在 100 t 以上，航程 7000 km 以上，载弹量一般超过 10 t。

美国空军现有 1955 年开始服役的最新改型 B-52H 亚声速远程战略轰炸机 94 架，1986 年 6 月投入使用的具有与机身融合在一起的变后掠翼超声速远程多用途战略轰炸机 B-1B "枪骑兵" 92 架。20 世纪 80 年代后期，美国又研制了隐身战略轰炸机 B-2A "幽灵" 飞机，至 1997 年交付使用 21 架。它能从高空或低空突破敌方的防空系统，对战略目标实施核打击或常规轰炸。图 1-13 是美国投入使用的三种战略轰炸机。

(a) B-52H 亚声速战略轰炸机   (b) B-1B "枪骑兵" 超声速战略轰炸机

(c) B-2A "幽灵" 隐身战略轰炸机

图 1-13 美国投入使用的三种战略轰炸机

俄罗斯空军现有战略轰炸机 271 架，其中包括超声速远程战略轰炸机图-160"海盗旗"
23 架，变后掠翼超声速轰炸机图-22M"逆火"165 架，图-95M"熊"远程战略轰炸机 83
架。目前，俄罗斯正在抓紧对它们进行改进，增强系统配置，配挂新型精确制导武器，提
高作战能力，并延长其使用寿命。图 1-14 是俄罗斯的图-22M"逆火"超声速轰炸机。

图 1-14　俄罗斯的图-22M"逆火"超声速轰炸机

　　我国目前生产的最大轰炸机是轰 6 飞机，它是一种高亚声速中程轰炸机，于 1968 年
12 月 24 日首飞。1976 年 10 月 16 日，飞行员徐克勤驾驶轰 6 飞机投放氢弹，成功地完成
了我国第一次空中氢弹投放试验。轰 6 飞机的改进型有轰 6 甲、轰 6 乙、轰 6 丁、轰 6K、
油轰 6、电轰 6 等。除挂载航空炸弹外，轰 6 还可挂载反舰导弹、水雷、鱼雷和核弹。图
1-15 是我国生产的轰 6 亚声速中程轰炸机。

图 1-15　我国生产的轰 6 亚声速中程轰炸机

1.1.5　战斗轰炸机

　　战斗轰炸机是一种以攻击战役战术纵深内的地面目标为主，投掷外挂载荷后也具备一
定空战能力的军用飞机，又称歼击轰炸机。战斗轰炸机除直接支援地面战斗外，有时还可
配合战役深入敌后，对战线附近的重要军事目标进行轰炸。在 20 世纪 60—70 年代，苏联
发展了米格-27、苏-17、苏-20、苏-22、苏-24 等战斗轰炸机，均采用了变后掠的机翼结
构。一般来说，将战斗机稍微作些改装或不改装也可当战斗轰炸机使用，例如 F-4、F-16、
米格-23 等战斗机均有战斗轰炸机的改型。图 1-16 是我国自行研制的全天候多用途歼轰 7

"飞豹"战斗轰炸机。在 1998 年的珠海航展上，歼轰 7 "飞豹"战斗轰炸机作了令人耳目一新的飞行表演，给国内外观众留下了深刻的印象。

图 1-16　我国自行研制的歼轰 7 "飞豹"战斗轰炸机

1.1.6　反潜机

反潜机是一种载有搜索和攻击潜艇用装备和武器的军用飞机，如图 1-17 所示。反潜机分为岸基和舰载两类：岸基反潜机一般总重在 50 t 以上，可在几百米高度上以 300～400 km/h 的速度巡航搜索，续航时间在 10 t 以上；舰载反潜机重量在 20 t 左右，以航空母舰为基地，承担舰队区域的反潜任务，飞行速度为高亚声速，以便能在短时间内对宽阔的水域进行反潜作战。

图 1-17　美国的 P-3C 反潜巡逻机

20 世纪 50 年代以后，美国和苏联开始使用反潜直升机和吊放声呐系统进行反潜作战。现代先进的核潜艇具有噪声低、深潜能力强和潜伏时间长的特点，对反潜系统提出了更高的要求。现代机载搜索潜艇的设备和武器有声呐浮标、吊放声呐、磁探仪、反潜雷达、红外探测仪、废气探测仪、核辐射探测仪、微光电视、侧视雷达、反潜鱼雷和深水炸弹等。通常，反潜机可用现有军用飞机或直升机改装。

1.1.7　侦察机

侦察机是专门用于搜集对方军事情报的军用飞机，所使用的机载侦察设备主要有航空照相机、图像雷达、红外和电子侦察设备等。侦察机按用途可分为两类：一是战术侦察机，二是战略侦察机。

战术侦察机主要为前线指挥员提供战术纵深内的敌军部署、行动、火力配置、地形，以及其他重要目标和轰炸攻击效果等信息。由于战术侦察机主要部署在战区，容易被敌方发现，所以要求它的机动性好、噪声小、生存能力强。这种侦察机一般都由现役战斗机改装而成，例如美国的 RF-4C、中国的歼侦 6、苏联的雅克-25P 等，均属于这类侦察机。机上不带军械，但加装了航空照相机和图像雷达等，能对战线的对方一侧 300～500 km 纵深范围实施侦察。

战略侦察机用于执行战略侦察任务，其特点是飞行高度高、航程远，除配有复杂的高分辨率航空照相机外，还有多种电子侦察设备以及能窥视对方纵深达数百千米的侧视雷达，能从高空深入对方国土，对其军事和工业中心、核设施、导弹试验和发射基地、防空系统等战略目标实施侦察。

就侦察机的种类、数量和技术水平而言，美国居世界领先地位，俄罗斯占第二位。典型的战略侦察机有美国的 U-2 飞机、SR-71 飞机，如图 1-18 所示。U-2 飞机是美国 20 世纪 50 年代研制的专用高空侦察机，其飞行高度为 20 000 m，速度为 800 km/h。SR-71 高空高速侦察机飞行高度为 24 000～30 000 m，能以 3 倍声速穿越对方领空，每小时能对 16 km^2 的面积实施侦察。俄罗斯则将米格-25 战斗机、图-16 和图-95 轰炸机改型为电子侦察机。

(a) U-2 高空侦察机

(b) SR-71 高空高速侦察机

图 1-18　美国的战略侦察机

1.1.8　预警机

预警机是装有远程搜索雷达，用以搜索或监视空中、地面或海上目标，并指挥引导己方飞机遂行作战任务的军用飞机。其作用相当于放在高空的雷达站，可以克服地面雷达站难以发现低空、超低空目标的缺陷，大大增加了雷达搜索的范围和距离，并具有机动性强和生存能力高等优点。如果在预警机上装上用于目标探测跟踪、敌我识别、情报处理、指挥控制、通信导航、电子对抗等的电子系统，就成为集侦察、指挥、通信与控制于一体的空中预警信息中心。

预警机多由续航能力强、载重量大的亚声速旅客机或运输机改装而成，例如最有名的美国 E-3A 预警机就是由波音 707 旅客机改装而成的，如图 1-19 所示。苏联的 A-50 预警指挥机是由伊尔-76 运输机改装而成的。美国将波音 737、767 旅客机改装成预警机，美国和俄罗斯还将直升机改装成轻型预警直升机。

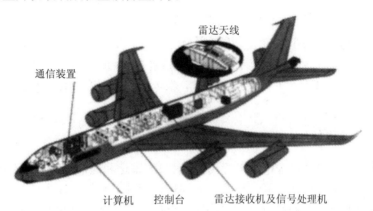

图 1-19　美国的 E-3A 预警机

中国的预警机是近几年才研制成功的新机种，有"空警 200""空警 2000"预警机两种。"空警 200"预警机是"运 8AEW"的改进型，是一种小型预警机，如图 1-20 所示。2005年 1 月 14 日，"空警 200"预警机完成了第一次试飞。在 2009 年的 60 周年国庆阅兵式上，"空警 200"预警机梯队首次亮相，两架预警机引导两个梯队。

图 1-20　"空警 200"预警机

2007 年，我国自主生产的最新预警机"空警 2000"投入使用，如图 1-21 所示。"空警2000"预警机采用了比美国和俄罗斯领先一代的固态有源相控阵雷达，采用的软件、砷化镓微波单片集成电路、高速数据处理计算机、数据总线和接口装置等国产高新技术，处于世界领先水平。

图 1-21　"空警 2000"预警机

实际上,在 20 世纪 60 年代末,出于国土防空的需要,我国就已经用图-4 轰炸机的机身改装过一架预警机,并命名为"空警 1 号",性能与 20 世纪 50 年代早期的预警机相当。由于种种原因,"空警 1 号"并没有设计定型,唯一的一架至今仍保存在北京小汤山航空博物馆。

1.1.9　电子干扰飞机

电子干扰飞机是一种携带电子干扰设备,对敌方雷达和通信系统进行干扰的军用飞机。它的任务是使敌方空防体系失效,掩护己方战机,使其顺利执行攻击任务。当雷达在第二次世界大战中出现后,轰炸机就已开始用抛撒金属丝的方法迷惑对方雷达,这是一种简单无源干扰手段。目前,大多数电子干扰飞机是用其他军用飞机改装的,如美国在 1971 年 1月开始装备部队的 EA-6B 舰载电子干扰飞机,就是由 A-6 舰载攻击机改装而成的,如图1-22 所示。

图 1-22　美国的 EA-6B 电子干扰飞机

1.1.10　军用运输机

军用运输机是用于空运兵员、武器装备、给养物资,并能空投伞兵和大型军事装备的军用飞机。在现代化战争中,它是提高部队机动性、加强应变能力的重要运输工具。其主要特点是:机翼一般做成上单翼;机身宽大,具有大容积货舱;货舱地板承载能力强;舱内带有装卸大型货物的吊车、地板滚棒(轮)等专用装卸设施;机身尾部开有大尺寸货舱门且可兼作装卸跳板,便于车辆的直接驶入和大型货物的装卸及空投;采用多轮起落架和低压轮胎,便于飞机在未铺设的跑道上起降。

按执行任务的性质,军用运输机可分为战略运输机和战术运输机。战略运输机的任务是远距离地运输大量兵员和武器装备,特点是运输量大、航程远、速度快,主要在远离作战地区的大、中型机场起降，起飞重量一般都在 150 t 以上。而战术运输机主要是在前线地区从事近距离军事调动、后勤补给、空降伞兵、空投军用物资和撤退伤员等的中小型运输机。它的特点是载重量较小，主要在前线的中、小型野战机场起降，要求有较好的短距起降能力，起飞重量一般为 70～140 t，载重 20～50 t，航程 3000～8000 km。在快速多变、远离本土作战和速战速决的现代化战争中，军用运输机的作用显得越来越突出和重要。

自 20 世纪 50 年代中期起，世界各国纷纷发展了以涡轮螺旋桨发动机为动力的军用运输机，20 世纪 60 年代发展了以涡轮风扇发动机为动力的军用运输机。20 世纪 70 年代初，美国发展了以高涵道比涡轮风扇发动机为动力的远程战略运输机 C-5A，而苏联于 1988 年底推出了装有六台高涵道比涡轮风扇发动机的安-225 重型运输机，如图 1-23 所示。

(a) 美国的 C-5A 远程战略运输机

(b) 前苏联的安-225 重型运输机

图 1-23 军用运输机

运 20 是我国研究制造的新一代军用大型运输机，于 2013 年 1 月 26 日首飞成功，如图 1-24 所示。运 20 采用常规布局，即悬臂式上单翼、前缘后掠、无翼梢小翼，最大起飞重量 220 t，载重超过 66 t，最大时速不小于 800 km，航程大于 7800 km，实用升限 13 000 m，拥有高延伸性、高可靠性和安全性。运 20 作为大型多用途运输机，可在复杂气象条件下执行各种物资和人员的长距离航空运输任务。

图 1-24 运 20 军用运输机

1.1.11　空中加油机

空中加油机简称加油机，是一种在空中对飞行中的飞机补充燃油的飞机。空中加油的目的是增加受油机(一般为战斗机、轰炸机)的航程和续航时间，提高作战飞机的快速机动作战能力，增强航空兵的远程作战、快速反应和持续作战能力。空中加油分为硬管式和软管式两种方式，已成为现代军用飞机完成作战任务极为重要的手段。

图 1-25 是加油机同时对两架战斗机加油的情况。目前，全世界有 20 多个国家共拥有 1200 架左右的空中加油机，大多数加油机由大型旅客机或大型运输机改装而成，也有用战斗机改装的同型伙伴加油机。中国的空中加油技术虽然起步晚，但起点高，进步快，在短时间内实现了重大技术突破，成为继美、英、俄、法之后第五个掌握空中加油技术的国家。

图 1-25　加油机同时对两架战斗机加油

1.1.12　舰载飞机

舰载飞机是以航空母舰或其他舰船为起降基地的军用飞机，按用途可分为舰载战斗机、舰载强击机、舰载反潜机、舰载侦察机、舰载预警机和舰载直升机等。舰载飞机的主要任务是给以航空母舰为核心的舰队护航，夺取海上或海岸制空权、制海权，攻击敌方舰队和陆上目标，支援登陆和抗登陆作战等；而军用舰载直升机的主要任务是反潜、攻舰、两栖作战、侦察巡逻、空中预警、布雷扫雷、垂直补给、中继制导、搜索与救援等。

为了能在航空母舰的甲板上或机舱内多容纳一些飞机，通常将舰载飞机的机翼设计成可折叠的。相对陆上机场而言，航空母舰供飞机起降的跑道较短，因此它设有以蒸汽作动力的飞机弹射器，能使飞机在很短的距离内加速到起飞速度。同时还设有飞机拦阻装置或直升机着舰装置，以保证舰载飞机安全降落。拦阻装置由不多于六根钢索和同钢索两端相连的两个能量吸收器所组成，舰载飞机着陆时放下尾部的着陆钩，只要钩住其中一根钢索就能被拦阻住了。

1980 年 5 月交付美国海军的 F/A-18 战斗/攻击机，如图 1-26 所示，成为当时美国海军的主力飞机，到 2001 年底已生产了 1500 多架，1999 年它的最新改进型 F/A-18E/F 投入使用。

(a) 着舰降落

(b) 起飞离舰

图 1-26　美国海军的 F/A-18F 战斗/攻击机

　　歼 15 战斗机是中国研制的第三代重型舰载战机，于 2009 年 8 月 31 日首飞成功，如图 1-27 所示。2012 年 11 月 23 日歼 15 在辽宁号航空母舰甲板上首降成功。歼 15 飞机是我国第一代多用途舰载战斗机，具有作战半径大、机动性好、载弹量多等特点，可根据不同作战任务携带多型反舰导弹、空空导弹、空地导弹以及精确制导炸弹等精确打击武器，实现全海域全空域打击作战能力，各项性能可与俄罗斯苏-33、美国 F-18 等世界现役的主力舰载战斗机相媲美，因此被誉为凶猛强悍的空中"飞鲨"。

图 1-27　歼 15 舰载机

1.1.13　教练机

　　教练机是用于训练飞行员的飞机，分为初级、中级、高级教练机和战斗教练机。初级教练机用于训练学员掌握初级飞行技术，一般采用轻型活塞式发动机作动力，飞行速度较低，起飞着陆的速度也低，操纵稳定性好，易于驾驶。中、高级教练机均采用涡轮喷气发动机或涡轮风扇发动机，用于训练学员掌握喷气飞机的飞行技术，进行高级特技飞行、仪表飞行和基本战术飞行的训练。战斗教练机由现役实战飞机改型而成，用以使学员熟悉现役飞机的驾驶特点。民航飞机驾驶员的飞行训练是在专门设计的民用教练机上进行，不要求飞机作特技飞行。图 1-28 是美国的 T-38 高级教练机。

图 1-28　美国的 T-38 高级教练机

1.2　民用飞机

1.2.1　旅客机

　　旅客机是用于运输旅客的民用飞机，简称客机。客机分类为：按航程分为远程、中程、短程客机；按最大起飞重量分为重型、中/轻型客机；按服务的航线性质分为干线客机、支线客机；按机身直径和座位布置，大型客机又可分为窄机身和宽机身两种，窄机身每排在 6 座以下，中间设一个通道，而宽机身每排在 7 座以上，中间设两个通道。

　　1950 年，英国的第一架涡轮螺旋桨客机"子爵"号投入航线，飞行速度 550 km/h；1952 年 5 月，世界上第一架以涡轮喷气发动机为动力的旅客机——英国的 DH.106"彗星"号开办了由伦敦到南非的旅客营运业务，开创了喷气客机的新时代，如图 1-29 所示。

(a)　"子爵"号旅客机

(b)　DH.106"彗星"号旅客机

图 1-29　20 世纪 50 年代英国的旅客机

20 世纪 70 年代初研制成功了高涵道比涡轮风扇发动机，之后便相继出现了美国的波音 747(见图 1-30)、DC-10、L-1011，苏联的伊尔-86，欧洲的 A300 "空中客车" 等大型宽体机身远程旅客机，增加了客运量，提高了营运经济性，使载客数百人的越洋商业飞行成为现实。20 世纪 80 年代，美国的波音 757、波音 767，苏联的图-204，欧洲空客的 A310、A320 等先进客机，广泛采用了超临界翼型、加大机翼展弦比、增大机翼相对厚度、减轻结构重量等多项技术措施，降低了使用成本，提高了飞机的营运效率。

图 1-30　美国的波音 747 宽体客机

20 世纪 90 年代，美国的波音 777，欧洲空客的 A330、A340，俄罗斯的伊尔-96 等干线客机，通过进一步增大发动机涵道比，增大推力并减小噪声，大量使用复合材料来减轻重量，大大降低了飞机每座一千米油耗和每座的直接使用成本。图 1-31 是美国和欧洲的干线客机。

(a) 美国波音 777 客机　　　　　　　　　(b) 欧洲空客 A340 客机

图 1-31　国和欧洲的干线客机

1. 干线飞机

干线飞机一般是指 100 座以上、航程大于 3000 km 的民航班机。目前，世界上大约有 800 多家能提供定期航班的航空公司，拥有 1.2 万多架干线飞机，大都是涡扇喷气式飞机。预计到 2021 年，干线飞机将达到 2 万多架。经过激烈竞争，当今世界的干线飞机市场基本上被美国波音公司和欧洲空中客车公司所垄断，其中波音公司约占 60% 的总销售份额。俄罗斯图波列夫和伊留申两家设计局所设计的大型干线飞机，市场主要局限于俄罗斯和独联体范围内。干线飞机的主要代表机型有：美国波音公司的波音 737、747、757、767、777 客机，欧洲空中客车公司的 A300、310、320、330、340 客机，俄罗斯的图-154、图-204 客机和伊尔-86、伊尔-96 客机等。我国目前还没有自己设计的干线飞机在航线上飞行，但 2010 年 11 月 15 日，国产 C919 大型客机展示样机在珠海航展现场亮相。实际上，在 1970 年 8 月，我国就开始自行研制运 10 飞机，曾 7 次飞越世界屋脊西藏，后因种种原因而中断了发展，如图 1-32 所示。

图 1-32　我国自行设计的运 10 客机

　　民用干线飞机未来的发展趋势，一是进一步系列化，二是更大、更快和更舒适。一方面，波音和空客两大公司已形成从 100 多座到 400 多座的系列客机，并还在持续不断改进改型；另一方面，欧洲空客公司研制的 A380 这种目前世界上最大的客机，于 2006 年已交付使用，载客 550 人，其每座一千米营运成本比目前的波音 747 客机减少 15%～20%，如图 1-33 所示。而波音公司则在研究采用飞翼布局、翼身融合、能载 1000 人的超大型客机方案，如图 1-34 所示。

图 1-33　空客公司研制的世界上最大的 A380 客机

图 1-34　波音公司载客 1000 人的超大型客机方案

C919 是中国自行研制、具有自主知识产权的大型干线民用客机，如图 1-35 所示。其座级 158～168 座，航程 4075～5555 km，于 2017 年 5 月 5 日成功首飞。C919 的成功飞行标志着中国民航将不再依赖国外进口中层干线客机，打破了欧美航空的垄断；其次，它体现了中国民用航空工业水平的提升，为以后国产大飞机的研发和制造夯实了基础。

图 1-35　我国自主研制的 C919 大型客机

　　20 世纪 60 年代，英国、法国联合研制成功了两倍声速的"协和"号超声速客机(见图 1-36)，由于油耗大、载客量少、经济性差，加上噪声大、对环境污染大，很多国家都限制它降落，因而仅生产了 15 架，只开通了几条航线，营运 30 年未出现重大飞行事故，取得了骄人业绩。

图 1-36　英国、法国联合研制的"协和"号超声速客机

　　俄罗斯的超声速客机图-144 的总体气动布局非常类似于"协和"号客机，他们曾相互指责对方"剽窃"自己的技术。图-144 飞机于 1978 年因一起机毁人亡的事故而使生产计划中断，前后总共只生产了 17 架，如图 1-37 所示。

图 1-37　俄罗斯的图-144 超声速客机

2. 支线飞机

支线飞机一般指 100 座以下的民航客机，用于旅客流量较小的航线，航行于小城市之间，或把旅客从小城市运往连接干线的大城市。早期的支线客机多以涡轮螺旋桨发动机为动力，20 世纪 90 年代以来，一些支线客机也采用了高涵道比涡轮风扇发动机。

世界支线飞机有两大发展趋势：一是大型化，50～90 座级将占主导地位；二是涡轮风扇化，由于涡轮风扇支线飞机速度快、噪声低、航程远、舒适性好，加上其售价与涡轮螺旋桨飞机相差无几，涡轮风扇支线飞机将逐步取代涡轮螺旋桨飞机。

我国自行研制的支线飞机主要有运 7 飞机和"新舟 60"飞机。运 7 飞机有 52 座，采用两台国产的 WJ5A 涡轮螺旋桨发动机；"新舟 60"飞机为 56～60 座，采用普·惠加拿大公司的 PW127J 低油耗涡轮螺旋桨发动机。进入 21 世纪以来，我国自行研制成功了 ARJ21 飞机，如图 1-38 所示。ARJ21 飞机是 70～90 座级的中短程涡轮风扇支线飞机，拥有支线飞机中显著的宽、静机身，达到了与干线飞机同等客舱的舒适性，今后可延伸到 100 座级支线客机。

图 1-38　我国自行研制的 ARJ21 支线客机

我国还与巴西合资生产了 30～50 座级的 ERJ145 系列支线客机，如图 1-39 所示。该机采用两台英国罗·罗公司的 AE3007A 系列高涵道比涡轮风扇发动机，客舱每排 3 个座位，航程可达 2000～4000 km。其特点是高性能、低运营成本，具有延程、远程和超远程几种机型。

图 1-39　中国、巴西合资生产的 30～50 座级 ERJ145 支线客机

1.2.2 货机

货机是用于载运货物的运输飞机，多由旅客机改装而成，有的旅客机还作为客货混用

机。机身的前部作为客舱，而后部作为货舱。例如，波音 747 旅客机就有专门用于运货的货运型波音 747-200F 飞机及波音 747-400F 飞机，也有客货混用型的波音 747-200M 飞机及波音 747-400C 飞机。

1.2.3　通用飞机

通用飞机是指除用于客、货运输的定期航线和包机飞行之外的所有民用飞机。这种飞机用途广泛，种类繁杂，数量最多。目前，全世界有通用飞机(不含直升机)约 30 万架，其中美国就占 21 万多架。

通用飞机以小型飞机为主，重量大多在 5700 kg 以下。主要包括：航测飞机、摄影飞机、警用飞机、农业飞机、游览飞机、勘探飞机、救护飞机、灭火飞机、运动飞机、公务飞机和私人飞机等。由于这类飞机常由非职业驾驶员驾驶，因此不要求技术先进，主要着眼于构造简单、安全可靠、便于驾驶和维护修理。

目前，通用飞机是活塞型、涡轮螺旋桨型和涡轮风扇型并存。其中涡轮风扇型主要用于公务机，性能先进，安全舒适，价格较贵，已生产的机型有 30 多种，在研的有 10 多种。在未来的 10 年中，全球将交付约 8000 架涡轮风扇型公务机。通用飞机的发展方向是降低采购和使用成本，提高安全性，减少噪声和污染。

1.2.4　公务机

公务机是一种在商务活动和行政事务中用作交通工具的小型飞机，是通用飞机的一种，又称商务飞机或行政机。公务机一般采用两台发动机，以提高飞行的安全性，通常可乘坐 4～10 人。公务机所用的发动机以往多为涡轮螺旋桨发动机，现在多用涡轮风扇发动机。"安全第一、效率至上"已成为大公司老板和高级管理人员的信念。1999 年，世界 500 强企业中，有 339 家公司拥有自己的豪华型公务机，飞机总数达 1428 架，如图 1-40 所示。

(a) 鹰 800XP 飞机

(b) 利尔喷气 60 飞机

(c) 神秘隼 50 飞机

(d) 神秘隼 900 飞机

(e) 比奇喷气飞机

图 1-40　种型号的豪华型公务机

1.3　无 人 机

驾驶员或控制员不在飞机座舱内的飞机，简称为无人机。无人机可以专门设计研制，也可以由已有的飞机或导弹改装而成。与有人驾驶飞机相比，无人机具有结构简单、体积小、重量轻、成本低、机动性好、飞行时间长、便于隐蔽等特点，还可多次回收使用，特别适用于执行危险性很大的任务。

现在无人机的种类繁多，用途十分广泛。在军事上，无人机不但能用作靶机，也可以用于侦察、监视、通信、反潜、导航、诱饵、炮兵校正和电子对抗等；在民用上，无人机可用于通信中继、大地测量、气象观察、环境监测、地质勘察、缉毒缉私、森林防火和人工降雨等；在科研上，无人机可用于大气取样、新技术研究等。

无人机按用途可分为军用无人机和民用无人机两大类；按其主要控制方式，又可分为无线电遥控和自动程序控制两大类。目前，军用无人机大致可分为侦察无人机、战斗无人机、校靶无人机和微型无人机四类，而侦察无人机是应用较早而又最广泛的军用无人机。

目前，世界上参与研制和装备无人机的国家和地区达 30 多个，且有进一步增多的趋势。大多数国家的无人机多用于监视、炮兵校正或用作靶机，但美国在其雄厚的经济实力和先进技术的支持下，已成功研制出用于战略侦察的高空长航时军用无人机，并正在研制战斗无人机、微型无人机和太阳能无人机。在无人机的装备数量和技术水平上，美国已遥遥领先，以色列在技术水平上居世界第二位。

1.3.1　战略侦察无人机

美国研制的高空长航时战略侦察无人机"全球鹰"，如图 1-41 所示。它的机身长 14.6 m，翼展 38.6 m，可载 7 t 燃油，最大航程达 26 000 km，自主飞行时间长达 41 h，可从美国本土基地飞往全球任何地区进行战略和战役侦察，或者在离基地 5500 km 的目标上空作 24 h 的连续侦察监视飞行。在 20 000 m 高空，其探测面积达 137 400 km^2，机载合成孔径雷达获取的条幅式侦察照片精确到 1 m，定点侦察照片可精确到 0.3 m，被誉为当今世界上最先进的战略侦察无人机。但是，任何事物都有两面性。尽管"全球鹰"集各种优点于一身，却也有美中不足之处，主要是它的飞行速度太低，只有 644 km/h，同时，负载能力只有 900 kg，防身自卫能力十分有限，难以逃脱高速战斗机的追击，一旦在空中被敌方锁定，它将很难逃脱被击落的命运。

图 1-41 美国的高空长航时"全球鹰"无人机

美国另一种著名的无人机"捕食者"RQ-1B，如图 1-42 所示，是一种可在中等高度(实用升限大约 7620 m)长时间飞行的无人驾驶系统，主要用于战场侦察和监控。这套系统包括 4 架带有传感器的飞机、一个地面控制站和一套卫星通信链路等，需要 55 人进行操作和维护。但是，"捕食者"RQ-1B 也有不少致命的缺点，如飞机体积较大而又无隐身措施，容易被对方发现；操作很复杂，对地面控制的依赖性大，使用成本高。

图 1-42 "捕食者"RQ-1B 侦察/攻击无人机

1.3.2 战斗无人机

战斗无人机是无人机未来发展的重要方向，是当今各国航空界的热门话题。有些人甚至认为军用飞机无人化，将会产生武器装备的第三次"革命"。西方一些军事专家推出的所谓"零伤亡"的战争理论，就是以战斗无人机为代表、以各种无人作战武器平台为前提而策划的。在该背景下，自 20 世纪 90 年代以来，在世界范围内掀起了一股以美国为首的研制战斗无人机的新热潮。2002 年 5 月 22 日，美国波音公司的 X-45A 战斗无人机(UCAV)进行了首飞；美国诺斯罗普·格鲁门公司也在为美国海军发展攻击无人机 X-47A "飞马"；美国陆军推出了"长弓阿帕奇"武装直升机与"猎人"无人机配套的作战武器系统计划。图 1-43 是美国的 X-45A 战斗无人机和 X-47A "飞马"攻击无人机。

(a) X-45A 战斗无人机

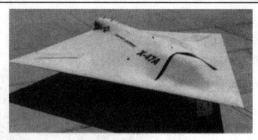
(b) X-47A "飞马" 攻击无人机

图 1-43　美国研制的战斗无人机

1.3.3　微型无人机

无人机发展的另一热点是微型化。在《西游记》中有孙悟空变成小苍蝇刺探敌情的神话故事，这在不久的将来或许会变成现实。随着微米／纳米技术的发展及其对微动力、微机械、微控制器件、微传感器、微计算机和微通信设备等技术的推动，在未来十几年中，将会出现各种各样的微型飞行器，去从事目前仍由人承担的最危险、最耗时、最单调乏味、甚至人类无法完成的任务，从而引起人类生活和战争方式的重大变化。

美国于 1997 年开始实施微型飞行器(MAV)计划，并已经由美国海军研究实验室研制出供单兵使用的一次性侦察用微型无人机，目前正在继续进行 "黑寡妇" "克里卜里" "微星" "微船" 等型号微型飞行器的开发。

在开展微型飞行器研究的同时，麻省理工学院(MIT)于 1994 年开始了微型涡轮喷气发动机的研究，2000 年首台验证机上地面台架运转，2001 年基准微型涡轮喷气发动机进行了地面试验和空中试飞。俄罗斯中央航空发动机研究院(CIAM)自称他们也能研制出像手指甲盖大小的 "超微型涡轮发动机"。

1.3.4　中国的无人机

我国的无人机研究已有 50 多年的历史，已研制出各具特色的无人机系列，近 30 多种型号，累计生产了 5000 余架侦察无人机和靶机，除大量装备我国海、陆、空三军外，还出口到许多国家。典型的型号有：北京航空航天大学的长虹-1 无人机；南京航空航天大学的长空-1 号系列机，其中长空-1A 曾用于核武器试验取样工作；西北工业大学的 D 系列无人机；西安爱生技术集团公司的 ASN-104 无人机、ASN-206 无人机等。我国的中、高空长航时无人机、战斗无人机和微型无人机也正在积极的研究之中。图 1-44 是我国研制出的无人机。

(a) 长虹-1 无人机

(b) 长空-1 无人机

(c) D 系列无人机

图 1-44　我国研制出的无人机

1.3.5　无人飞艇

　　飞艇是一种很古老的轻于空气的航空器，由于其飞行速度低、容易燃烧爆炸，自飞机诞生后，很快就被淘汰了，并从战场上销声匿迹。但它也具有许多优点，如费效比低、运载货物多、续航时间长、维修简单等。特别是飞艇几乎能使雷达波完全穿透，红外线辐射也比较低，因此其隐身特性好，在现代高耗费战争中仍具有特殊的作用。随着高性能等离子体加速器的发展和新材料、新型合成气体的问世，新的大型无人飞艇平台将迎来一个历史性的发展新机遇。

　　(1) 美国重新开始重视无人飞艇的发展。2001 年 "9 · 11" 事件之后，为加强对边境和港口城市的保护，防止恐怖分子的突然袭击，美国陆军、海军和导弹防御局毅然同意研制新型飞艇，作为一种续航时间长、载荷能力大的无人飞行平台。同时，美欧还正在就合作发展同温层高空先进飞艇进行谈判，届时，现代无人飞艇技术将进入一个崭新的发展阶段。

　　(2) 日本提出将无人飞艇用作一种伪卫星系统。2002 年 1 月，日本航空宇航技术研究所提出利用同温层无人飞艇平台作为一种伪卫星，以代替 GPS 承担卫星导航和定位的功能。日本专家认为，飞艇平台网络可以覆盖整个日本国土，将大大改善 GPS 卫星定位系统的精度、可用性和完整性。

　　(3) 加拿大已经试飞一种同温层飞艇。2002 年 7 月 2 日，加拿大 21 世纪飞艇公司试飞了一种高空试验飞艇，升空高度达到 5486 m，留空时间 16 h，它属于同温层飞艇计划的一部分。加拿大同温层飞艇计划是要研制一个飞行高度为 18 300~20 700 m 的飞艇，用于通信和环境监测。

　　(4) 俄罗斯飞艇技术有了新的突破。俄罗斯浮空器飞行学会正在研制一种大型新飞艇，其特点是采用多个等离子体加速器作为加热上升气体的装置，它可以控制热值，而且体积小，效率高，调节范围宽，可以使飞艇的飞行技术性能和使用性能得到显著的提高。

1.4　直　升　机

　　世界上能设计和制造军用、民用直升机的国家较多，但实力最强、技术水平最高的国家是美国，俄罗斯居第二位。当今世界，和平与发展是时代的主流，经济全球化正在加快，而直升机工业总体上供过于求,市场竞争日趋激烈,加之直升机是高科技、高投入、高风险产业,除美国、俄罗斯之外,包括一些发达国家在内的许多国家,都难以独自承担其资金和技术上的风险。于是,两国或多国组建跨国公司、共同出资合作研制直升机,已成为未来发展的必然趋势。例如,EC-120"蜂鸟"单发5座轻型直升机,就是由欧洲直升机法国公司、中国哈尔滨飞机公司和新加坡科技宇航公司合作设计和生产的。

目前,世界上军用、民用直升机的种类繁多,加上各种改进、改型更是不计其数,难以一一列举,这里只能举出其中几种典型的直升机作为例子。

1.4.1 MD500/530 直升机

MD500/530 直升机为典型的单旋翼无尾桨直升机,如图 1-45 所示,由美国原休斯直升机公司(1985 年 8 月并入麦道公司,后又并入波音公司)设计。其基本型装有一台艾利逊公司的 T63-A-5A 涡轮轴发动机,后来有 MD500C、D、E、F 等各种改型。截至 1977 年,MD500/530 系列民用型直升机已生产了 4600 多架,军用型 MD500/530"防御者"多用途直升机及其改型有 1000 多架,而且其军用、民用型都出口到十几个国家。

图 1-45　美国的 MD500/530 直升机

1.4.2 AH-64 "阿帕奇"攻击直升机

AH-64"阿帕奇"攻击直升机如图 1-46 所示。该机装有两台 T700-GE-710 涡轮轴发动机,并列在机身的两个肩部,中间由机身隔开,避免一发炮弹击毁两台发动机。这种直升机能在恶劣的气候条件下昼夜执行反坦克任务,具有很强的战斗、救生和生存能力,代表了美国 20 世纪 80 年代的技术水平。1992 年 4 月后,该机有了 AH-64D"长弓阿帕奇"改进型,在旋翼轴上方加装 AN/APG-78"长弓"毫米波雷达和马丁·玛丽埃塔公司的带射频导引头的"海尔法"导弹,能在雨、烟、雾气象条件下跟踪飞行目标,并能在短距离内发射"海尔法"导弹,大大提高了作战性能。

图 1-46　美国的 AH-64 "阿帕奇"攻击直升机

1.4.3　CH-47 "支奴干" 运输直升机

CH-47 "支奴干" 双旋翼纵列式全天候中型运输直升机如图 1-47 所示。该机由美国波音公司研制,采用两台标准额定功率为 2237 kW 的联信·莱康明 T55-L-712 涡轮轴发动机,可在恶劣的高原高温条件下完成运输任务。1985 年 8 月 4 日,该机与美空军 KC-130 加油机进行了空中加油试验,第一架有空中加油装置的 CH-47D 已交付美陆军使用。美陆军共购买了各型 CH-47 直升机 745 架,改进型 "支奴干" 出口二十多个国家和地区,总订货量达 1134 架(包括民用型)。

图 1-47　美国的 CH-47 "支奴干" 运输直升机

1.4.4　RAH-66 "科曼奇" 直升机

RAH-66 "科曼奇" 双座侦察/攻击和空战直升机如图 1-48 所示。该机由美国波音公司和西科斯基飞机公司联合研制,装有两台 1608 kW 的 T800-LHT-810 涡轮轴发动机,采用全权限数字式电子控制系统。为适应 21 世纪战场环境,该机采用了大量复合材料和新的隐身结构设计技术,使其雷达截面积只有同类直升机的 1%,是世界上第一种先进的隐身直升机,整个计划经费高达 340 亿美元,预计将生产 1000 架以上。

图 1-48　美国的 RAH-66 "科曼奇" 隐身直升机

1.4.5　S-80/H-53E 重型直升机

由美国西科斯基公司研制的 S-80/H-53E 三发重型多用途直升机如图 1-49 所示。该机装有三台通用电气公司的 T64-GE-416/419 发动机,单台最大连续功率为 2756 kW,这是目前西方尺寸最大、功率最高的直升机。截至 1998 年,S-65 / S-80/H-53 系列直升机已生产约 760 架。

图 1-49　美国的 S-80/H-53E 重型直升机

1.4.6　S-92 双发中型直升机

　　S-92 双发中型直升机如图 1-50 所示，由美国西科斯基公司与五个国外公司合作研制，1995 年 6 月在巴黎航展上展出。中国直升机设计研究所是其风险合作伙伴之一(占 2%)，并负责垂尾的研制。从 1992 年宣布研制计划到 2000 年开始交付，整个研制周期约 8 年。目前有 S-92C 民用型和 S-92IU 通用/军用两种型别，装有两台 GE 公司的 CT7-8 涡轮轴发动机，单台起飞和最大连续功率为 1491 kW。为降低研制费用和生产成本，缩短研制周期，减少用户后勤负担，它广泛采用了"黑鹰"系列直升机的系统和部件，具有高度的通用性，市场前景十分广阔。

图 1-50　S-92 中型直升机

1.4.7　俄罗斯研制的直升机

　　米里莫斯科直升机厂股份公司(即苏联米里设计局)和卡莫夫直升机科学技术联合体(即苏联卡莫夫设计局)是俄罗斯两个最大的直升机研制单位，实力很强，水平很高。米里莫斯科直升机厂股份公司从苏联时期就开始设计研制米-8 直升机、米-14 水陆两用直升机、米-17/-171/-172 中型多用途直升机、米-24/-25/-35 专用武装直升机、米-26 双发多用途重型运输直升机、米-28 全天候专用武装直升机、米-34 轻型多用途直升机以及米-38 中型多用途运输直升机。卡莫夫直升机科学技术联合体也从苏联时期就开始设计研制卡-27/-28 "蜗牛"反潜直升机、卡-29/-31 电子战直升机、卡-32 双发共轴反转旋翼通用直升机、卡-50 双发共轴反转旋翼武装直升机、卡-52、卡-60/-62、卡-115、卡-118、卡-126、卡-226 等一系列各种类型的直升机，如图 1-51 所示。这些直升机装备了俄罗斯和独立国家联合体各国的武装部队，具有很强的战斗力。但是，由于投入严重不足，近十几年来虽然有很多好的直升机设计方案，而真正投入使用、形成气候的却不多。

(a) 米-24/-25/-35 武装直升机

(b) 米-26 重型直升机

(c) 米-28 武装直升机

(d) 卡-27/-28 "蜗牛"反潜直升机

(e) 卡-50 武装直升机

图 1-51　俄罗斯设计研制的直升机

1.4.8　NH-90 多用途军用直升机

　　NH-90 多用途军用直升机是由法国、德国、意大利、荷兰四国联合设计制造的，如图 1-52 所示。该机 1992 年开始设计，1995 年 12 月 18 日首飞，2003 年开始交付，研制经费为 13.76 亿欧元。设计上采用减少雷达反射信号技术，桨叶和尾桨叶均用复合材料制成，海军型 NFH 的旋翼桨叶和尾斜梁可自动折叠，具有维护简单、易损性低的特点；安装两台涡轮轴发动机，分别选用英国与法国合作的 RTM322-01/9 和美国的 T700-T6E 发动机。

图 1-52　NH-90 多用途直升机

1.4.9　EH-101 三发多用途直升机

EH-101 三发多用途直升机如图 1-53 所示。该机由英国同意大利联合研制，同时发展海军型、民用运输型和军用型三种型别。该机选用 RTM322-01/8 涡轮轴发动机，有较大的剩余功率；机体采用损伤容限设计技术，提高了安全性和可靠性。其零部件分别在两国的两家公司制造，最后在两国分别进行组装。

图 1-53　EH-101 多用途直升机

1.4.10　中国研制生产的武直-10 武装直升机

武直-10 武装直升机是中国自主开发研制的第一款专用型武装直升机，如图 1-54 所示。它以反坦克作战为主要任务，具有优异的作战性能，技术含量高，火力强大，航电系统先进，其总体性能已达到国际先进水平。该机采用国际流行的纵列式座舱布局，窄机身，后三点式防冲撞起落架；主桨由五片全复合材料桨叶构成，直径约为 12 m；尾桨为四片弹性玻璃纤维宽叶；不具备雷达隐身的气动结构，而是通过大量采用吸收雷达波长的复合材料和涂装来缩短被敌方发现的距离。

图 1-54　中国研制生产的武直-10 武装直升机

1.4.11　V-22 "鱼鹰" 倾转旋翼直升机

V-22 "鱼鹰" 双发倾转旋翼直升机是美国达信贝尔直升机公司和波音直升机公司联合研制的，如图 1-55 所示。它采用了倾转旋翼这一新概念，既保留了直升机垂直起降和空中悬停的优点，又使速度和航程比传统直升机要高和远得多，最大巡航速度可达 509 km/h。该机采用两台艾利逊公司 T406-AD-400(501-M80C)涡轮轴发动机，每台起飞和中等功率为

4586 kW，最大连续功率为 4392 kW，装在翼尖倾斜短舱内。尽管在研制初期曾多次发生过机毁人亡的事故，但该机仍是一种很有前途的新概念飞行器，美国为它已投入了 27.5 亿美元研发费用。

图 1-55　V-22 "鱼鹰" 倾转旋翼直升机

1.4.12　贝尔-波音 609 民用倾转旋翼直升机

贝尔-波音 609 民用倾转旋翼直升机主要采用了 V-22 军用型的设计，是军转民的一个成功之作，如图 1-56 所示。该机有 6～22 座的系列机型，装有两台普·惠加拿大公司的 PT6C-67A 涡轮轴发动机，单台功率为 1378 kW，安装在翼尖倾斜短舱内，每台发动机驱动一个三桨叶倾转旋翼，设有发动机参数指示与机组告警系统。

图 1-56　贝尔-波音 609 民用倾转旋翼直升机

1.4.13　直升机加气囊式组合飞艇

直升机加气囊式组合飞艇是既利用空气静浮力，又利用气动升力的飞艇。它具有装卸载荷时不必调整压舱配重、载重量大、省油和机动性好等优点，但也存在体积庞大、系统复杂、使用维护不方便等缺点。美国皮亚斯基飞机公司曾试制一架 "直升机飞艇"，如图 1-57 所示。这种飞行器的空重几乎都由气囊的静升力支承，直升机旋翼的拉力则用于支承商载、提供推进力和绕各轴线转动的操纵力。

图 1-57　直升机加气囊式组合飞艇

1.4.14　复合式直升机

复合式直升机是除旋翼外还安装有固定机翼及推进装置的直升机，如苏联研制的米-22复合直升机，如图1-58所示。它既能像直升机那样垂直起降，又能像飞机那样快速灵活。在旋停、垂直飞行及起降时由旋翼提供升力，前飞时所需的前进力由推进装置提供，升力则由机翼和旋翼共同提供。复合式直升机的速度和航程比一般的直升机大，但因结构复杂、效果不明显，至今尚未得到广泛应用。

图 1-58　苏联的米-22 复合直升机

1.4.15　气囊飞机

气囊飞机实际上是一种半软式飞艇、半飞机式的巨型飞行器，如图1-59所示。据报道，美国正在研制一种气囊飞机，整个机体就是一个大气囊，在纤维蒙皮内装有多个充满氢气的气包，它长达250 m，宽近100 m，安装四台可以旋转的旋翼、螺旋桨动力系统。这种气囊飞机具有很大的载运能力(可达500 t)，其飞行速度达230 km/h，可在一天时间内横跨欧洲大陆，运输成本比波音-747要低得多。

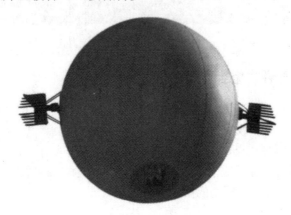

图 1-59　气囊飞机

思考题与习题

一、选择题

1. 战斗机又可以称为_____，是用于在空中消灭敌方飞机和巡航导弹的军用飞机。

A. 歼击机　　　　B. 驱逐机　　　　C. 截击机　　　　D. 强击机

2. 美国和苏联于_____年相继研制成功世界上第一代喷气式战斗机。

A. 1944 年　　　B. 1945 年　　　C. 1946 年　　　D. 1947 年

3. 我国自行研制的具有完全自主知识产权的第三代战斗机是_____。

A. 超 7 "枭龙"　B. 歼 10　　　　C. 歼 8 Ⅰ　　　D. 歼 11

4. 旅客机按_____分为干线客机、支线客机。

A. 航程　　　　　　　　　　B. 最大起飞重量

C. 服务的航线性质　　　　　　D. 机身直径和座位布置

5. 公务机是一种在商务活动和行政事务中用作交通工具的小型飞机，是_____的一种，又称商务飞机或行政机。

A. 旅客机　　　B. 通用飞机　　　C. 民用飞机　　　D. 支线飞机

6. 无人机按用途可分为_____两大类。

A. 无线电遥控　B. 军用无人机　　C. 自动程序控制　D. 民用无人机

7. 中国的无人机型号有：_____。

A. D 系列无人机　　　　　　　　B. 长空-1 无人机

C. ASN-104、ASN-206 无人机　　D. 长虹-1 无人机

8. 世界上能设计和制造军、民用直升机的国家较多，但实力最强、技术水平最高的是_____两个国家。

A. 英国　　　　B. 美国　　　　C. 法国　　　　D. 俄罗斯

二、填空题

1. 在 1998 年珠海航展上，(　　)战斗轰炸机作了令人耳目一新的精彩飞行表演，给国内外观众留下了深刻的印象。

2. 2007 年，我国自主生产的最新预警机(　　)投入使用，(　　)预警机采用了比美国和俄罗斯领先一代的固态有源相控阵雷达，采用的软件、砷化镓微波单片集成电路、高速数据处理计算机、数据总线和接口装置等国产高新技术，也处于世界领先水平。

3. 军用运输机是用于空运兵员、武器装备、给养物资，并能空投伞兵和大型军事装备的(　　)。按执行任务的性质，军用运输机可分为(　　)和(　　)。

4. 1952 年 5 月，世界上第一架采用涡轮喷气发动机为动力的旅客机，英国的(　　)开办了由伦敦到南非的旅客营运业务，开创了喷气客机的新时代。

5. 通用飞机是指除用于客、货运输的(　　)和(　　)之外的所有民用飞机。

6. (　　)是未来发展的重要方向，是当今各国航空界的热门话题，有些人甚至认为军用飞机无人化，将会产生武器装备的第三次"革命"。

7. (　　)是一种很古老的轻于空气的航空器，由于其飞行速度低、容易燃烧爆炸，自飞机诞生后，很快就被淘汰了，并从战场上销声匿迹。

8. EC-120 "蜂鸟"单发 5 座轻型直升机，由(　　)、(　　)和(　　)合作设计和生产。

三、问答题

1. 什么是军用飞机？它包括哪些主要机种？

2. 第四代喷气式战斗机具有哪些特点和优势？

3．什么是民用飞机？它包括哪些主要机种？

4．什么是旅客机？什么是干线飞机？什么是支线飞机？

5．什么是无人机？无人机与有人驾驶的飞机相比有什么优越性？

6．为什么说除美国、俄罗斯之外，包括一些发达国家在内的许多国家，都难以独自承担直升机的研制资金和技术上的风险？

第2章　飞机飞行的原理

2.1　流体流动的基本知识

2.1.1　飞行相对运动原理

　　飞行相对运动原理如图 2-1 所示。假设飞机是在静止的大气中(无风情况下)作水平等速直线飞行的状态，一观察者乘坐在高空气球(固定在空气中的某一位置)上描述这一飞行状态，则飞机是以速度 v_∞ 向左飞行(见图 2-1(a))，并将扰动周围的空气使之产生运动，而运动起来的空气同时将在飞机的外表面上产生空气动力。如果另一个观察者就乘坐在飞机上，观察到的情景则是远前方空气(连同乘坐在气球上的观察者)是以同样的速度 v_∞ 流向静止不动的飞机，但方向是向右(见图 2-1(b))。远前方空气来流流过飞机外表面时，空气的流动速度、压力等都将发生变化而产生空气动力。显然，作用在飞机上的空气动力不会因观察者乘坐的方位发生变化而变化，而是一样的。这就称为飞行相对运动原理。

　　利用这一原理，飞机以速度 v_∞ 作水平直线飞行时，作用在飞机上的空气动力大小与远前方空气以速度 v_∞ 流向静止不动的飞机时所产生的空气动力应完全相等。这两种运动情况可以相互转换，也叫做"可逆性原理"。采用这种方法，在试验研究和理论研究上都会有很大的便利，所以它广泛地被航空、航天、航海、交通运输部门等采用。

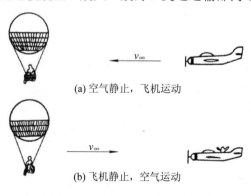

(a) 空气静止，飞机运动

(b) 飞机静止，空气运动

图 2-1　飞行相对运动原理的示意

2.1.2　流体的连续性假设和状态方程

　　流体是液体(如水)和气体(如空气)的总称。和固体不同，流体没有自己确定的几何形状，它们的形状都仅仅取决于盛装它们的容器形状。例如，把流体盛满在某容器内，它的形状就取决于这个容器的几何形状。流体的这种容易流动(或抗拒变形的能力很弱)的特性，为易流性。

在流体中，气体和液体又有所不同。一定量的液体虽无确定的几何形状，但却有一定的体积，在容器中能够形成一定的自由表面。而气体则不同，它连体积也是不确定的，总是能够充满容纳它的整个容器。因而，在研究流体运动规律时，采用了"连续介质假设"这样一个简化模型(假说)，即把流体看成内部没有任何空隙而连绵一片的、充满了它所占据的整个空间的连续介质。

分析流体运动时，在连续流体介质中，任意取出一小块微元流体(尺寸可以很小，直到缩小为一个质点)作为分析的对象，这块微元流体称为流体微团。根据"连续介质假设"，流体介质的作用特性(统计特性)就体现为微团的特性(如微团的密度、压力、温度等)。这样，就可以把流体介质的一切物理属性，如密度、温度、压力等都看为空间的连续函数，因而在解决流体力学实际问题时，就可以应用数学分析这一有力工具来处理。

流体的状态参数是指它的密度 ρ，温度 T，压力 p(又称压强)这三个参数，它们是影响流体运动规律最重要的物理量。

流体的密度 ρ 是指流体所占空间内，单位体积中包含的质量。如流体的质量为 m，占有的体积为 V，则 $\rho = \dfrac{m}{V}$，单位是 kg/m^3。

流体的温度 T 是流体分子运动剧烈程度的指标，热力学单位是 K。以 K 为单位的绝对温度 T 与以℃为单位的摄氏温度 t 的关系是 $T = 273.15 + t$。

流体的压力 p 是指作用在单位面积上且方向垂直于这个面积(沿内法线方向)的力，又称压强，单位是 Pa 或 N/m^2。就空气来说，空气的压力是众多空气分子在一面积上不断撞击产生作用的结果。在飞机上产生的空气动力，特别是升力，大都是来自于飞机外表面上的空气压力。

通过试验发现，在任何状态下，气体的压力、密度和温度之间都存在一定的函数关系。即

$$p = \rho R T \tag{2-1}$$

式(2-1)称为气体的状态方程，式中的 R 称为气体常数，各种气体的气体常数是不相同的。当 $p = 1.0132 \times 10^5$ Pa，$T = 293.15$ K 时，空气的气体常数 R 为 287.053 $m^2/(s^2 \cdot K)$。

从国际标准大气表知道，空气状态参数，特别是空气密度随高度而变化，这种变化不仅对作用在飞机上的空气动力大小有影响，而且对飞机喷气发动机产生的推力大小也有很大的影响。

2.1.3　流体的可压缩性、声速 c、黏性和传热性

1. 流体的可压缩性

对流体施加压力，流体的体积会发生变化。在一定温度条件下，具有一定质量流体的体积或密度随压力变化而变化的特性，称为可压缩性(或称弹性)。流体压缩性的大小，通

常可用体积弹性模量来度量，其定义为产生单位相对体积变化所需的压力增高。即

$$E = \frac{\mathrm{d}p}{\dfrac{\mathrm{d}V}{V}} = V\frac{\mathrm{d}p}{\mathrm{d}V} \tag{2-2}$$

式中，E 为体积弹性模量；p 为流体压力；V 为一定量流体的体积。

各种物质的体积弹性模量不同，因此各种物质的压缩性也各不相同。由于液体的体积弹性模量都比较大，所以对大多数工程问题而言，液体都可认为是不可压缩的，即液体是密度 ρ 为常数的流体。

在通常压力下，空气的体积弹性模量相当小，约为水的 1/20 000。因此，空气的密度很容易随压力的改变而改变，也就是说，空气具有可压缩性。一般情况下，当空气流动速度较低时，压力变化引起的密度变化很小，可以不考虑空气的可压缩性对流动特性的影响。

2．流体的声速 c

声速(在航空界也俗称音速) c 是指声波在流体中传播的速度，单位是 m/s。声波是一个振动的声源(例如振动的鼓膜)产生的疏密波(压缩与膨胀相间的波)。飞机或物体在空气中运动时，在围绕它的空气中也将一直产生疏密波，或称小扰动波，它的传播速度也是声速。小扰动波或声波在静止流体中，是向所有方向以球面波的形式传播开去的。

试验表明，在水中的声速大约为 1440 m/s (约 5200 km/h)，而在海平面的标准状态下，空气中的声速仅为 341 m/s (约 1227 km/h)。由于水的可压缩性很小，而空气很容易被压缩，所以可以推论：流体的可压缩性越大，声速越小；流体的可压缩性越小，声速越大。在大气中，声速的计算公式为

$$c = 20\sqrt{T} \tag{2-3}$$

式中，T 是空气的热力学温度。随着飞行高度的增加，空气的温度是变化的，因而声速也将变化，说明空气的可压缩性也是变化的。

3．流体的黏性

黏性是流体的另一个重要物理属性。一般情况下，摩擦有外摩擦和内摩擦两种。一个固体在另一个固体上滑动时产生的摩擦叫外摩擦，而同一种流体相邻流动层间相对滑动时产生的摩擦叫内摩擦，也叫做流体的黏性。因此，有速度差的相邻流动层间，即使靠近壁面也是同一种流体(如水)之间的摩擦，也是内摩擦。

根据试验，内摩擦力 F(也称为流体黏性摩擦力)与相邻流动层的速度差 Δv 和接触面积 ΔS 成正比例，而与相邻两层的距离 Δy 成反比例。即

$$F = \mu\frac{\Delta v}{\Delta y}\Delta S \tag{2-4}$$

式中，μ 是流体的内摩擦系数或称为流体的动力黏性系数，单位是 Pa・s；比值 $\dfrac{\Delta v}{\Delta y}$ 表示在流动层的垂直方向(横向)上，每单位长度速度的变化量，也称为横向速度梯度。

应当提到，随着流体温度的升高，气体的 μ 值将增加，但液体的 μ 值反而减小。温度升高，分子间的这种横向动量交换也加剧，所以其值增大也就不难理解了。但是液体产生

黏性的物理原因主要来自相邻流动层分子间的内聚力，随着温度升高，液体分子热运动加剧，液体分子间距离变大，分子间的内聚力将随之减小，故 μ 值减小。可见，采用管道来运输液体(如石油)时，对液体加温(特别是在寒冷地区的冬季)可以收到减小流动损失、节省能耗的效果。

4. 流体的传热性

流体的传热性也是流体的一个重要物理属性。当流体中沿某一方向存在温度梯度时，热量就会由温度高的地方传向温度低的地方，这种性质称为流体的传热性。流体的导热系数的数值随流体介质的不同而不同，空气的导热系数为 2.47×10^{-5} kJ/(m·K·s)。由于空气的导热系数很小，当温度梯度不大时，可以忽略空气的传热性对流动特性的影响。

2.1.4　来流马赫数和雷诺数

研究航空、航天飞行器的飞行原理时，经常要提到"来流马赫数 Ma_∞"和"来流雷诺数 Re_∞"两个参数(或称为飞行马赫数和飞行雷诺数)。

来流马赫数 Ma_∞的定义是

$$Ma_\infty = \frac{v_\infty}{c_\infty} \tag{2-5}$$

式中，v_∞是远前方来流的速度(即飞行速度)；c_∞是飞行高度上大气中的声速；Ma_∞是两个速度之比，为一个无量纲量。来流马赫数 Ma_∞可以作为判断空气受到压缩程度的指标。Ma_∞越大，飞行引起的空气受到压缩的程度就越大；反之，则越小。

从飞行实践中可以知道，当 $Ma_\infty \leqslant 0.3$ 时，空气受到压缩的程度很小，称为低速飞行，可以不考虑空气的可压缩性影响，即把空气当做不可压缩的流体来进行分析；当 $0.3 < Ma_\infty \leqslant 0.85$ 时，称为亚声速飞行；当 $0.85 < Ma_\infty < 1.3$ 时，称为跨声速飞行；当 $Ma_\infty \geqslant 1.3$ 时，称为超声速飞行；当 $Ma_\infty \geqslant 5.0$ 时，称为高超声速飞行，等等。

除了低速飞行外，研究飞机的空气动力大小都必须考虑空气的可压缩性影响，特别是进入跨声速飞行后，因为空气的可压缩性会产生一种称为激波的独特流动现象，将对飞机的空气动力和外形设计带来重大影响。

来流雷诺数 Re_∞的定义是

$$Re_\infty = \frac{\rho_\infty v_\infty l}{\mu_\infty} \tag{2-6}$$

式中，ρ_∞、μ_∞分别是飞行高度上大气的密度和动力黏性系数；v_∞是飞行速度；l是飞机的一个特征尺寸，通常选取飞机机身的长度作为该特征尺寸；Re_∞是一个无量纲量。来流雷诺数 Re_∞是另一个非常重要的参数，对飞机的空气动力(升力和阻力)也有很大的影响。它的物理意义是：Re_∞越小，空气黏性的作用越大；Re_∞越大，空气黏性的作用越小。

2.1.5　流体流动现象的观测和描述

1. 观察流动现象的作用

从一开始研究流体力学，人们就想方设法要将流动现象显示出来，供观察和研究。如利用轻质、颗粒很小的固体物或用染色液和白烟给流体微团着色来显示流体微团运动轨迹的方法，至今仍在使用。

　　图 2-2 是历史上非常著名的雷诺试验示意图。当一定直径的玻璃水管中的流体流速 v 比较小时，从色液管嘴流出的染色流在玻璃水管中一直清晰可见，保持着直线形状(见图 2-2(a))。这说明玻璃水管中流体的流动是层流，而在层流流动中，流体微团之间没有"杂乱的掺混"，使得层流流动中机械能量的耗损很小。

　　但是，当玻璃水管中的流体流速 v 增加到一定大(确切地说，是玻璃水管内来流雷诺数 Re_∞ 增加到一定大)后，发现染色流直线变形、折断，最后完全扩散在玻璃水管中而无法分辨(见图 2-2(b))。这就是说，流体在增速流动过程中，流体微团运动轨迹变得越来越不规则，不仅有轴向运动，而且有强烈的横向运动。也就是说，流体微团在各个方向上都有充分的相互掺混的作用，这样的流动称为湍流(或称紊流)。在湍流流动中，流体微团处在无规则的随机运动之中，相互掺混将引起剧烈的动量和热量的传递和交换，增加机械能量(如压力)的大量耗损。

　　风吹过房屋的流动如图 2-3 所示(用烟流显示)。离房屋稍远一点，气流保持有序的曲线形状，线上的箭头表示流动方向；贴近屋顶是气流卷成旋涡，并从屋顶上分离(气流不是紧贴着屋顶流过去的)；在房屋的背风面，全是分离的旋涡流动区。日常生活中，在房屋背风面地面上的纸屑和灰尘满天飞舞的景象，正是存在分离的旋涡流动区的写照。在图上，还注明了沿着外墙面和屋顶用试验方法测得的压力系数 C_p。压力系数 C_p 的定义为

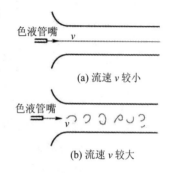

(a) 流速 v 较小

(b) 流速 v 较大

图 2-2　雷诺试验

$$C_p = \frac{p - p_\infty}{\frac{1}{2}\rho_\infty v_\infty^2} = \frac{2(p - p_\infty)}{\rho_\infty v_\infty^2} \tag{2-7}$$

式中，下标为 ∞ 的是远前方来流(风)的参数；p 是测得的压力。压力 p 永远不会是负值，但压力系数 C_p 可以是正值，也可以是负值。换句话说，在这里是选择 p_∞ 作为计算基准。若 $p > p_\infty$，则 $C_p > 0$；若 $p < p_\infty$，则 $C_p < 0$。由图 2-3 上注明的 C_p 值可知，迎风墙面上是 $p > p_\infty$，而屋顶和背风墙面上是 $p < p_\infty$，所以将产生掀开屋顶的空气动力。

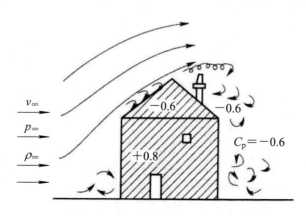

图 2-3　风吹过房屋的流动示意

对超声速气流的观察要比低速气流困难得多，必须采用光、电各种测试方法来显示流动中产生的物理现象。图 2-4 是用阴影法作流动摄影试验的装置示意。表示了通过喷管出口流出的超声速气流(例如，出口的流动马赫数 $Ma=2.0$)流过尖头子弹，用阴影法(利用流动中空气密度的变化对光线的折射率不同)在屏幕上显示出的明暗相间的条纹现象。这种现象表明流动中产生了新的情况，出现了头部激波和尾部激波。

图 2-4　用阴影法作流动摄影试验的装置示意

2．流场、流线、流管和流量

　　在充满流体流动的空间称为流场。流场被用来描述表示流体运动特征的物理量(流动参数)，如速度、密度和压力等，因而流场也是这些物理量的场。如果流场中任一点处流体微团的物理量随时间而变化，则称为非定常流；反之，则称为定常流。图 2-5 是贮水池中的水通过管道向外排泄过程的示意图。因为没有补给水源，贮水池中的水位不断下降，排水过程中出水口流出的水柱形状不断发生改变(见图 2-5(a))，所以其流动就是非定常流。如果补给水源，贮水池中始终保持池面的水位不变，排水过程中出水口流出的水柱形状始终保持不变(见图 2-5(b))，则流动就变成了定常流。

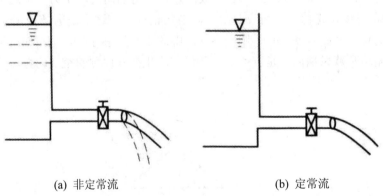

(a) 非定常流　　　　　　　　　　　　　　(b) 定常流

图 2-5　水的排泄过程示意

　　一般来说，在流体流动的流场中，可以绘制出许多称为流线的线，在每一条流线的各个点上，它的切线方向就是该点处流体微团的流动速度方向。显然，对于定常流来说，流线的形状不会随时间变化。而对于非定常流来说，流线的形状随时间变化，不同的时间有不同的流线。

图 2-6 是流面和流管的示意图。在流场中，取一条不封闭的、也不是流线的曲线 os。在同一瞬间，通过曲线 os 上的所有点作流线，于是这些互相紧密靠近的流线就构成了一个流动表面，称为流面(见图 2-6(a))。在流面上各个微体流团只沿其切线方向运动，因此流面对于在其两侧流动的其他流体微团来说是不可穿透的，即流面可视为隔离流动的"固壁"。如果曲线 os 是一条封闭的，但不在某一个流面上的曲线，在同一瞬间通过 os 曲线上所有点作流线，则互相紧密靠近的流线集合构成的管状流面，称为流管(见图 2-6(b))。在这个瞬间，除了在流管的横断面上有流体流过外，不会有流体穿越流管管壁而流进来或流出去。

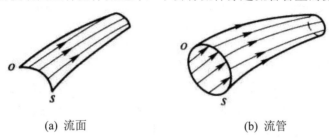

(a) 流面　　　　　　　　　　　　　(b) 流管

图 2-6　流面和流管的示意

图 2-7 是流过给定流管任一横截面积上的流体质量的计算用图。流管的横截面积为 A，流体的密度为 ρ，在横截面上的流速为 v，则单位时间流过流管横截面积 A 的流体体积为 vA，称为流体的体积流量。那么单位时间流过流管横截面积 A 的流体质量，称为流体的质量流量，用符号 q_m 表示。如果在横截面 A 上的速度是均匀分布的(见图 2-7(a))，则有

$$q_m = \rho v A \tag{2-8}$$

式中，q_m 的单位是 kg/s。

如果在横截面 A 上的速度不是均匀分布的(见图 2-7(b))，这时用该横截面上的平均速度 v_{av} 替代式(2-8)中的 v 即可。流过流管任一横截面积上的，不仅有流体的体积、质量，而且还有流体的动量、能量等。在一条流管的不同横截面上的这些物理量之间，是有一定的规律可循的。

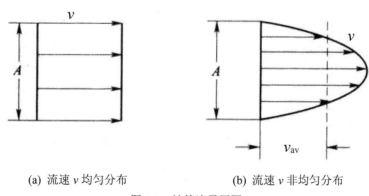

(a) 流速 v 均匀分布　　　　　　　(b) 流速 v 非均匀分布

图 2-7　计算流量用图

3．绕物体流动的图画

图 2-8 是低速气流绕机翼翼剖面(航空界称翼剖面为流线型物体或流线体，简称翼型)流动的图画。从图中可以看出，空气贴近翼面平滑地流过去，没有分离。像翼剖面这样的

物体非常有利于减小黏性阻力，产生升力。

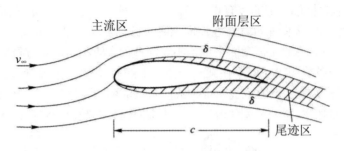

图 2-8　低速气流绕翼型流动的图画

远前方的低速来流以速度 v_∞ 流过机翼翼型时，在流场的大部分地区可用流线组成的流动图画(简称流线谱)来描述，称为主流区。如果流动雷诺数比较大，流体的黏性作用相对来说就比较小，只在贴近物面很薄的一层流体中才有很大的横向速度梯度存在。这薄薄的一层流动区，称为附面层(或边界层)流动区。由于厚度很小，只能在低速大风洞试验中利用测量速度的仪器才可以测出这个流动区的存在。沿翼型的上、下翼面都有附面层，而且从前向后，它的厚度 δ 一直在增加。沿上、下翼面向后流去的附面层，在翼型的尾部(称为后缘)汇合形成尾迹区，再向后流走。

可见，在低速气流绕流过翼型(代表流线体)的流动图画中，包括了主流区、附面层流动区和尾迹区。在主流区中，流体的黏性作用很小，在理论研究中可把流体当做理想流体来处理。在附面层流动区和尾迹区中，流体的惯性力小，而流体的黏性力却起着很大的作用。

高速气流绕流过物体的流动图画，观测起来要困难得多。但是，只要流动雷诺数足够大，流场中也有主流区、附面层流动区和尾迹区之分。除此之外，因气体可压缩性的影响，特别是进入跨声速区之后，还会产生激波等新的流动现象。

2.1.6　流体的模型化

在研究某一具体的流体流动问题时，如果把流体的所有物理属性都考虑进去，必然会使问题变得非常复杂，要进行分析并得出一定的结果就变得非常困难，而且也是不必要的。在实际应用中，对实际流体的物理属性的不同情况进行简化，可以得出各种流体模型。

1. 理想流体

理想流体是一种不考虑气体黏性的模型，忽略黏性的气体称为理想气体。在这种模型中，流体微团不受黏性力的作用。当然，在研究流动阻力问题时，用理想气体模型得出的结果往往与实际情况差别较大，这是因为黏性阻力和紧贴物体表面的边界层内气体的流动特性密切相关。

2. 不可压流体

不可压流体是一种不考虑气体可压缩性或弹性的模型，可以认为它的体积弹性模量为无穷大或它的流体密度等于常数。对于气体，在特定的条件下，也可按照不可压缩流体处理。而求解不可压流体的流动规律，只需要服从力学定律，便可使问题的求解和数学分析大大简化。对于流动速度较低的气体，更确切地说是对来流马赫数较低的气体，在工程应用中是完全可以按照不可压流体来处理流动问题的。

只考虑气体可压缩性的影响，而不考虑气体黏性的影响，就得到了可压缩理想流体模型。在这种情况下，认为气体的黏性系数等于零，而它的体积弹性模量不等于零。与此相对应，还可以有不可压黏性流体模型。对不可压黏性流体模型而言，它的体积弹性模量为无穷大(即流体密度为常数)，而黏性系数不等于零。

3．绝热流体

绝热流体是一种不考虑流体的热传导性的模型，即它把流体的导热系数认为是零。不考虑气体微团间热传导作用的气体模型，称为绝热气体。气体在高速流动中，在温度梯度不太大的地方，气体微团间的传热量也是微乎其微的，忽略气体微团间传热量对流动特性的影响，因此也可以不考虑传热量的作用。

2.2　流体流动的基本规律

流体绕物体流动时，它的各个物理量如速度、压力和温度等都会发生变化，但这些变化必须遵循基本的物理定律，这些物理定律有质量守恒定律、牛顿运动定律、热力学第一定律(能量守恒与转换定律)和热力学第二定律等。用流体流动过程中的各个物理量描述的基本物理定律，就组成了空气动力学的基本方程组。它是理论分析和计算的出发点，也是解释用试验方法获得飞机空气动力特性与规律的基础，以及说明飞机外形发生变化的物理原理等。

2.2.1　质量守恒与连续方程

在定常流流动中，远前方来流以速度 v_∞ 绕一个机翼翼型流过的流线谱(主流区)，如图 2-9 所示。在这个流场中选定一条流管来分析，在图 2-9 上取三个横截面积，分别位于远前方(截面 1)、靠近翼型头部(截面 2)和尾部(截面 3)。沿这个流管横截面积的变化，是在流场中放入翼型后产生的，体现了翼型对来流流体的作用，因而流过截面 1、截面 2 和截面 3 的质量流量分别为 $q_{m1} = \rho_1 v_1 A_1$，$q_{m2} = \rho_2 v_2 A_2$ 和 $q_{m3} = \rho_3 v_3 A_3$。根据质量守恒定律(质量不会自生也不会自灭)，于是有 $q_{m1} = q_{m2} = q_{m3}$。即

$$\rho_1 v_1 A_1 = \rho_2 v_2 A_2 = \rho_3 v_3 A_3$$

(2-9)

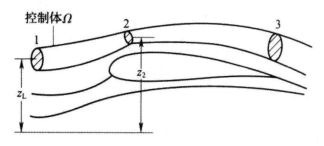

图 2-9　绕翼型的流线谱

式(2-9)称为可压缩流体沿流管的连续方程，说明通过流管各横截面的质量流量必须相等。对于不可压缩流体，因为 $\rho_1 = \rho_2 = \rho_3 =$ 常数，所以式(2-9)变为

$$v_1 A_1 = v_2 A_2 = v_3 A_3 \tag{2-10}$$

由式(2-10)可知，对于不可压缩流体来说，通过流管各横截面的体积流量必须相等。它表明：流管横截面变小，平均流速必须增大；相反，流管横截面变大，平均流速必须减小。否则，将违背质量守恒定律。

因此可以说，凡是流线相对变得密集的地区，流速就增大；相反，凡是流线相对变得稀疏的地区，流速就减小。观察到的流线谱不仅可以显示出流场中的速度方向，而且还可以判断出速度的变化大小。

2.2.2　能量方程与伯努利方程

1. 能量方程

根据能量守恒与转换定律可知，能量不会消失，也不会无中生有。在任何与周围隔绝的物质系统中，不论发生什么变化或过程，能量的形态虽然可以发生转换，但能量的总和保持恒定。例如，不可压缩流体、理想流体沿流管作定常流流动时的能量方程为

$$gz_1 + \frac{1}{2}v_1^2 + \frac{p_1}{\rho} = gz_2 + \frac{1}{2}v_2^2 + \frac{p_2}{\rho} \tag{2-11}$$

式中，单位质量流体流入与流出所具有的重力势能 gz、动能 $\frac{1}{2}v^2$、以及流动功 $\frac{p}{\rho}$ 都是机械能量，它揭示的是流体机械能的守恒与转换规律。

2. 伯努利方程

当应用式(2-11)来分析低速气流绕流过翼型等流线物体时(见图2-9)，重力势能的差是一个很小的量，可以忽略。于是，式(2-11)就变为

$$\frac{1}{2}v_1^2 + \frac{p_1}{\rho} = \frac{1}{2}v_2^2 + \frac{p_2}{\rho}$$

方程的两边乘以 ρ，则

$$p_1 + \frac{1}{2}\rho v_1^2 = p_2 + \frac{1}{2}\rho v_2^2 \tag{2-12}$$

式(2-12)称为不可压流体、理想流体沿流管作定常流流动时的伯努利方程。式中，p 称为静压；$\frac{1}{2}\rho v^2$ 称为动压。由伯努利方程可知，流体的流动速度增大，流体的静压将减小；相反，流体的流动速度减小，流体的静压将增大。但是，流体的静压与动压之和(总压)始终保持不变。这就是瑞士物理学家丹尼尔·伯努利于1738年阐明的流体在流动中的压力与流速之间的关系，后来科学界称之为伯努利定理。伯努利定理就是能量守恒与转换定律在气体流动中的应用，它是研究气流特性和在飞行器上的空气动力之所以产生与变化的基本定理之一。

大气的流动速度与压力之间的关系，可以用图 2-10 所示的试验结果来说明。当大气静止时，在试验管道的各个截面上的大气压力一样，都等于大气压力，所以各玻璃管中压力

指示剂的液面高度都一样(见图 2-10(a))。但当大气稳定地、连续地流过试验管道时，在试验管道各截面处的气流速度随截面积的变化而变化(见图 2-10(b))。截面积大的地方流速小，截面积小的地方流速大。这一事实表明：流速大的地方，气体的压力小；流速小的地方，气体的压力大。压力随流速而变化的这一关系，就是伯努利定理的基本内容。

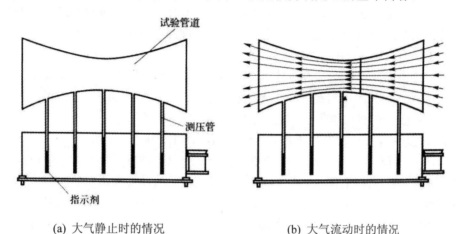

(a) 大气静止时的情况　　　　　　　　　(b) 大气流动时的情况

图 2-10　流速和压力的关系

2.2.3　低速、亚声速和超声速管内流体的流动

要驱动气体在管道中流动起来，并得到期望的流动参数，需要具备两个条件：第一，要有一个压力差，在这个压力差的推动下，气体将在管道中作定常流流动；第二，要有适当的管形(要求管道的横截面积有变化)才能得到期望的气流速度。

低速气流在管道内的流动变化，如图 2-11 所示。当管道收缩时，$A_2 < A_1$，由连续方程式(2-10)可知，$v_2 > v_1$(流速增大，见图 2-11(a))，又由伯努利方程式(2-12)可知，$p_2 < p_1$(静压减小)；相反，当管道扩张时，$A_2 > A_1$，$v_2 < v_1$(流速减小，见图 2-12(b))，$p_2 > p_1$(静压增大)。概括地说，低速气流在管道内的流动特点是：截面积与气体流速的乘积为一常数，截面积小的地方流速快，截面积大的地方流速慢；流速快的地方压力低，流速慢的地方压力高，但动、静压力之和为一常值。

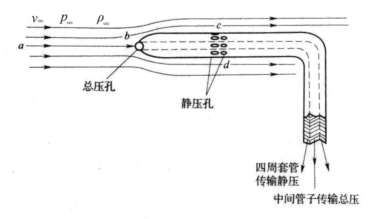

图 2-11　空速管测速原理

沿流动方向的流体静压是增大或是减小，对贴近管壁的附面层流动有很大的影响。当管道扩张过快时，会产生附面层从壁面分离的现象(见图 2-11(c))，是沿流动方向上静压增大(称逆压梯度)而产生的结果。在喷气飞机进气道的设计中，必须考虑到这一情况，不能把管道横截面积增加得过快。

随着气流速度的增大，必须把气流当成可压缩流体。当气流速度接近或高于声速时，就会出现强烈的压缩和膨胀现象，压力、密度和温度都会发生显著的变化，气流特性也会出现不同于低速流动的质的差别。

在收缩管道中，亚声速气流仍是加速运动，即 $v_2 > v_1$；静压下降，即 $p_2 < p_1$；密度减小，即 $\rho_2 < \rho_1$；而且流体的温度也下降，即 $T_2 < T_1$；由式(2-3)知道，相应的声速也减小，即 $c_2 < c_1$，因而横截面上的流动马赫数将增大，即 $Ma_2 > Ma_1$。

在扩张管道中，亚声速气流仍是减速运动，有 $v_2 < v_1$，$p_2 > p_1$，$\rho_2 > \rho_1$，$T_2 > T_1$，$c_2 > c_1$，且 $Ma_2 < Ma_1$。简而言之，收缩管道使亚声速气流增速、减压；扩张管道使亚声速气流减速、增压。在这两种情况下，亚声速气流与低速气流的流动没有本质的区别。

超声速气流在变横截面管道中的流动情况，如图 2-12 所示。试验的结论与低速、亚声速气流流动情况的结论完全相反，收缩管道将使超声速气流减速、增压；相反，扩张管道反使超声速气流增速、减压。这是由于横截面积的变化引起的密度变化，相对来说要比引起的速度变化快得多，密度变化的因素占了主导地位。对于超声速气流，在收缩管道中，$A_2 < A_1$，有 $\rho_2 > \rho_1$，$v_2 < v_1$，$p_2 > p_1$，$T_2 > T_1$，$c_2 > c_1$，$1 < Ma_2 < Ma_1$；相反，在扩张管道中，$A_2 > A_1$，有 $\rho_2 < \rho_1$，$v_2 > v_1$，$p_2 < p_1$，$T_2 < T_1$，$c_2 < c_1$，而 $Ma_2 > Ma_1 > 1$。

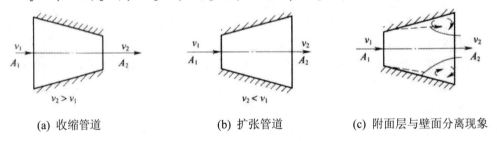

(a) 收缩管道　　　　　　　　　(b) 扩张管道　　　　　　　(c) 附面层与壁面分离现象

图 2-12　超速气流在变截面管道中的流动

2.2.4　小扰动波在气流中的传播

假设小扰动源 O 静止不动，而远前方空气以不同的流速 v 从左向右流来时，研究小扰动波的传播变化，现分四种流速情况来说明，如图 2-13 所示。若小扰动源 O 每隔 1 s 发出一次小扰动波，则图 2-13 为 4 s 末的一瞬间小扰动波的四个波阵面位置。

(1) 流速 $v = 0$。图 2-14(a)所示是流速 $v = 0$ 的情况，由于流速为零，每个小扰动波面都以小扰动源 O 为球心向四周传播。则图示为 4 s 末的一瞬间，小扰动波的四个波阵面位置是四个同心的球面。最大的球面半径为 $4c$，是 4 s 前发出的一个小扰动波面经过 4 s 后到达的位置。最小的球面半径是 $1c$，那是 4 s 前发出的小扰动波面经过 1 s 后到达的位置。球面波内的空气都已受到扰动，而球面波外的空气尚未受到扰动。但是，只要时间足够，小扰动波是会波及全部空间的(这里是假定小扰动波在空间传播时没有任何衰减)。

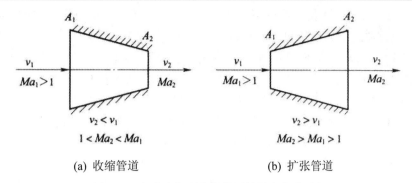

(a) 收缩管道   (b) 扩张管道

图 2-13 超声速气流在变截面管道中的流动

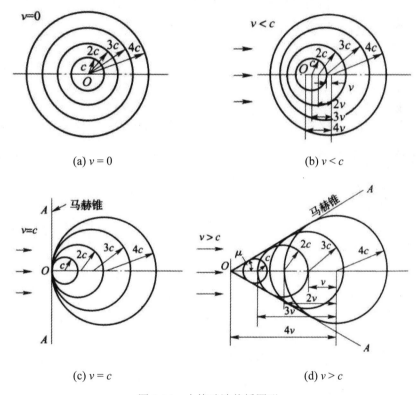

(a) $v = 0$ (b) $v < c$

(c) $v = c$ (d) $v > c$

图 2-14 小扰动波传播图形

(2) 流速 v 小于声速 c，即来流马赫数 $Ma < 1.0$。图 2-14(b)所示是在亚声速气流中 $0 < v < c$ 时，小扰动波传播的情况。这时，每次从小扰动源 O 发出的小扰动波仍以声速 c 进行传播，但扰动波本身还跟随气流以流速 v 向右流动，所以小扰动波的运动速度是流速 v 和声速 c 两个运动速度的叠加。例如，在气流流动的方向上，小扰动波的运动速度要快一些 $(v + c)$，而在气流流动的反方向上，则小扰动波的运动速度要慢一些 $(v - c)$。但是，只要时间足够，小扰动波仍然会波及全流场。另外，小扰动波的传播对小扰动源 O 来说，就不再是球对称的了。

(3) 流速 v 等于声速 c，即来流马赫数 $Ma = 1.0$。图 2-14(c)所示是在声速气流中，小扰动波传播的情况。因为 $v = c$，在气流流动的反方向上小扰动波的运动速度等于零，所以每

次从小扰动源 O 发出的小扰动波就不能波及全流场。它的分界面是由小扰动波阵面构成的公切平面 AOA（通过小扰动源 O，而垂直于来流方向），切平面右侧的半个空间是小扰动源的影响区，切平面左侧的半个空间是无扰区（或称禁讯区）。远前方来流流到公切平面 AOA 之前，无法知晓小扰动源 O 的存在，显示出了亚声速气流和声速气流之间的本质区别。

(4) 流速 v 大于声速 c，即来流马赫数 $Ma > 1.0$。图 2-14(d)所示是在超声速气流中，小扰动波传播的情况。在第 4 s 末可以看到第 1 s 初发出的小扰动波阵面的球面半径已扩展为 $4c$，而球心则随气流向右移动了 $4v$ 的距离，因为 $4v > 4c$，所以球面的左边界必然在小扰动源 O 的右侧。如此类推，若第 4 s 初发出的小扰动波阵面的球面半径是 $1c$，而这个球心随气流向右移动的距离为 $1v$，小扰动波阵球面也完全处在小扰动源 O 的右侧。这些球面的公切面是一个母线为直线 OA 的圆锥波面，将母线 OA 和来流速度方向的夹角记为 μ（这里不代表流体的黏性系数），则有

$$\sin \mu = \frac{c}{v} = \frac{1}{Ma}$$

或者

$$\mu = \arcsin \left(\frac{1}{Ma} \right) \qquad\qquad (2\text{-}13)$$

式中，μ 称为马赫角，各小扰动波的公切圆锥面称为马赫锥面，母线 OA 称为马赫线。

2.2.5　马赫波、膨胀波和激波

超声速气流受到微小扰动而使气流方向产生微小变化，扰动的界面是马赫波，如图 2-15 所示。当超声速气流流过 AOB 壁面，在 O 点沿顺时针方向偏转一个微小的正 $\mathrm{d}\theta$ 角时，随着流速增大，压力、密度和温度减小，气流发生膨胀，则这时的马赫波称为膨胀马赫波；当气流在 O 点沿逆时针方向偏转一个微小的负 $\mathrm{d}\theta$ 角时（见图 2-16(a)），则伴随着流速减小，压力、密度和温度增大，气流发生压缩，马赫波称为压缩马赫波。

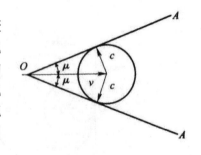

图 2-15　马赫锥图

超声速气流因通路扩张，如壁面相对气流外折一个角度，或因流动条件规定从高压区过渡到低压区，气流要加速、降压，将出现膨胀波。超声速气流因通路收缩，如壁面相对气流内折一个有限角度以及气流绕流过物体时，或因流动条件规定从低压区过渡到高压区，气流要减速、增压，将出现与膨胀波性质完全不同的另一种波，即激波。

图 2-16(b)是斜激波前、后面的气流分速示意图。激波与来流方向的夹角称为激波角，用 β 表示。当激波面与来流方向垂直，即 $\beta = \frac{\pi}{2}$ 时，称为正激波。气流通过正激波，压力、密度和温度突然升高，流速由超声速减小到亚声速，但气流方向不变。当激波面沿气流方向倾斜，即 $\beta < \frac{\pi}{2}$ 时，称为斜激波。空气流过斜激波，压力、密度和温度也突然升高，流速可能降为亚声速，也可能仍为超声速，但不像通过正激波那样强烈。

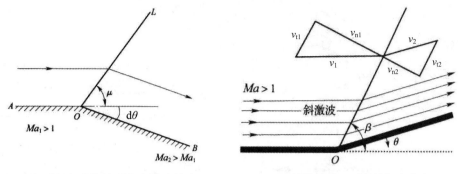

(a) 无限小的气流偏转所产生的马赫波　　　　(b) 斜激波前、后面的气流分速

图 2-16　马赫波

图 2-17 是 $Ma > 1$ 情况下的正激波和斜激波示意图。激波的形状在飞行马赫数不变的情况下，主要取决于物体或飞机的形状，特别是头部的形状。如果物体的头部是方的或圆钝的，在物体的前面形成的是正激波(见图 2-17(a))，在这里便形成一个亚声速区。如果物体的头部尖削，像矛头或刀刃似的，在物体的前面形成的则是斜激波(见图 2-17(b))。

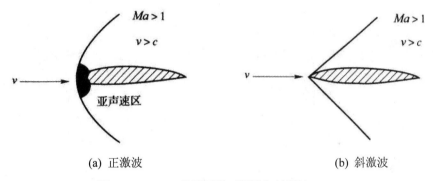

(a) 正激波　　　　　　　　　　　　　(b) 斜激波

图 2-17　$Ma > 1$ 情况下的正激波和斜激波

2.3　作用在飞机上的空气动力

2.3.1　飞机机翼的几何外形和参数

机翼是飞机产生升力和阻力的主要部件，一般用机翼的平面几何形状和翼剖面(简称翼型)几何形状来描述机翼的几何外形。所谓"翼剖面"，就是用平行于飞机机身对称平面的切平面切割机翼所得到的剖面，如图 2-18 所示。

图 2-19 是翼型几何形状的示意图。一般将翼型的几何形状分成圆头尖尾翼型和尖头尖尾翼型两大类，飞机上采用的绝大多数为圆头尖尾翼型。在每类翼型之中，又分对称翼型和非对称翼型。最早的飞机所采用的翼型就是平板或弯板，后来经过很多次的飞行实践，才有了现在的流线型的翼型。目前，世界各国的研究机构提供了数以千计的翼型，可供选择使用。

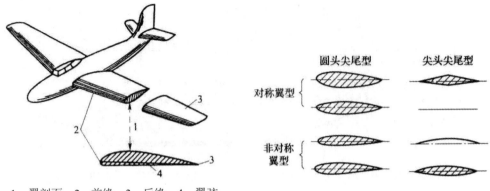

1—翼剖面；2—前缘；3—后缘；4—翼弦

图 2-18　翼剖面　　　　　　　　　　　图 2-19　翼型几何形状的示意图

图 2-20 是机翼平面几何形状的示意图。机翼平面几何形状中最重要的几何尺寸有：翼展长 b，表征机翼左右翼梢之间最大的横向距离；外露根弦长 c_0，翼梢弦长 c_1 和前缘后掠角 Λ_0。

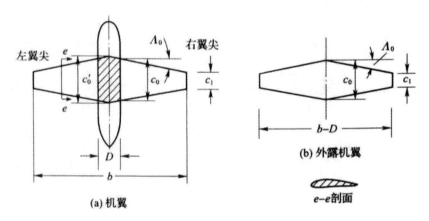

图 2-20　机翼平面几何形状的示意图

沿前缘和后缘线作延长线与机身中心线相交时，所得到的长度称为毛机翼根弦长 c_0'(显然，这是假想的弦长)。对于图 2-20 中所示的直边形机翼，外露机翼的几何平均弦长为 $c_{av} = \dfrac{(c_0 + c_1)}{2}$，如果机身和外露机翼连接段的宽度为 D，则外露机翼的翼展长为 $(b-D)$，外露机翼(也称为净机翼)的平面面积(见图 2-20(b))为 $S_{w1} = c_{av}(b-D)$。因为毛机翼的几何平均弦长为 $c_{av}' = \dfrac{(c_0' + c_1)}{2}$，所以毛机翼的平面面积(见图 2-20(a)，包括阴影面积在内)为 $S = c_{av}' \cdot b$。

外露(净)机翼是气流真实流过的，产生空气动力的机翼。毛机翼只是一个假想的机翼，但许多飞机说明书上所说的飞机机翼面积往往就是这个毛机翼面积 S，它是一个通用的参考面积。另外，还有两个重要的平面参数。一是机翼的展弦比，指机翼展长与平均几何弦长之比。对于毛机翼而言，展弦比是 $A = \dfrac{b}{c_{av}'} = \dfrac{b^2}{S}$。二是机翼的梢根比(又称梯形比)，指机翼的翼梢弦长与翼根弦长之比。若是毛机翼，则梢根比为 $\lambda = \dfrac{c_1}{c'_0}$。

2.3.2 低速、亚声速时飞机上的空气动力

1. 翼型的升力

飞机翼型最前端的点叫前缘，最后端的点叫后缘，前缘与后缘的连线称为翼弦。当机翼与空气之间有相对运动时，在机翼上将产生空气动力。这个作用力与飞行姿态角(迎角)有关，所谓"迎角"，就是翼弦与相对流速 v 方向之间的夹角(常用符号 α 表示)。图 2-21 是小迎角 α 下翼型上的空气动力示意图。

当给定飞机的外形、飞行高度和速度时，飞行马赫数 Ma_∞ 和飞行雷诺数 Re_∞ 均为常数，而作用在飞机上的升力、阻力和俯仰力矩就仅仅取决于飞行迎角 α 的大小。当翼型与来流有一个不大的迎角 α 时，从流线谱可知，气流流过上翼面时，流线收缩变密，速度增大，压力降低，低于前方气流的大气压力；气流流过下翼面时，由于前端上仰，气流受到阻拦，相反地，流线扩张变疏，速度减小，压力增高，高于前方气流的大气压力，因此产生了上、下翼面的压力差。可以说，机翼上产生空气动力的实质就是翼型上、下所形成的压力差和摩擦力。而这又是由于环绕翼型的气流速度和压力发生了变化，这些变化同翼型的几何形状，以及翼型在气流中的位置(即迎角 α)有关。

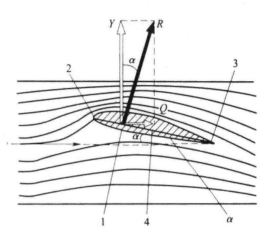

1—压力中心；2—前缘；3—后缘；4—翼弦

图 2-21 小迎角 α 下翼型上的空气动力示意

由伯努利方程可知，上翼面的压力将减小，下翼面的压力将增大，上、下翼面的压力差是翼型产生升力的直接原因。翼型上的压力分布情况，如图 2-22 所示。

通过大量的试验和分析可得出结论：流体的黏性和翼型的尖后缘是产生起动涡的物理原因，起动涡的大小决定绕翼型的环量，正是绕翼型的环量使翼型上、下翼面的流速产生了差异，而这一速度差异使上、下翼面产生了压力差，从而使翼型上产生了升力。

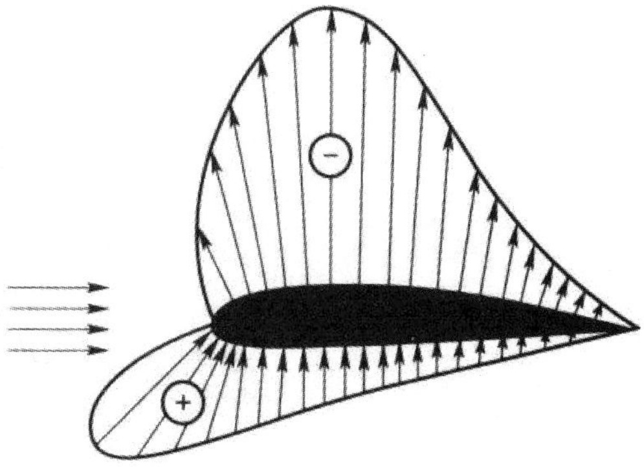

图 2-22 翼型上的压力分布(空气动力)情况

2. 影响飞机升力和阻力的有关因素

(1) 机翼面积。飞机上的升力(用符号 L 表示)主要是由机翼产生的，而升力的产生又主要是由于上、下翼面的压力差。因此，压力差所作用的机翼面积越大，升力也越大。机翼面积通常用符号 S 表示，它和机翼平面形状有关。因而，机翼的升力 L 应与机翼的面积 S 成

正比，即 $L \propto S$。机翼的平面形状有几个参数在航空界经常使用，包括翼展、展弦比、后掠角、前掠角、上反角、下反角和梯形比等。

　　图 2-23 是飞机机翼后掠角和前掠角的示意图。后掠角的定义是：机翼前缘线同垂直于翼根对称平面(机身中心平面)的直线之间的夹角，用符号 Λ_0 表示。前掠角的定义与后掠角相似，但它的机翼前缘位于垂直于翼根对称平面(机身中心平面)的直线前面，用符号 Λ 表示。后掠角是高速飞机常用的机翼平面形状，采用前掠角的飞机很少。

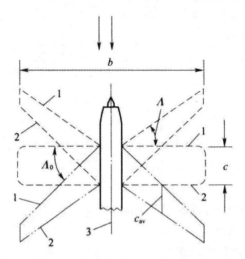

1—前缘；2—后缘；3—机身中心线；c—弦长；c_{av}—平均弦长

图 2-23　飞机机翼后掠角和前掠角的示意

　　图 2-24 是飞机机翼上反角和下反角的示意图。所谓机翼的上反角或下反角，是指机翼的底面同垂直于飞机立轴的平面之间的夹角。从飞机的侧面看，如果翼尖上翘，那么夹角就是上反角，用符号 ψ 表示；翼尖下垂，则是下反角，用符号 $-\psi$ 表示。

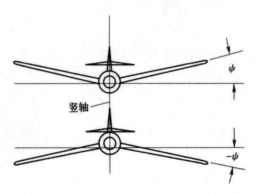

竖轴

图 2-24　飞机机翼上反角和下反角的示意

　　(2) 相对速度。从实际经验可知，速度越大，感受到的风力也就越大。升力 L 和相对速度 v 之间的关系也是一样，即相对速度 v 越大，升力 L 也就越大。但升力 L 与相对速度 v 的平方成正比，则升力 L 又可写为 $L \propto Sv^2$。

　　(3) 空气密度。升力的大小也和空气的密度 ρ 成正比，即空气密度 ρ 越大，升力 L 也越大。由于升力 L 与空气密度成正比，于是升力 L 可写为 $L \propto S\rho v^2$ 。

(4) 机翼剖面形状和飞行姿态。不但机翼面积和平面形状对升力有影响，而且机翼的剖面形状和飞行姿态(即迎角)的改变也会使升力发生变化。因为不同的剖面和不同的姿态，会使机翼周围的气流速度及压力发生变化，从而导致升力的改变。翼剖面形状和迎角这两项因素的影响，通过一个系数 C_L 表现出来。C_L 称为"升力系数"，它的变化象征着在一定的翼剖面情况下，迎角的变化。同时，也象征着不同的翼剖面有不同的升力特性。考虑影响升力的因素，通过试验和理论的证明，可得出升力公式为

$$L = C_L \left(\frac{1}{2}\rho v^2 \right) S \tag{2-14}$$

因为阻力同升力一样，也是总空气动力的一部分，C_D 便是阻力系数，所以同样可得出的阻力公式为

$$D = C_D \left(\frac{1}{2}\rho v^2 \right) S \tag{2-15}$$

式(2-14)和(2-15)中，L 为升力，N；D 为阻力，N；ρ 为空气密度，kg/m^3；v 为飞机和气流的相对速度，m/s；S 为机翼面积，m^2；C_L 和 C_D 都是不带单位的单纯数值，可通过风洞试验求得。

3．飞机的零升阻力和减阻措施

飞机在低速、亚声速飞行时产生的摩擦阻力、压差阻力、干扰阻力同升力无关，统称为零升阻力。

(1) 黏性摩擦阻力和黏性压差阻力。黏性是空气的物理特性之一，真实流体绕物体流动时，由于存在黏性而将产生黏性摩擦阻力和黏性压差阻力。当气体流过物体表面时，由于黏性的作用，空气微团与物体表面发生摩擦，阻滞了气流的流动，由此而产生的阻力就称为黏性摩擦阻力；凡是运动的物体因前后压力差而形成的阻力就称为黏性压差阻力。

在低速、亚声速飞行时，实用的对称翼型都有一定的厚度分布，在飞行中由于气流分离，作用在后翼型背风面的压力低于作用在翼型翼面前部上的压力，这样便产生压差阻力。由于空气的旋转运动，产生了动能的摩擦损失，即使流速可以恢复到机翼前部的流速，压力也不能恢复到原来的大小，而要比机翼前部的压力小，这就是产生压差阻力的原因。压差阻力的大小一般只能由试验得出，试验结果表明：边界层的分离区越大，压差阻力也越大；相反，边界层的分离区越小，压差阻力也越小。

要减小压差阻力，就要减小气流分离区。将机翼制成圆头尖尾的形状，圆头的作用是为了适应不同方向的来流，尖尾的作用是使翼型后部边界层不容易出现分离，这样的机翼形状就称为流线型机翼。

图 2-25 是低速理想流体和黏性流体绕物体流动的示意图。黏性流体绕流过非流线体(见图 2-25(a)是 $\alpha=90°$ 时的平板，图 2-25(b)是圆柱体)时，物体前部流动情况与理想流体的情况相近，但后部绕流流动中存在着巨大的逆压梯度作用，将产生分离，使压力下降，形成很大的压差阻力，因而后部流动与理想流体的情况完全不同。为了减小压差阻力，必须消除在后部产生的分离现象，需要"整流"，采用流线型外形。

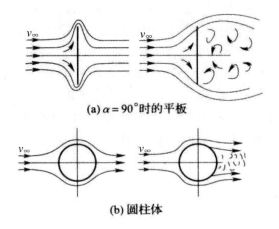

图 2-25　低速理想流体和黏性流体绕物体流动的示意

　　图 2-26 是物体形状对压差阻力的影响示意图。压差阻力与物体的形状有很大的关系，如果在平板的前面加上一个圆锥体(见图 2-26(a))，压差阻力可减小到原来平板所受阻力的 1/5；如果在平板的前、后面都加上圆锥体(见图 2-26(b))，则压差阻力可减小到原来平板所受阻力的 1/20～1/25。因而这种水滴形状前钝后尖的流线型整流罩是减小阻力的有效措施。

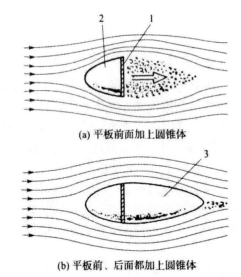

1—圆形平板剖面；2—前剖面圆锥体；3—后部圆锥体

图 2-26　物体形状对压差阻力的影响示意

　　(2) 干扰阻力。飞机的各个部件，如机翼、机身和尾翼等，单独放在气流中产生的阻力总和并不等于把它们组合成一架飞机时所产生的阻力，而是小于一架飞机在气流中产生的阻力。所谓"干扰阻力"，指的就是飞机的阻力和单独各个部件阻力代数和的差值，是由于各个部件组合在一起时，流动相互干扰产生的额外阻力增量。飞机干扰阻力又包括机翼机身之间的干扰阻力、尾翼机身之间的干扰阻力，以及机翼尾翼之间的干扰阻力等，如图 2-27 所示。

图 2-27　机翼和机身的连接部位形成的气流干扰

图 2-28 是机翼和机身连接部位采用整流片的示意图。在机身和机翼的连接部位，为了消除干扰阻力这一不利因素，一般都采用整流片来修改机翼机身连接部位的外形，"填平补齐"，消除分离。图中的飞机，在机翼机身处采用了大整流片，其目的就在于此。

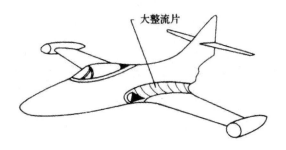

图 2-28　机翼和机身连接部位采用整流片的示意

(3) 减小低速、亚声速飞行时飞机的零升阻力的措施。飞机的零升阻力是纯粹的付出，要千方百计地减小它们。要减小低速、亚声速飞行时飞机的零升阻力，主要的办法有三种。

第一，采用层流翼型(机身)替代古典翼型(机身)来减小机翼的摩擦阻力。古典翼型和层流翼型都是圆头尖尾翼型，只是古典翼型的最大厚度位置靠前，而层流翼型的最大厚度位置向后移。自然，翼面外形也会发生变化。为了减小飞行阻力，就要设计层流翼型和层流机身，使大部分机身、机翼表面保持层流流态，来达到减小机翼、机身摩擦阻力的目的。自然，机翼、机身表面也必须打磨光滑，要消除机翼、机身表面上的一切小突起物。

第二，对飞机的其他部件也应当"整流"，制成流线型外形，以减小黏性压差阻力。

第三，要减小干扰阻力，必须妥善地考虑和安排各个部件的相对位置，必要时还应在这些部件之间加装整流片。

4．飞机的诱导阻力

诱导阻力是伴随升力的产生而产生的，如果没有升力，也就没有诱导阻力。诱导阻力的产生可通过机翼和翼型在迎角大于零升迎角时所出现的流动差别来说明，机翼和翼型的区别可用矩形机翼来说明，则机翼的翼展为有限值，而翼型的翼展为无限大。

图 2-29 是低速气流绕迎角 α 不等于零时机翼的流动示意图。当机翼的迎角大于零升迎角时，低速气流沿展向每个翼剖面(翼型)的流动都相同，流动变化都发生在来流平面内(见图 2-29(a))。低速气流沿展向矩形机翼流动时，下翼面压力大，上翼面压力小，上、下翼面

的压力差将使得气流从下翼面绕过两侧翼梢，向上翼面流动(见图 2-29(b))。由于产生了绕翼梢的流动而出现了展向流速，使沿上、下翼面流动的流线产生弯曲，离开后缘时有展向速度差存在，结果从机翼后缘将拖出后缘尾涡涡面来(见图 2-29(c))。流出的尾涡面形状由于自身的相互诱导作用，将产生变形，以致破裂，在离开后缘一定距离后，往往卷成两个大而集中的尾涡(见图 2-29(c))。

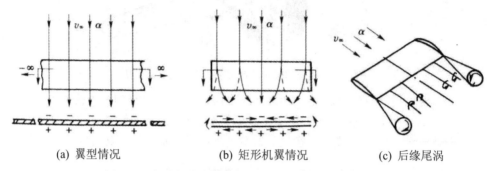

(a) 翼型情况　　　　　　　　(b) 矩形机翼情况　　　　　　　(c) 后缘尾涡

图 2-29　低速气流绕迎角 α 不等于零时机翼的流动示意

尾涡面的出现将改变整个流场，给机翼的空气动力(升力和阻力)带来重大变化。首先，尾涡的出现将产生诱导速度场，从而产生一个与升力方向相反的下洗速度分量，作用在机翼上及机翼后面的区域，改变机翼上的空气动力；其次，产生尾涡及尾涡诱导产生的上、下洗流也必然耗费能量。与这些流动变化相关的是，将在机翼上产生一个被称为机翼诱导阻力 D_i 的量。机翼的诱导阻力系数用 C_{Di} 表示，按机翼理论分析有

$$C_{Di} = \frac{C_L^2}{\pi A}(1+\sigma) \tag{2-16}$$

式中，σ 为机翼诱导阻力系数的平面形状修正参数，一般为大于零的小数。

机翼的诱导阻力是机翼特有的阻力，只有升力不等于零时，才会有诱导阻力。所以说，诱导阻力是产生有用升力必须付出的代价，只能减小它，而无法绝对避免它。机翼诱导阻力系数 C_{Di} 与机翼的升力系数 C_L 的平方成正比，这意味着用大的 C_L 飞行时，机翼拖出的尾涡面强度及影响也越大。

对于现代重型或大型喷气式旅客机、运输机，在起飞、着陆的过程中，由于飞行速度 v_∞ 相对较小，飞机必须用大的 C_L(其中主要是机翼提供的 C_L)飞行，因而向后拖出的尾涡强度大，产生的下洗速度也相对较大。如果小型飞机飞入大型或重型飞机的尾涡区中，会受到很强的干扰，甚至出现飞行事故，如图2-30所示。因此，在机场附近的空域，必须进行交通管制，小型飞机和大型或重型飞机之间必须保持较大的飞行间距，以确保飞行安全。

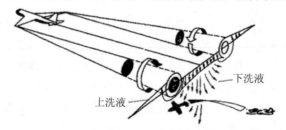

下洗液

上洗液

图 2-30　大型飞机的尾涡对小型飞机产生干扰作用的示意

在同样的迎角下，因为有尾涡的诱导下洗速度作用，机翼的有效迎角将减小，所以机翼产生的升力要比翼型产生的升力小。按机翼理论分析有

$$C_L = \frac{a_0\alpha}{\left[1 + \dfrac{a_0}{\pi A}(1+\tau)\right]} \tag{2-17}$$

式中，a_0 代表翼型的升力线斜率；τ 为机翼升力系数的平面形状修正参数，一般也是一个大于零的小数。

低速飞行中，飞机的总阻力系数 C_D 应当等于零升阻力系数 C_{D0} 和诱导阻力系数 C_{Di} 之和。因为低速飞行中，升力系数 C_L 比较大，所以诱导阻力系数 C_{Di} 在总阻力系数 C_D 中占有较大的比例。减小机翼诱导阻力系数 C_{Di} 的主要措施有四种，如图2-31所示。

(1) 增大机翼的展弦比 A 是首选的措施。

(2) 选择适当的机翼平面形状。过去，低速飞机中常选用椭圆形的机翼平面形状。

(3) 采用翼梢油箱布局来阻挡翼梢绕流，增加有效的展弦比以达到减小诱导阻力系数的目的。

(4) 现代民航飞机常采用"翼梢小翼"的装置，也是一种减小诱导阻力的措施。

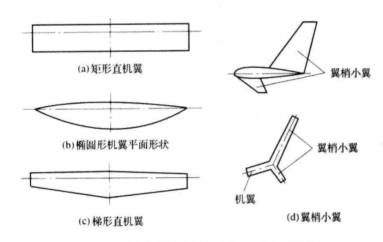

图 2-31　减小机翼诱导阻力系数 C_{Di} 的主要措施

2.3.3　跨声速时飞机上的空气动力

1. 跨声速飞行与"声障"

提高飞机的最大平飞速度是航空科学界一直追求的目标之一。亚声速飞机的平飞速度一旦向声速逼近，飞机便很难增速，也很难操纵，有时甚至发生自动低头俯冲而失去控制的情况，造成飞行事故的惨剧。过去把这种现象称为"声障"，意思是飞机的平飞速度要超过声速遇到了不可逾越的障碍。

亚声速飞机的飞行速度一旦超过该飞机的临界马赫数，就将出现复杂的局部激波系，除造成阻力迅速增加、出现推力不足难以继续增速外，还会产生许多其他特殊现象和问题，使亚声速飞机难以突破声速，实现安全飞行。这些特殊现象和问题主要有以下几种。

(1) 自动俯冲。自动俯冲是指飞行员并没有操纵升降舵，飞机就自动低头俯冲，这一

现象与局部激波在飞机表面上向后移动有关。

(2) 飞机抖振。局部激波与附面层之间的干扰，不仅会引起附面层分离，而且会引起局部激波前后跳动(实质上是一种非定常运动)，从而引起机翼抖振；分离的气流如果撞击到尾面上也会引起尾面抖振。

(3) 飞机操纵面嗡鸣。飞机操纵面嗡鸣是指局部激波引起的附面层分离气流，作用在操纵面上而引起的高频振动。

(4) 飞机操纵面效率下降。它也与局部激波和附面层干扰有关。亚声速飞机的气动操纵面大多数是后缘式，如果局部激波正好处在操纵面转动轴处，局部激波引起附面层分离，分离气流的流速下降，动压小，加上局部激波的阻隔，舵面偏转影响不了局部激波前的流动，从而使得偏转操纵面产生的升力增量和操纵力矩大大下降。当飞机自动俯冲后，因升降舵不能提供所需的抬头力矩而导致失事。

(5) 飞机的自动滚转。如果左、右翼面上产生局部超声速区的时间有先后之别，就会产生滚转力矩，引起飞机滚转。

若要提高亚声速喷气飞机的平飞速度，但又不要产生局部超声速区和局部激波，除了增加推力以外，还必须采用新的气动外形，使飞机的临界马赫数尽量增大，向 $Ma_{cr}=1.0$ 靠近。这种飞机称为高亚声速飞机，因为它们的外形与一般低亚声速飞机的外形有所不同。另外，要作超声速飞行的飞机，是一定要飞越跨声速区，突破"声障"的，因此要采用或部分采用提高飞机临界马赫数的外形，这也会改善飞机在跨声速区中的空气动力特性，对飞机尽快飞越跨声速区也是有利的，特别是对于那些需要在跨声速区进行空中格斗的超声速飞机。

2. 超临界翼型，后掠机翼，跨声速面积律

提高飞机的临界马赫数和改进飞机跨声速空气动力的特性，有下列方法。

(1) 采用相对厚度较小的对称薄翼型图 2-32 是 P-51、F-86 和 F-104 三种飞机机翼翼型平均相对厚度的变化示意图。因为翼型的相对厚度 $\bar{t}$ 越小，翼面上的最大速度增量也越小，所以可增加翼型的临界马赫数，这样有利于增加飞机的临界马赫数和飞机的最大平飞速度。此外，在进入跨声速区后，因为翼型厚度产生的激波阻力系数与 $\bar{t}^{\frac{5}{3}}$ 成比例，所以减小 $\bar{t}$ 对于减小跨声速时的激波阻力也是有利的。

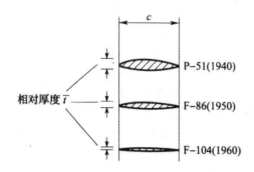

图 2-32　三种飞机翼型平均相对厚度的变化示意

F-104G 飞机的机翼是非常薄的，如图 2-33 所示。从第二次世界大战期间有名的 P-51 战斗机(v_{max} = 700 km/h)到朝鲜战争中的 F-86 战斗机(v_{max} = 964 km/h)以及后来的 F-104G 超声速战斗机($Ma_{\infty max}$ = 2.0)，时间跨度达 30 多年，它们翼型的平均相对厚度 $\bar{t}$ 在逐步减小。飞机采用薄翼型的缺点也很明显，主要是在低速飞行时飞机的 C_{Lmax} 比较小。就 F-104G 飞机来说，飞机着陆的速度非常高，训练不足的飞行员容易发生着陆时的飞行事故。此外，也会给机翼的结构强度和刚度设计带来困难，因机翼的内部空间比较小，安排机翼油箱也是一个问题。

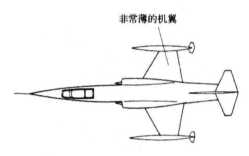

图 2-33　F-104 G 飞机

(2) 超临界翼型。图 2-34 是超临界翼型和古典翼型的比较示意图。把低速翼型最大厚度位置从传统的 30% 弦长位置处向后移动到 40%～50%，确实收到了增大临界马赫数和减小阻力的效果。这类翼型称为 NACA 六系层流翼型(NACA 是美国航空咨询委员会的英文缩写，现已改名为 NASA，即美国航空航天局)，目前仍广泛被采用(见图 2-34(a))，但它使翼型阻力迅速增加。超临界翼型就是为克服这一缺点而新设计出来的(见图 2-34(b))，它有比较平坦的上翼面和较大的前缘半径，且在下翼面后缘部位增加了弯度，从而使机翼产生更多的升力。采用超临界翼型的好处(见图 2-34(c))：与普通翼型相比，在同样的 $\bar{t}$ 下，可以提高平飞的最大马赫数；在同样的巡航 Ma_{∞} 下，可以采用较大的 $\bar{t}$。这样，有利于改善机翼结构的受力情况，减轻结构重量和增加低速飞行时的 C_{Lmax}。

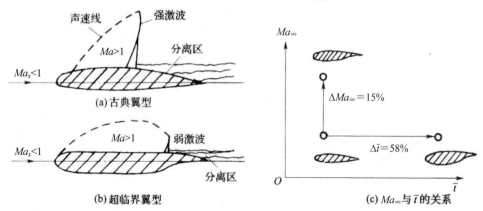

图 2-34　超临界翼型和古典翼型的比较示意

(3) 后掠机翼。图 2-35 是后掠机翼的工作原理示意图。从机翼平面形状上考虑，为改善机翼的跨声速空气动力特性和增加飞机的临界马赫数，最常用的方法是采用后掠机翼。

来流绕直机翼和后掠机翼流动的最大不同，在于后掠机翼将减小垂直于前缘有效速度的大小。从试验数据可知，在同样的展弦比下，直机翼的临界马赫数若为 $Ma_{cr\,z}$，则后掠机翼的临界马赫数 $Ma_{cr\,\Lambda}$ 同 $Ma_{cr\,z}$ 的关系为

$$Ma_{cr\,\Lambda} = \frac{Ma_{cr\,z}}{\sqrt{\cos\Lambda_0}} \tag{2-18}$$

后掠机翼不仅可以增大临界马赫数，而且还将改善跨声速空气动力特性。图2-36是各种后掠机翼的零升阻力系数的变化情况。不同后掠机翼的零升阻力系数 C_{D0} 的变化，是通过风洞模型试验测得的，它充分表现了后掠机翼的好处。不过，采用后掠机翼也会带来其他问题，如低速时的 C_{Lmax} 减小，使得起飞、着陆时的速度增大；还因有黏性以及展向流动所以会导致附面层向翼梢堆积，促使后掠机翼在外翼部位(靠近翼梢的部分)产生分离；出现正的俯仰力矩，使飞机抬头上仰；在外翼部位配置有副翼，从而使副翼的操纵效率下降，造成横向操纵不足的问题等。

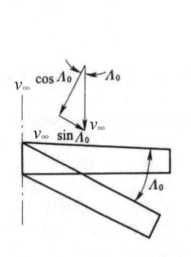

图 2-35　后掠机翼的工作原理示意

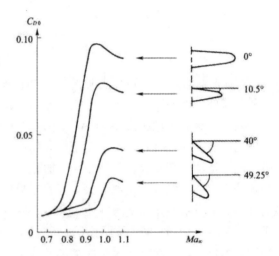

图 2-36　各种后掠机翼的零升阻力系数的变化情况

(4) 小展弦比机翼。机翼的展弦比是另一个可以影响临界马赫数大小，以及跨声速阻力大小的因素。当展弦比减小，特别是当 $A < 4.0$ 之后，机翼的临界马赫数会有较大的增加，而且跨声速阻力的急剧增加趋势也将大为减缓。但小展弦比机翼飞机也有其缺点，就是在低速、亚声速飞行时，诱导阻力很大，起飞、着陆飞行性能也不太好。

(5) 涡流发生器。沿机翼表面若能设法消除附面层，或者给附面层内的流体补充动能，则可以消去或减弱局部激波和附面层之间因干扰产生的流动分离。因此，可以推迟跨声速时阻力急剧增加的马赫数的出现和减缓阻力增大的趋势，改善飞机的跨声速空气动力特性。装上涡流发生器，不仅可以用于低速、亚声速飞行，也可以用于高速和跨声速飞行。自然，装上涡流发生器会产生一定的阻力，但与用它收到的效果相比，只是一个小量。

(6) 跨声速面积律。对于低速飞机，必须采用整流片来减小干扰阻力。跨声速时的风洞试验表明，飞机横截面积沿飞机纵轴线的分布对飞机的阻力特性有很大影响。所谓跨声速面积律，就是通过在机翼、机身连接部位，把机身做成"蜂腰"形，来调整飞机的横截面积分布曲线，使其尽可能接近理想曲线，从而改变空气动力特性。图 2-37 是跨声速面积

律的示意图。在图 2-37(a)中，YF-102A 飞机未采用跨声速面积律，飞机的机身与机翼处的横截面积有一个峰值出现，与理想分布曲线相差很大，因而使该飞机在跨声速区中的翼身干扰(激波)阻力变得很大，无法突破声障实现超声速飞行。在图 2-37(b)中，采用跨声速面积律改制的 F-102A 飞机，将不利的相互干扰作用减小，使飞机的跨声速激波阻力大大下降，才最终突破声速，达到了超声速飞行的设计目标。

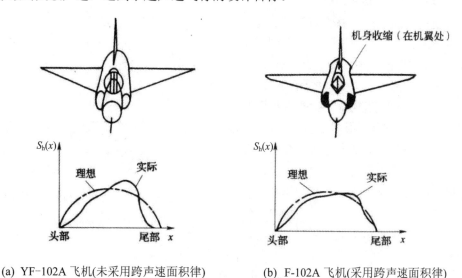

(a) YF-102A 飞机(未采用跨声速面积律)　　　　(b) F-102A 飞机(采用跨声速面积律)

图 2-37　跨声速面积律的示意

2.3.4　超声速时飞机上的空气动力

1. 超声速时空气动力的产生

图 2-38 是超声速气流绕双弧形翼型流动的示意图。当来流撞上机翼前缘后分成两路，沿上、下翼面向后流去。过头部斜激波后，沿上、下翼面的超声速气流将一直连续加速。加速后的超声速气流流到机翼后缘时，将产生附体的尾部斜激波，流过尾部斜激波的气流将减速，增加压力，正好与沿下翼面流来的超声速气流汇合，最后以相同的压力和流动方向向后流去(见图 2-38(a))。超声速气流流过机翼时会产生激波，翼面压力在激波后为最大，以后沿翼面经一系列膨胀波而顺流逐渐下降。由于翼面前半部的压力大于翼面后半部的压力，因而翼面上压力的合力，在来流的方向将有一相反方向的分力，即激波阻力(简称波阻)。

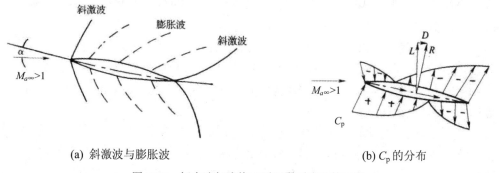

(a) 斜激波与膨胀波　　　　　　　　　　(b) C_p 的分布

图 2-38　超声速气流绕双弧形翼型流动的示意

从沿翼面的压力系数 C_p 分布的情况(见图 2-38(b))可知,在同一弦向位置处,上翼面的速度大于下翼面的速度,上翼面的压力小于下翼面的压力,因而仍将产生升力、迎角波阻和厚度波阻等。要设计好一架能以超声速速度飞行的超声速飞机,就必须采用合适的几何外形来尽量减小激波阻力,增加升力。

2. 超声速飞机外形的变化

要实现超声速飞行,首要问题或主要矛盾是减小激波阻力,减小激波阻力有下列方法。

(1) 尖头尖尾薄翼型。图 2-39 是超声速气流绕尖头翼型和圆头翼型流动的示意图。通过比较图 2-39 中超声速气流绕尖头翼型和圆头翼型流动的情况,可以知道,超声速气流流过尖头尖尾薄翼型时,头部激波强度减小,并由圆头尖尾翼型的脱体激波变为附体斜激波,从而使厚度波阻力大为下降。在相同的翼型、相对厚度 $\bar{t}$ 的情况下,圆头尖尾翼型与尖头尖尾翼型相比,超声速时圆头尖尾翼型的厚度波阻要大 2.5～4.0 倍。

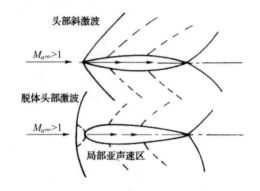

图 2-39　超声速气流绕尖头翼型和
圆头翼型流动的示意

(2) 后掠机翼。我们知道,采用后掠可以增加机翼的临界马赫数和减小跨声速时阻力急剧增加的情况。超声速时采用的后掠角 Λ_0,如果大于 $90° - \mu_\infty$ (μ_∞ 是来流超声速气流的马赫角,见图 2-14),则整个后掠机翼将处于由机翼翼根前缘点产生的马赫锥面内,如图 2-40 所示。这时的来流有效速度小于来流声速,或来流有效马赫数 $Ma_{n\infty} = \dfrac{v_\infty \cos \Lambda_0}{c_\infty} < 1.0$ (有时也称 $Ma_{n\infty}$ 为前缘法向流动马赫数)。因此,绕机翼的气流流动具有亚声速流动的某些性质(翼根附近部位除外),所以具有较小的激波阻力。即使采用小圆头尖尾翼型,也不会使机翼的激波阻力有太多的增加,却能使低速、亚声速

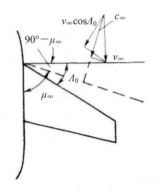

图 2-40　亚声速前缘后掠机翼的
工作原理示意

的 C_{Lmax} 增加,这是非常有利的。当垂直于前缘的法向流动马赫数 $Ma_{n\infty} < 1.0$ 时,则称前缘为亚声速前缘,故这种设计称为亚声速前缘后掠机翼设计。

(3) 三角形机翼。如果超声速飞行马赫数增加到 $Ma_\infty = 2.0$,要采用亚声速前缘后掠机翼方案,就必须使 $\Lambda_0 > 60°$。但是前缘后掠角过大,后掠机翼根部结构受力情况恶化,将增加结构重量。另外,低速时的空气动力特性也将恶化,升力下降,阻力增加。因而,不可能采用大后掠机翼的方案。

三角形机翼是一个比较适用的平面形状,它同时具有前缘后掠角大、展弦比小和相对厚度 $\bar{t}$ 比较小的特点。它可改善根部结构的受力状况,减轻结构重量,有利于超声速时激波阻力的减小。另外,三角形机翼还有一个优良的空气动力性能,即机翼的焦点位置(升力

增量作用点)从跨声速区到超声速的变化，都比其他平面形状机翼的变化来得小，有利于保证飞机纵向飞行的稳定性。

(4) 变后掠机翼。如果对设计的飞机既要求它能作超声速巡航飞行，又要求它能作亚声速巡航飞行，最好是采用后掠机翼和大展弦比直机翼的组合设计方案，即变后掠机翼。图 2-41 是三种飞机机翼布局方案的最大升阻比 K_{max} 的变化情况。由图可知，三种飞机机翼布局方案在不同飞行马赫数 Ma_∞ 下，最大升阻比 K_{max} 的变化也是不同的。而采用变后掠机翼的飞机，在整个飞行马赫数范围内都有较好的空气动力性能，可以较好满足多个设计飞行状态的要求。它的缺点是结构重量大，以及变后掠结构复杂等。

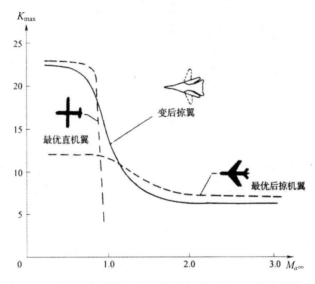

图 2-41　三种飞机机翼布局方案的最大升阻比 K_{max} 的变化情况

(5) 边条机翼。解决超声速飞行和低速飞行对飞机外形的矛盾要求，还有另外一个办法就是采用边条机翼，如图 2-42 所示。边条机翼由边条(又称前翼)和基本翼(又称后翼)两部分组成。由于有边条，整个机翼的有效后掠角增大，相对厚度减小，故有较小的激波阻力，满足超声速飞行的要求。而基本翼的存在，又使整个机翼的有效展弦比增大，可减小在低速、亚声速以及跨声速时的诱导阻力。特别是在较大的迎角下，从边条

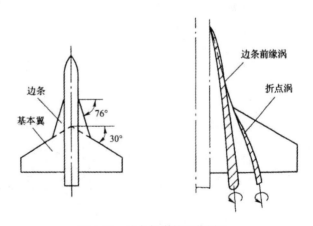

图 2-42　边条机翼的工作原理

前缘分离产生的边条涡，将从基本翼的上翼面上流过，对基本翼上翼面产生有利的干扰影响，使上翼面的压力下降而升力增加。另外，拖出的边条涡以及折点处拖出的折点涡还可以给上翼面的附面层补充动能(与涡流发生器的旋涡作用类似)，可延缓和减轻基本翼上的分离，从而产生相当大的附加升力(又称涡升力)。对于一些现代军用战斗机，既要求能作

超声速飞行来追击或躲避敌机，又要求能在高速、亚声速或跨声速作高机动飞行(要求有尽可能高的可用升力)，边条机翼是一种较好的方案。

(6) 无平尾式布局。图 2-43 是无平尾布局形式飞机的应用实例。这是为了满足超声速巡航(即较长时间以超声速速度作远距离飞行)要求而设计的飞机，这一类飞机的机身和机翼都比较细长，机翼面积也都比较大(即翼载较小)，而且飞机的重心也比较靠后。如果布置后平尾就相当靠近机翼，平尾的稳定和操纵作用都比较小，还不如采用无平尾式布局。而且，少了一个平尾部件对减阻也是有利的。

例如超声速旅客运输机"协和"号飞机，它可以以 $Ma_\infty = 2.0$ 左右的速度巡航(目前，一般超声速军用战斗机不具有超声速巡航能力)。它采用的是无平尾式布局(见图 2-43(a))，机翼是细长尖拱形，前端可以起到边条的作用，机翼的平均相对厚度很小。苏联研制出的"图-144"超声速运输机也是无平尾式布局(见图 2-43(b))，它的机翼平面形状是双三角形，即边条翼部分相对来说要大一些。

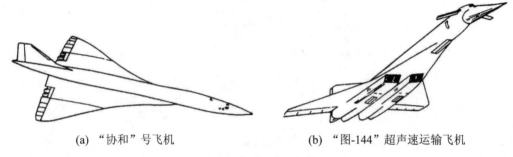

(a) "协和"号飞机　　　　　　　　　　(b) "图-144"超声速运输飞机

图 2-43　无平尾布局形式飞机的应用实例

(7) "鸭"式布局。在超声速军用战斗机中，"鸭"式布局飞机的应用如图 2-44 所示。"鸭"翼尺寸比较大而且靠近机翼，它利用大迎角下"鸭"翼产生的脱体旋涡流过机翼上翼面时产生的有利干扰(类同边条翼产生旋涡的作用)，使飞机的升力增加，因而飞机的起降滑跑距离非常短，仅是同类飞机的一半左右，为 400～500 m。

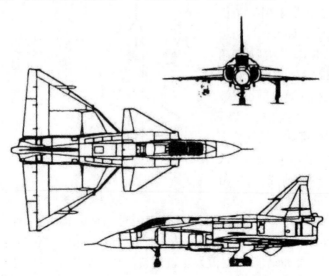

图 2-44　"鸭"式布局飞机的应用实例

3．超声速飞行与"声爆"

超声速旅客运输机"协和"号飞机没有得到预期的成功，除了经济性较差外(发动机耗油率高，机票昂贵)，另一个重要原因是噪声扰民，因此无法在美国大部分重要城市获得着陆权。此外，超声速"声爆"对环境的破坏，也是设计超声速运输飞机面临的主要问题之一。

"声爆"的产生，主要同飞机作超声速飞行时产生的激波有关。图 2-45 是超声速飞行中飞机的"声爆"原理示意图，图中描绘了在飞机的头部和尾部形成的激波情况。当飞机的头部激波和尾部激波扫过后，产生的压力脉冲变化形状如"N"字。对于地面上的观察者来说，头部激波扫过时先是增(超)压(大于大气压力)，然后紧接着是减压(低于大气压力)，最后等到尾部激波扫过后，再增压到大气压力。这个过程大约发生在 0.1 s 之内，观察者常常能听到先后紧接着的两声"蓬，蓬"巨响，俗称"声爆"。激波强度(或称"声爆"强度)过大时，还可能对房屋的玻璃窗户甚至结构造成损害。

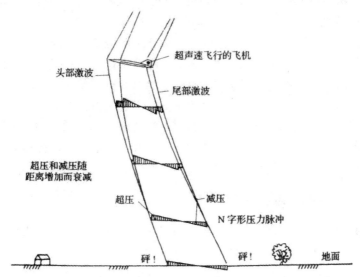

图 2-45　超声速飞行中飞机的"声爆"原理示意

"声爆"强度受许多因素的影响，如飞机飞行高度(在图 2-45 中，激波扫过引起的压力脉冲强度随着离开飞机的距离增加而减小)、飞行迎角、飞机横截面积、飞行马赫数(自然是超声速)、大气状态以及地面的地势等。为防止噪声扰民和"声爆"，对空中航线作了一个限制，即规定了一个飞行高度，在这个高度之下不得作超声速飞行。

4．超声速和高超声速飞行与"热障"

如果把超声速运输飞机从巡航马赫数 $Ma_\infty = 2.0$ 提高到 $Ma_\infty = 3.0$，这时会出现新问题，即飞行过程中的热环境(高温)。以铝合金作为主要结构材料的飞机，不能承受高温环境下的长期工作，否则会造成结构破坏，这称为"热障"问题。图 2-46 是超声速气流绕机身头部或机翼前缘流动的示意图。来流马赫数 $Ma_\infty = 2.0$，通过脱体头部激波后，继续减速到点 O，速度变为零，点 O 即为驻点。速度减小，气温增加。在驻点处因来流速度的动能全部都将转换为热能，故驻点处的温度最高。

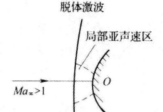

图 2-46　超声速气流绕机身头部或机翼前缘流动的示意

如果飞行高度在同温层内，则驻点温度可达 120℃左右，这俗称为气动加热。如果马赫数 Ma_∞ 提高到 3.0，则气动加热将使驻点温度增加到 370℃左右，这仅是问题的一个方面。另一方面是结构材料的性质变化，例如材料的受拉极限强度随温度的增加就一直在下降。当以 $Ma_\infty = 2.0$ 持续飞行 30 min，铝合金的强度与室温下的强度相比，将下降 20%左右；如果 Ma_∞ 增加到 3.0，仍持续飞行 30 min，则铝合金的强度将下降 90%左右，这意味着早已不能正常工作了。当然，在飞机其他表面处，温度要比驻点处低一些，但由于气体黏性的作用，附面层内气流的流速受到滞止，表面上的温度也是相当高的。

因此，"热障"不仅使结构材料强度下降，而且飞机内的设备、人员也需要隔热、防热。目前采用的措施有：用耐高温的新材料如钛合金、不锈钢来制造飞机的重要受力构件以及蒙皮；用隔热层来保护飞机内的构件、设备和人员；采用冷却液来冷却结构的内表面等。这些措施对防热都可取得良好的效果，但付出的代价就是增加结构的重量和复杂性。

2.3.5　风洞的作用和试验要求

飞机的升力和阻力的大小及其相对关系，对飞机性能有很大的影响。要提高飞机的飞行性能，应使升力大，阻力小，使飞机的空气动力特性良好。而要知道飞机升力和阻力变化的大小，除了作必要的理论计算之外，最重要的途径是通过试验来获得必要的数据。气动试验的方法也在不断地发展，但目前应用最广泛的还是风洞试验。

早在 1871 年就出现了简单的风洞，现在已经有了可以容纳整架真飞机作试验用的巨型低速风洞。为了适应飞机和其他飞行器不断发展的需要，风洞是沿着尺寸和动力不断加大、风速不断提高和测量仪器不断完善的途径，逐步发展的。飞机的飞行速度在不断提高，为了使试验结果与实际情况接近，风洞中的风速也就由最初的每小时几十千米，逐渐由亚声速增大到超声速，因此就有了超声速风洞和高超声速风洞。

风洞实际上是一种利用人造气流(风)来进行飞机空气动力试验的设备。在风洞中，利用人造风(空气流)吹过飞机模型或机翼模型，来测量飞机模型或机翼模型上产生的空气动力数据并研究其变化。可是这与实际的情况不同，实际的情况是飞机在静止的空气中(如果无风的话)运动。为了保证风洞试验结果尽可能与飞行实际情况相符，使在模型试验中测量得到的空气动力系数能用到真实飞机(或称为原型机)上，必须满足相似理论提出的三点要求。

第一，必须把试验模型和真实飞机的形状做到尽可能相似，即把模型各部分的几何尺寸按真实飞机的尺寸，以同一比例缩小。例如把真实飞机的翼展、机身长度等，同模型的翼展、机身长度做成同一比例，这叫做"几何相似"。

第二，必须使真实飞机同模型的各对应部分的气流速度大小也成同一比例，而且流速方向也要相同。此外，试验时风洞中的气流扰动情况，也要与实际飞行时的气流扰动情况相同，这叫做"运动相似"。

第三，还应该做到"动力相似"，即必须使作用于模型上的空气动力(升力和阻力)，同作用于真实飞机上的空气动力大小成比例，而且方向相同。要做到"动力相似"，必须使模型的摩擦阻力在总阻力中所占的比例，同真实飞机的摩擦阻力在其总阻力中所占的比例一样。为此，就必须使模型试验时的雷诺数同真实飞机飞行时的雷诺数一样。

在一定高度上，飞机以速度 v_∞ 和迎角 α 飞行时，作用在飞机外表面上的压力和内摩擦剪应力分别为 P 和 τ，作用在飞机上的升力为 L，阻力为 D。相应的飞机空气动力系数如下。

压力系数为

$$C_p = \frac{(p - p_\infty)}{\left(\frac{1}{2}\rho v^2\right)_\infty} \tag{2-19}$$

摩擦力系数为

$$C_f = \frac{\tau}{\left(\frac{1}{2}\rho v^2\right)_\infty} \tag{2-20}$$

升力系数为

$$C_L = \frac{L}{\left(\frac{1}{2}\rho v^2\right)_\infty S} \tag{2-21}$$

阻力系数为

$$C_D = \frac{D}{\left(\frac{1}{2}\rho v^2\right)_\infty S} \tag{2-22}$$

式中，S 为飞机的参考面积，通常取飞机的机翼面积。

按相似理论，由飞机模型试验得到的空气动力系数可直接用于真实飞机，但绝不是说，真实飞机飞行的升力就等于飞机模型试验得到的升力。通常需要对飞机模型试验的空气动力系数加上雷诺数修正量(或称尺度效应修正量)，然后才能用到真实飞机上去。

1. 低速风洞

图 2-47 是一种结构最简单的直流式低速风洞的示意图。风洞的人造风是由电动机驱动风扇旋转时产生的，调整电动机的转速，就可以改变风洞口的流速，从而改变风洞中气流的流速。人造风首先通过风洞入口处的收敛段，使气流收缩，速度增大。气流通过整流格，经过整流格的"梳整"后，使涡流减少，气流变得更加平直，然后再以平稳的气流速度通过试验段，飞机模型或机翼模型就放在试验段中的支架上进行试验。流过试验段的气流经过截面积逐渐扩大的扩散段时，流速降低，能量的损失减小，最后气流通过防护网流出风

洞。防护网的作用是保护风扇的叶片等，使其不被在试验段中无意散落的物件撞击破坏。

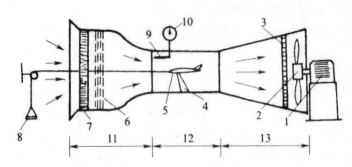

1—电动机；2—风扇；3—防护网；4—支架；5—飞机模型；6—铜丝网；7—整流格；
8—空气动力天平；9—空速管；10—空速表；11—收敛段；12—试验段；13—扩散段

图 2-47　直流式低速风洞的示意

　　飞机模型作风洞试验时，还需要许多精密的仪器设备，例如测量作用在飞机模型上的空气动力大小的天平。天平是相当复杂的精密仪器，按测量力和力矩的个数，有一分力、二分力、三分力、四分力和六分力的区别。可以同时测出作用在飞机模型上的升力、阻力和俯仰力矩的天平，称为三分力天平。最精密的六分力天平可以测量三个力和三个力矩，一般的空气动力天平可以测量两个力和一个力矩。此外，有测量气流速度的空速管和空速表，以及温度计、气压计和湿度计等；还有测量飞机模型表面压力分布的压力计、数据采集和处理用的设备，以及控制风洞运行的其他设备等。

2．烟风洞

　　烟风洞也是一种小型低速风洞，主要用于显示烟流流过试验模型的流动现象。它的特点是有一套发烟装置以及在试验段进口截面上要布置好排烟管嘴的位置等，以便最好地显示出气流流动现象。图 2-48 是烟流流过机翼翼剖面的低速流动现象的示意图。从烟流图看，空气贴近翼面平滑地流过去，没有分离。

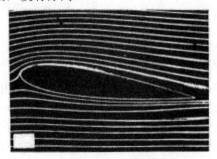

图 2-48　烟流流过机翼翼剖面的低速流动现象

3．高速风洞

　　高速风洞包括亚声速、跨声速、超声速以及高超声速的风洞等。图 2-49 是一座直流暂冲式超声速风洞的示意图。这种风洞的工作时间比较短，连续维持试验段中定常流流动的时间一般只有几分钟或者更短。因为储气罐再大，储存的高压空气量也是有限的，所以称为暂冲式风洞。出于造价、功率和运转费用等方面的综合考虑，目前世界上最大的超声速风洞试验段为正方形，边长 3 m 左右。最大的高超声速风洞(一般指试验段进口的马赫数 $Ma \geqslant 5$ 的风洞)的试验段，也是正方形，边长在 1 m 左右。

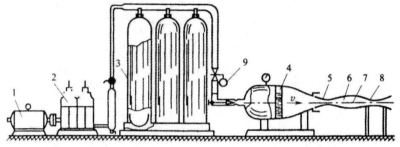

1—电动机；2—空气压缩机；3—储气罐；4—整流格；5—超声速喷管
6—试验段；7—模型；8—扩压段；9—快速阀门

图 2-49　直流暂冲式超声速风洞的示意

4. 风洞试验和试验曲线

风洞试验毕竟与真实飞机的飞行不同，因为风洞中的气流速度一般比真实飞机的飞行速度低，所用的飞机模型又比真实飞机小，所以风洞试验所得的结果必须加以修正才能应用。除了采用风洞进行试验外，还应用真实的飞机进行试验飞行，即在真实飞机上安装必要的仪器设备，以此来获得所需要的试验数据。

在低速风洞中进行试验，主要得到升力系数 C_L、阻力系数 C_D 和升阻比 K 相对于迎角 α 的三种曲线，如图 2-50 所示。K 值又称为空气动力效率，即升力对阻力的比值，为

$$K = \frac{L}{D} = \frac{C_L \left(\frac{1}{2}\rho v^2\right)_\infty S}{C_D \left(\frac{1}{2}\rho v^2\right)_\infty S} = \frac{C_L}{C_D} \tag{2-23}$$

由式(2-23)可以看出，K 是升力比阻力大的倍数。在设计飞机时，要求能有一个大的 K 值。因为 K 值越大，对飞机越有利。把 K 值与对应的迎角 α 值绘成曲线，就是 K 对 α 的曲线(又称极曲线)。

升力系数 C_L 对迎角 α 的曲线称为升力特性曲线，在该曲线上可以看出，翼剖面的 C_L 值随迎角 α 值的增加而增加，且有个等于零的数值。在达到最大升力系数 C_{Lmax} 值之前，差不多是按照直线规律增加的。同升力系数 C_{Lmax} 相对应的迎角 α_{max}，称为临界迎角(或称失速迎角)。

阻力系数 C_D 对迎角 α 的曲线形状有点像抛物线，C_D 随着 α 的增加而增加，大致按照抛物线的规律变化。与升力系数 C_L 不同，在阻力系数 C_D 对迎角 α 的曲线上，C_D 值永远不等于零。换句话说，机翼上的阻力总是存在的。但阻力系数 C_D 有一最小值，这个值一般在 $\alpha = 0°$ 左右。

由 K 与 α 的曲线可知，K 同 C_L 一样，也有个等于零的数值。从负值起，在 K 等于零之后，K 值迅速随迎角 α 的增加而增加。当增加到最大值 K_{max} 之后，曲线又随迎角的增加而逐渐减小，而且是不规则的状态。K_{max} 值在 $\alpha = 0° \sim 4°$ 之间达到，飞机在 K_{max} 的情况下飞行是有利的，因此飞机大都以较小的迎角($0° \sim 5°$)飞行。

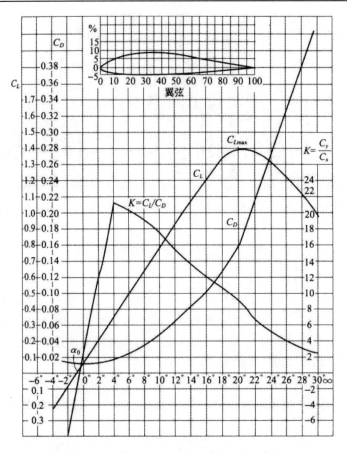

图 2-50　某机翼剖面风洞试验所得到的三种曲线

2.4　飞机的重心、机体坐标轴系和飞机平衡

2.4.1　飞机的重心

　　飞机各部件、燃料、乘员、货物、弹药等重量的合力作用点，称为飞机的重心。重力作用点所在的位置，称为重心位置，如图 2-51 所示。飞机在空中的飞行运动，无论怎样错综复杂，总可以分解为飞机各部分随飞机重心一起的移动和飞机各部分绕飞机重心的转动。飞行员在空中操纵飞机，就是通过油门的增大或减小来改变飞机发动机推力的大小，并通过操纵驾驶杆来操纵舵面，改变作用于飞机上的空气动力和力矩，以保持或者改变飞机重心的移动速度和飞机绕其重心的转动角速度。

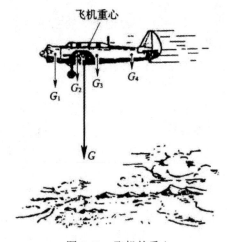

图 2-51　飞机的重心

2.4.2　机体坐标轴系

图 2-52 是穿过飞机重心的三条互相垂直的机体轴系示意图。通过飞机重心的三条互相垂直的、以机体为基准的坐标轴系，称为机体轴系。从机头贯穿机身到机尾的轴(且方向指向前)称为机体纵轴($O—x$ 轴)，从左翼通过飞机重心到右翼并与机体纵轴相垂直的轴称为机体横轴($O—y$ 轴)，通过飞机重心并和机体纵轴、机体横轴相垂直的轴称为机体竖轴($O—z$ 轴)。机体纵轴和机体横轴同处在飞机的一个水平面内，机体竖轴处在飞机的铅垂平面内。飞机绕机体纵轴($O—x$ 轴)的转动，称为滚转运动；飞机绕机体竖轴($O—z$ 轴)的转动，称为偏航运动；飞机绕机体横轴($O—y$ 轴)的转动，称为俯仰运动。

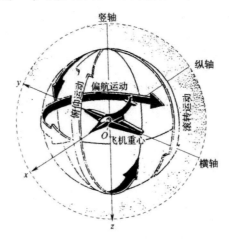

图 2-52　穿过飞机重心的三条互相垂直的机体轴系示意

飞机的平衡，是指作用于飞机的各力之和等于零，各力对重心所构成的各力矩之和也等于零。飞机处于平衡状态时，飞行速度的大小和方向都保持不变，也不绕重心转动。相反，飞机处于不平衡状态时，飞行速度的大小和方向都将发生变化，并绕重心转动，飞机的运动状态就要发生改变。

2.4.3　飞机在作用力相互平衡时的运动

飞机能在静止的大气中(无风情况下)实现水平等速直线飞行，飞机所受到的力和力矩应当满足平衡条件，就是作用在飞机上的升力 L(空气动力在垂直于飞行方向上的分量)必须和飞机的重力 G 相平衡(相等)，以维持飞行高度不变，也就是飞行速度的方向不变，即飞机作水平直线飞行(平飞)，如图 2-53 所示。飞机发动机产生的推力 P 必须和作用在飞机上的阻力 D(空气动力在平行于飞行反方向上的分量)相平衡(相等)，以维持飞机的平飞速度不变，也就是飞行速度的大小不变，即飞机作等速飞行。此外，为了保持住飞机的飞行姿态(平飞状态，用飞机的迎角 α 表示)，绕飞机重心的俯仰力矩还必须等于零。

在一定的飞行高度上，只要飞机发动机产生的推力足以克服飞机上的空气阻力，达到维持平飞所需的飞行速度和迎角，升力和重力相平衡的条件都可以得到满足。没有飞行速度，在飞机上就不会产生空气动力。空气动力(包括升力、阻力和俯仰力矩等)的产生，是空气和飞机之间有了相对运动的结果。

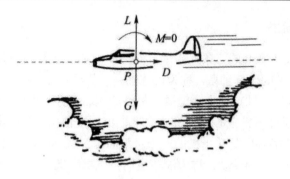

图 2-53　飞机平飞中的作用力

图 2-54 是飞机的爬升飞行和下降飞行的示意图。在图中，表示了等速直线爬升飞行和等速直线俯冲飞行时，作用在飞机上的力系。由力的平衡关系可知，对于等速直线爬升飞行有

$$\left.\begin{array}{l} L = G\cos\gamma \\ P = D + G\sin\gamma \end{array}\right\} \tag{2-24}$$

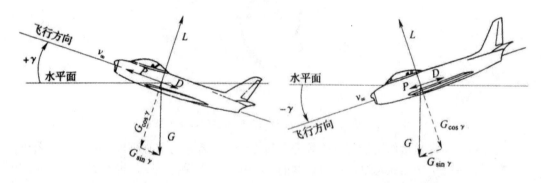

(a) 等速直线爬升飞行　　　　　　　(b) 等速直线俯冲飞行

图 2-54　飞机的爬升飞行和下降飞行的示意

对于等速直线俯冲飞行有

$$\left.\begin{array}{l} L = G\cos(-\gamma) = G\cos\gamma \\ P = D + G\sin(-\gamma) = D - G\sin\gamma \end{array}\right\} \tag{2-25}$$

式中，γ 是飞机的飞行爬升角或俯冲角。

由式(2-24)和式(2-25)可以知道，为保持等速直线爬升(或俯冲)飞行，升力只须要与重力在垂直于飞行轨迹上的分量相等。等速直线爬升飞行时，推力要增加，因为需要额外平衡重力的一个分量；相反，等速直线俯冲飞行时，推力要减小，因为飞机重力的一个分量起着推力的作用。

飞行速度的大小和方向都不随时间而变化的飞行运动，叫做稳定飞行运动。等速直线平飞、等速直线爬升飞行和等速直线俯冲飞行，都属于稳定飞行运动。显然，在稳定的等速直线平飞中，升力 L 等于重力 G；但在稳定的等速直线爬升飞行和等速直线俯冲飞行中，升力 L 小于重力 G。

2.5　飞机的稳定性和操纵性

2.5.1　稳定、不稳定与中和稳定

要说明如何使飞机在空中稳定地飞行，先来研究物体(如圆球)在空间的稳定情况，如图 2-55 所示。一个物体的稳定和它是否平衡有关，例如一个圆球首先应能平衡，然后才有稳定。当圆球处于平衡状态时，如在图 2-55(a)的情况下，对圆球稍加一点力，它就离开原来的位置状态，外力一取消，它立刻又恢复到原来的位置状态，这种情况称为"稳定"。在图 2-55(b)中的情况恰恰相反，加外力后圆球就离开原来的位置状态，外力取消后，它并不能恢复到原来的位置状态，这就叫"不稳定"。在图 2-55(c)的情况下，则是"中和稳定"，这时圆球随时处于稳定的位置状态，无论是否加外力。

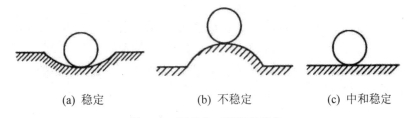

(a) 稳定　　　　　　　(b) 不稳定　　　　　　　(c) 中和稳定

图 2-55　圆球的三种稳定状态

飞机在飞行中，经常会受到各种各样的扰动，如气流的扰动、飞机发动机工作不均衡等。这些扰动会使飞机偏离原来的平衡状态，而在偏离以后，飞机能否自动恢复到原来的平衡状态，这就是有关飞机的稳定或不稳定问题。飞机的飞行情况也是一样，也有稳定、不稳定和中和稳定三种情况。

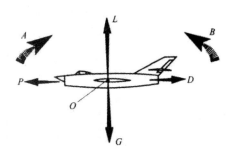

如果飞机在空中作水平直线等速飞行，这时升力 L 等于重力 G，推力 P 等于阻力 D，各个力互相抵消。同时，力矩 A 等于力矩 B，各个力矩也互相抵消，那么这架飞机处于平衡状态，正在平衡地飞行，如图 2-56 所示。

A、B—方向相反的力矩；O—飞机重心

图 2-56　飞机处于平衡状态飞行

倘若飞机在平衡状态飞行中，受到一个小外力的瞬间干扰(例如突然吹来的阵风)而偏离原来的平衡状态飞行，当小外力的瞬间干扰消失后，如果驾驶员不加操纵，飞机靠自身某个构件产生的力矩，就能自动恢复到原来的平衡状态飞行，说明飞机的飞行是稳定的；如果飞机不能恢复或者更加偏离原来的平衡状态飞行，说明飞机的飞行是不稳定的；如果飞机始终保持一定的偏离状态飞行，或者转入另外一种平衡飞行状态，那么这架飞机的飞行就是中和稳定的。

飞机的稳定性是飞机本身的一种特性，同操纵性有密切的关系，研究飞机稳定性是研

究飞机操纵性的基础。当飞机外形一定时，飞机焦点位置是确定的。反过来，就要求在飞机使用过程中的重心位置必须位于允许重心变化的范围内才行。重心的后限是由静稳定性要求确定的，它不能移动到飞机焦点位置的后面去。重心也有前限，重心前移可以增加飞机的静稳定性，但并不是静稳定性越大越好。例如，静稳定性过大，升降舵的操纵力矩就难以使飞机抬头，增加迎角获得 C_{Lmax}。换句话说，就是操纵性要求限制了重心前限。

　　飞机在空中飞行(见图 2-52)，不仅要求纵向(俯仰)应具有静稳定性，即绕飞机横轴的静稳定性；而且要求飞机具有横向(侧向)静稳定性，即绕飞机纵轴的静稳定性；还应该要求飞机具有方向(航向)静稳定性，即绕飞机竖轴的静稳定性。

2.5.2　飞机的纵向(俯仰)稳定性

　　纵向稳定(又称俯仰稳定)是指飞机绕横轴(O—y 轴)的稳定情况，影响飞机纵向稳定的一个重要因素是飞机迎角的变化。飞行中，当飞机受到微小扰动而偏离其纵向平衡状态时，在扰动去除瞬间，飞机不经驾驶员操纵，就可以自动地恢复到原来的平衡状态，则称飞机具有纵向稳定性。

　　当迎角改变时，机翼升力也改变，但理论和试验都指出，尽管升力大小随迎角变化而变化，但升力增量的作用点却始终保持不变，这个升力增量的作用点，即为机翼的焦点。对目前常用的翼型来说，亚声速时焦点位于离翼型前缘 22%～25%弦长处，而在超声速时焦点的位置离翼型前缘则增加到40%～50%弦长处。

　　飞机重心和飞机焦点之间的相互位置，决定了飞机是否具有纵向稳定性，如图 2-57 所示。若飞机重心位于其焦点之前，则在飞机受到外界扰动后，例如迎角增加了 $\Delta\alpha$，那么在飞机的焦点上就会产生一个向上的升力增量 ΔL，它对飞机重心形成使机头下俯的稳定力矩，使飞机具有逐渐消除 $\Delta\alpha$ 而自动恢复到原来平衡迎角的能力，即飞机是稳定的。相反，若飞机重心位于其焦点之后，升力增量对飞机重心所形成的是不稳定的上仰力矩，使飞机迎角越来越大而没有恢复到原来平衡迎角的情况，则飞机是不

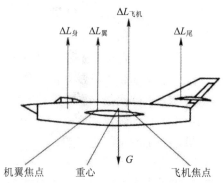

图 2-57　飞机各部分的附加升力

稳定的。由此，可以得出一个重要结论：飞机的重心若位于飞机焦点之前，飞机具有纵向稳定性；飞机重心位于焦点之后，飞机便失去纵向稳定性。

2.5.3　飞机的方向(航向)稳定性

　　方向稳定(又称航向稳定)是指飞机绕竖轴(O—z 轴)的稳定情况。影响飞机方向稳定的重要因素是飞机偏航角的变化，偏航角是飞机纵轴同飞行方向之间的夹角(γ)。飞机稳定飞行时，偏航角等于零。当飞机受到一个小的外力干扰，破坏了它的平衡时，便产生了偏航角。当外力取消后，如果飞机不经驾驶员操纵，靠其本身的某个构件就能消除偏航角，自动地恢复到原来的飞行状态，那么这架飞机就是方向稳定的，否则就是方向不稳定的。

　　图 2-58 是垂直尾翼与方向稳定的示意图。起初飞机稳定地飞行(见图 2-58(a))，不存在

偏航角，处于平衡飞行状态。倘若有一阵风突然吹来，使机头向右偏，便有了偏航角 β (见图 2-58(b))。阵风消除后，由于惯性，飞机仍然保持右偏的方向，向前冲一段路。这时相对风吹到偏斜的垂直尾翼上，产生了一个向左的附加力 f。这个力 f 便绕飞机重心 O 产生了一个向右的恢复力矩 M，使机头向右偏。经过一阵短时间的摇摆，自动消除掉偏航角，终于恢复到原有的飞行状态。对飞机方向稳定影响最大的构件是垂直尾翼，飞机机身的侧面迎风面积也起相当大的作用。另外，机翼的后掠角、发动机短舱也有一定的影响。

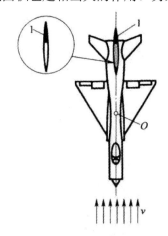

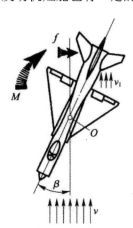

(a) 飞机处于平衡飞行状态，没有受到干扰　　　(b) 飞机自动消除掉偏航角，没有受到干扰

图 2-58　垂直尾翼与方向稳定的示意

2.5.4　飞机的横向(侧向)稳定性

横向稳定(又称侧向稳定)是指飞机绕纵轴(O—x)的稳定情况。假定一架飞机在稳定状态下飞行，如果有一个小的外力干扰，使机翼一边高一边低，绕纵轴发生倾侧。当外力消除后，如果飞机靠本身的某个构件产生一个恢复力矩，而不经驾驶员操纵，就可以自动恢复到原来的飞行状态，那么这架飞机就是横向稳定的，否则就是横向不稳定的。保证飞机横向稳定的因素主要有机翼的上反角和后掠角，还有机翼和机身的相对位置。上单翼起横向稳定作用，相当于有 3°～4° 的上反角；相反，下单翼则起横向不稳定的作用。此外，飞机的展弦比和垂直尾翼也对横向稳定有良好的影响。

图 2-59 是机翼上反角与横向稳定的示意图。当飞机稳定飞行时，如果有一阵风吹到飞机左翼上，使左翼抬起，右翼下沉，飞机绕纵轴发生倾侧，使飞机沿着合力的方向向右下方滑过去，即"侧滑"。飞机侧滑后，相对风沿着同侧滑相反的方向吹来，吹到机翼上以后，由于机翼上反角的作用，相对风速同下沉的那只机翼(这里指右翼)之间所形成的迎角 α_1，要大于上扬的那只机翼(这里指左翼)的迎角 α_2。因此，右翼上产生的升力 L_1 也大于左翼产生的升力 L_2。上反角越大，飞机的横向稳定性就越好；相反，下反角则起横向不稳定的作用。现代飞机机翼的上反角，为+7°～−10°。

图 2-60 是机翼后掠角与横向稳定的示意图。通常大后掠角或三角翼的现代飞机采用下反角，这种飞机的后掠角很大，往往造成横向过分稳定，带来不利的影响。机翼后掠角起横向稳定作用的原理，同机翼上反角。

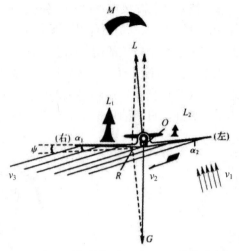

v_1—阵风速度；v_2—侧滑速度；v_3—由侧滑引起的相对风速；M—恢复力矩；O—飞机重心；ψ—上反角

图 2-59　机翼上反角与横向稳定的示意

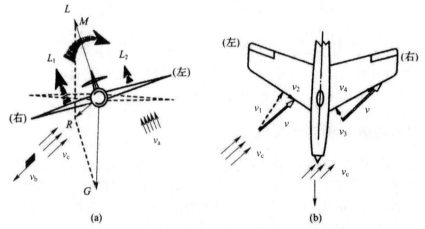

v_a—阵风速度；v_b—侧滑速度；v_c—相对风速；M—恢复力矩

图 2-60　机翼后掠角与横向稳定的示意

　　飞机的横向稳定和方向稳定，紧密联系并互为影响，合起来称为飞机的横侧稳定。二者必须适当地配合，过分稳定和过分不稳定都对飞机的飞行不利。

2.5.5　飞机的操纵

　　飞机除了应能作稳定的飞行，并且有适当的机构保证这种稳定飞行之外，还应具有良好的操纵能力，才能飞行。实际上，飞机如果不稳定，飞行虽然很困难，但还能勉强飞行。然而，飞机如果不能操纵，则是根本不能飞行的。

　　飞机的操纵性，是指驾驶员通过操纵机构来改变飞机飞行状态的能力。一架飞机在稳定飞行时，倘若驾驶员用不大的力加在驾驶杆或脚蹬上，改变某一个操纵面的偏转角度，飞机能很快地作出反应，改变其飞行姿态，这架飞机的操纵就是灵敏的，或者是好操纵的。倘若反应很慢，则是操纵不灵敏，或不好操纵的。倘若没有反应，或者反应错误，则是不能操纵的。

1. 主操纵系统

图 2-61 是飞机主操纵系统的示意图。飞机的操纵是通过升降舵、方向舵和副翼三个操纵面来进行的，分别偏转这三个操纵面，在气流的作用下，就会对飞机产生操纵力矩，飞机便绕其横轴、竖轴和纵轴转动，以改变其飞行姿态。主操纵系统中，飞行员手脚直接操纵的部分，称为操纵机构。它由手操纵机构(驾驶杆或驾驶盘)和脚操纵机构(脚蹬)组成，通过传动机构来带动操纵面偏转。手操纵机构用来操纵升降舵和副翼，脚操纵机构用来操纵方向舵。

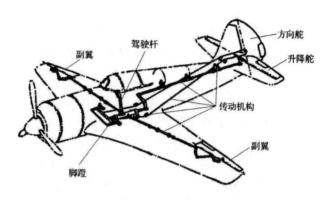

图 2-61 飞机主操纵系统的示意

图 2-62 是飞机操纵动作的示意图。飞行中操纵升降舵，飞机就绕着横轴偏转。飞行员向后拉驾驶杆，经传动机构传动，升降舵便向上偏转，这时水平尾翼上的向下附加升力产生对飞机横轴的力矩，使机头上仰(见图 2-62(a))；向前推驾驶杆，则升降舵向下偏转，使机头下俯(见图 2-62(b))。

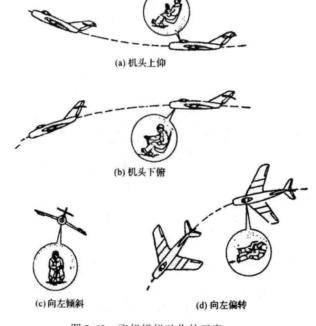

(a) 机头上仰

(b) 机头下俯

(c) 向左倾斜

(d) 向左偏转

图 2-62 飞机操纵动作的示意

飞行中操纵副翼，飞机便绕着纵轴偏转。向左摆动驾驶杆，则左副翼向上而右副翼向下偏转，这时左机翼升力减小，右机翼升力增大，使飞机向左倾斜(见图 2-62(c))；向右摆动驾驶杆，则右副翼向上而左副翼向下，飞机便向右倾斜。

　　飞行中操纵方向舵，飞机则绕竖轴偏转。向前蹬左脚蹬，方向舵向左偏转，垂直尾翼上的空气动力产生对飞机竖轴的力矩，使机头向左偏转(见图 2-62(d))；向前蹬右脚蹬，则方向舵向右偏，机头也向右偏转。

　　飞行员操纵操纵面改变飞机的飞行姿态要和人体的自然动作趋势相一致，而且手脚感受到的力的大小和方向也应正常和适中才行。换句话说，操纵系统的设计应把人和飞机作为一个整体来考虑，才能获得满意的操纵性能。人的手脚操纵动作是和人们运动的本能反应相一致的，当手脚协同操纵时，飞机就会做出各种复杂的飞行动作。

2．辅助操纵系统

　　飞机在飞行中，加减油门、收放襟翼或起落架、燃料消耗、乘客走动以及发射导弹、投放炸弹等，都会引起飞机的平衡状态发生变化。为了减轻飞行员保持飞机平衡的操纵负担，通常采用调整片(即辅助操纵系统)来偏转操纵面，以代替主操纵系统。

　　使用这种辅助操纵系统可使飞机保持平衡，飞行员不用长时间带杆操纵，可以减轻疲劳。如将调整片向上偏转，则升降舵自动向下偏转；将调整片向下偏转，则升降舵自动向上偏转，以代替飞行员推、拉驾驶杆。大型飞机的整个水平尾翼都被制成活动的，可以根据需要进行调整，以保持飞机的俯仰平衡。在方向舵和副翼上也装有调整片，用来保持飞机的方向和横侧平衡，以代替飞行员蹬方向舵和左、右摆动驾驶杆，如图 2-63 所示。

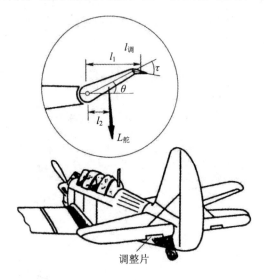

图 2-63　作用在调整片上的空气动力

3．传动机构

　　图 2-64 是副翼传动机构的示意图。传动机构的作用是将操纵机构的信号传送到操纵面或液压助力器。传动机构通常有软式、硬式和混合式三种。软式传动机构主要包括钢索和滑轮等构件；硬式传动机构主要包括传动杆和摇臂等构件；混合式传动机构则由软式和硬式传动机构组合而成。

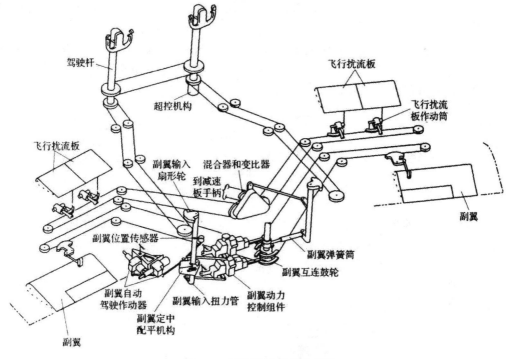

图 2-64　副翼传动机构的示意

2.6　飞机的增升装置

飞机在低速飞行时，特别是在飞机起飞和着陆的过程中，由于飞行速度较小，虽然增大了迎角(迎角的增大是有限的)，但升力仍然很小，不足以维持飞机的水平飞行。为了保证飞机能在小速度下仍然具有足够的升力，就有必要在机翼上装设增加升力的装置，通常称为增升装置。换句话说，增升装置就是保证飞机在低速飞行时有足够升力的装置。

2.6.1　襟翼

大多数襟翼都位于机翼后缘，放下襟翼可以提高升力，同时也增大阻力。通常在着陆和起飞时使用襟翼，以缩短滑跑距离。着陆时，襟翼放下的角度较大；起飞时，放下的角度较小。常用的襟翼有简单襟翼、开裂式襟翼、开缝式襟翼、后退式襟翼和富勒襟翼等主要形式。

(1) 简单襟翼。图 2-65 是一种歼击机的简单襟翼示意图。在机翼迎角保持不变的条件下，放下简单襟翼相当于改变了机翼的剖面形状，增加了弯曲程度，增大了机翼上表面气流的流速，且使流过机翼下表面的气流流速减慢，上翼面的压力减小，下翼面的压力增大。因而机翼上、下压力差增大，从而提高了升力。但襟翼放下之后，阻力也同时增大。襟翼放下的角度越大，升力和阻力也增大得越大，这对缩短起飞滑跑距离是有利的。

(2) 开裂式襟翼。图 2-66 是开裂式襟翼的示意图。放下开裂式襟翼，气流在机翼上表面变化不大，只是在襟翼和机翼下表面后部之间形成涡流，压力减小。这对流过机翼上表面的空气具有吸引作用，使气流分离点后移。因而临界迎角降低不多，而最大的升力系数增大不少。

　　(3) 开缝襟翼。图 2-67 是开缝襟翼的示意图。放下开缝襟翼，襟翼与机翼之间构成缝隙，空气会从下表面通过缝隙而流向上表面后缘，起着吹走后缘涡流、防止气流分离的作用，则临界迎角降低有限，最大升力系数增大很多。

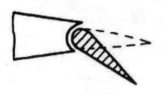　　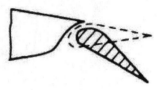

图 2-65　简单襟翼　　　　　图 2-66　开裂式襟翼　　　　　图 2-67　开缝襟翼

　　(4) 后退式襟翼。图 2-68 是后退式襟翼的示意图。放下后退式襟翼，不仅增加了机翼剖面的弯曲度，而且还增大了机翼面积，则最大升力系数增大得很多。

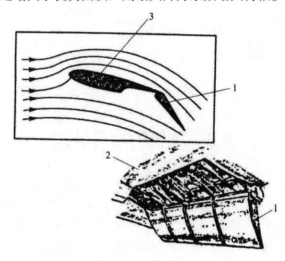

1—后退式襟翼；2—机翼后缘；3—机翼

图 2-68　后退式襟翼

　　(5) 富勒襟翼。图 2-69 是富勒襟翼的示意图。这是一种双开缝(见图 2-69(a))或三开缝后退式襟翼(见图 2-69(b))，以发明者富勒(Fowler)的名字命名。它既增加了机翼剖面的弯曲度，又增大了机翼面积，而且气流通过缝隙吹走后缘涡流，增升效果更好。现在的大型、高速飞机，大都采用这种襟翼。

(a) 双开缝后退式襟翼　　　　　　　　　(b) 三开缝后退式襟翼

图 2-69　富勒襟翼

2.6.2 前缘襟翼

飞机在大迎角下飞行时，机翼上表面气流分离，几乎从前缘附近就开始。对于机翼前缘尖锐的超声速飞机而言，更容易在机翼前缘就开始产生气流分离。为了防止这种现象的发生，常使用设置在机翼前缘的襟翼，如图 2-70 所示。当机翼前缘的襟翼放下时，一方面可以减小机翼前缘与相对气流方向之间的角度，使气流能够平顺地流过；另一方面也增加了机翼剖面的弯曲度。这样，就能延迟气流分离的产生，提高临界迎角和最大升力系数。

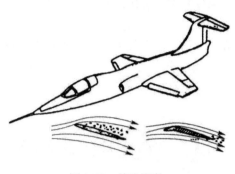

图 2-70 前缘襟翼

2.6.3 前缘缝翼

前缘缝翼是一个小翼面，总是安装在机翼前缘。把前缘缝翼打开，就与机翼表面形成一道缝隙。下翼面的压力较大的气流通过这道缝隙，得到加速而流向上翼面，增大了机翼上表面附面层中气流的速度，降低了压力，消除了这里的大量旋涡。因而恢复了上、下压力差，延缓了气流分离，避免了大迎角下的失速。前缘缝翼的主要作用：一是延缓机翼上的气流分离，从而提高临界迎角(可增大 $10° \sim 15°$)，使得机翼在更大的迎角下才会失速；二是增大最大升力系数 C_L (一般能增大 55%)。

前缘缝翼在大迎角下，特别是迎角接近或超过临界迎角时才使用。因为只有在这个时候，才会发生气流分离。它的主要作用是提高临界迎角，而增大 C_L 值是次要的。图 2-71 是前缘缝翼打开和闭合时的气流流动情况。

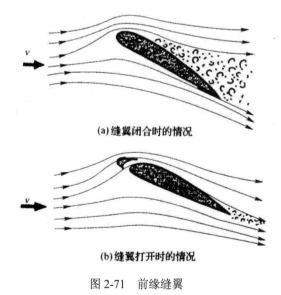

图 2-71 前缘缝翼

2.6.4 喷气襟翼

喷气襟翼是利用涡轮喷气发动机引出的压缩空气或燃气流，通过机翼后缘的缝隙沿整个翼展向后下方以高速喷出，形成一片喷气的"幕"，从而起到襟翼的增升作用。把喷气和襟翼两种作用结合起来，就构成喷气襟翼，如图 2-72 所示。

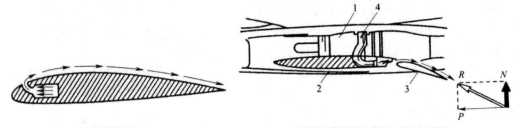

(a) 机翼前缘吹气   (b) 在机翼后缘襟翼之前吹气的吹气襟翼

1—涡轮喷气发动机；2—机翼；3—后缘襟翼；4—喷管；

R—喷气反作用力；N—垂直分力(升力)；P—水平分力(推力)

图 2-72 喷气襟翼

2.6.5 附面层控制

襟翼、前缘襟翼、前缘缝翼和喷气襟翼等增升装置，使现代飞机的最大升力系数 C_{Lmax} 得到了很大的提高，从而使起飞、降落的性能有了较大的改进。然而，由于翼剖面相对厚度的减小，会引起最大升力系数 C_{Lmax} 跟着减小，所以现代高速飞机往往采用附面层控制技术来增加升力。附面层控制技术的装置主要有附面层吹除增升装置和附面层吸取增升装置。

(1) 附面层吹除增升装置。这种装置的作用，是使高压空气从机翼上表面的缝隙中吹出，以高速流入附面层，增加其中气流的动能，提高其速度，以推迟气流的分离，从而提高最大升力系数 C_{Lmax}。

(2) 附面层吸取增升装置。与附面层吹除增升装置相反，附面层吸取增升装置是利用吸气泵，通过机翼上表面的缝隙，吸取附面层，使其中气流的速度和能量增大。这样，也可以推迟气流的分离和增大翼剖面的升力系数 C_{Lmax} 值，如图 2-73 所示。

(a) 附面层吸取   (b) 多道缝隙吸取附面层

图 2-73 附面层吸取增升装置

2.7 飞机的飞行性能、起飞和着陆

2.7.1 飞机的飞行性能

图 2-74 是飞机飞行状态的示意图。飞机的基本飞行状态是等速直线平飞，然而一架飞

机需要完成多种飞行状态。这些飞行状态可以分成等速直线飞行(见图 2-74(a))、变速和曲线飞行(见图 2-74(a))、以及悬停飞行(见图 2-74(b))三类。

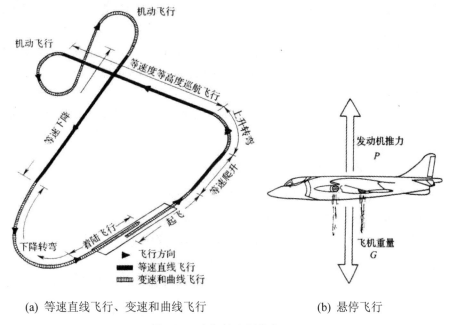

(a) 等速直线飞行、变速和曲线飞行　　　　　　(b) 悬停飞行

图 2-74　飞机的飞行状态

从图 2-74 可以知道，水平等速直线飞行、等速直线爬升飞行和等速直线俯冲飞行都属于等速直线飞行；起飞和着陆飞行、等高度和等速度盘旋飞行、盘旋上升飞行或盘旋下降飞行、翻筋斗飞行和上升转弯飞行等都属于变速和曲线飞行；悬停飞行是一种特殊的飞行状态，它是垂直起降飞机所特有的性能。

评价飞机的飞行性能的指标有很多，主要是飞多快、飞多高、飞多远和飞多久，也就是最大平飞速度、升限、航程和续航时间。

(1) 最大平飞速度。飞机的最大平飞速度是指在水平直线飞行条件下，在一定飞行距离内(一般应不小于 3 km)，发动机推力为最大状态(如果有加力燃烧室，则在开加力的状态)时，飞机所能达到的最大平稳飞行速度所获得的平飞速度。

通常飞机不以最大平飞速度作长时间的飞行，因为耗油太多，而且容易损坏发动机并缩短其使用寿命。除作战或特殊需要，以最大平飞速度飞行外，一般以比较省油的经济巡航速度飞行。

(2) 升限。飞机上升所能达到的最大高度，称为升限。它是一架飞机能飞多高的一个指标，影响升限的主要因素是发动机的高空性能。飞机的垂直上升速度随高度的增加迅速减小，通常规定将垂直上升速度减小到 5 m/s 时的最大平飞飞行高度称为实用静升限(或实用升限)。将垂直上升速度减小到零时的最大平飞飞行高度称为绝对升限，也称为飞机的理论静升限(高度)，没有实际意义。

(3) 航程。巡航速度，是指发动机每公里消耗燃油量最小情况下的飞行速度。在载油量一定的情况下，飞机以巡航速度所能飞越的最大距离称为航程(严格说，还应加上起飞爬升段以及从巡航高度下滑到着陆点的水平距离等)。它是一架飞机能飞多远的指标。增加航程的主要办法是多带燃料和减少发动机的燃料消耗。

航程远，表示飞机的活动范围大。对军用飞机来说，可以直接威胁敌人的深远后方，远程作战能力强；对民用客机和运输机来说，可以把客货运到更远的地方，而减少中途停留加油的次数。

(4) 续航时间(航时)。续航时间是指飞机一次加油，在空中所能持续飞行的时间。这一性能对侦察机、海上巡逻机和反潜机等是很重要的。歼击机的续航时间长，也有利于对敌作战。现代作战飞机大都挂有副油箱，就是为了多带燃料，以增大航程和航时。在副油箱中的燃料用完后，或虽未用完而与敌机进行空战时，为了减轻重量和减小飞行阻力，可将副油箱抛掉。

2.7.2　起飞和着陆

飞机的起飞和着陆是两个重要的飞行状态，这时飞机都在作变速运动。并且，飞机在起飞和着陆时都有失速现象的发生，因此有必要研究与飞机起飞和着陆有关的失速飞行速度。例如在飞机着陆飞行过程中，着地滑跑之前(称为飘飞)，飞行速度越小，飞行越安全。为了维持飞机升力近似等于重力，要求飞行时的 C_L 越大越好，最好能用 C_{Lmax} 来飞行。总的要求是增大 C_{Lmax}，防止失速现象发生，且要打开飞机的增升装置。当升力等于重力时，以 C_{Lmax} 飞行的飞行速度换算为飞机的失速飞行速度 v_s。即

$$v_s = \sqrt{\frac{2G}{\rho_\infty C_{\text{Lmax}} S}} \tag{2-26}$$

起飞是一种加速运动，飞机从起飞线开始滑跑到离地点一直在加速。起飞距离是指从起飞线开始，直到离地、爬升到离开地面高度 $h = 25\text{m}$ 时所飞越的地面距离的总和，如图2-75 所示。高度 $h = 25\text{m}$ 是人为规定的，是为了避开机场附近的房屋及其他障碍以保证飞行安全而定的一个高度。

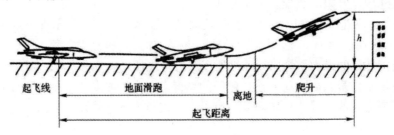

图 2-75　飞机的起飞

飞机起飞过程中，在地面滑跑时作用在飞机上的力系，如图2-76所示。开始，飞机的阻力和升力都等于零；随着滑跑速度的增加，阻力和升力也跟着增大起来；当滑跑速度略大于飞机的失速速度 v_s 的10%时，飞机抬头，迎角增加，升力很快超过重力，于是飞机便腾空而起，结束滑跑然后转入爬升。当等速爬升到25 m高度后，则结束起飞过程。

飞机的着陆是一个减速的飞行过程，恰好与起飞过程相反。一般来说，着陆过程可分为五个阶段：下滑、拉平、平飞减速、飘落触地和着陆滑跑。着陆过程飞越的地面距离的总和叫着陆距离，如图2-77所示。

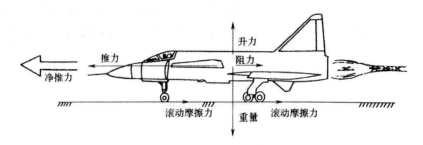

图 2-76　飞机起飞过程中的受力

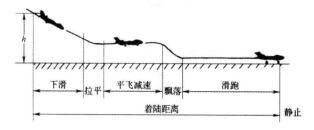

图 2-77　飞机的着陆

从 $h = 25\ \mathrm{m}$ 高度转入着陆下滑状态；在接近地面时，使飞机抬头，"拉平"飞机，则飞机转入平飞减速阶段；随着速度不断减小，迎角不断增大，升力 C_L 不断增大。最理想的状态是触地瞬间升力等于重力，而垂直下沉速度等于零。但实际情况往往不是这样，由于受到许多因素的影响，使得触地瞬间的升力小于重力，飞机向下坠落，垂直下沉速度不等于零，从而和地面发生撞击，这就是飘飞落地的飞行阶段。飞机飘落，机轮触地瞬间的水平速度称为着陆速度(又称接地速度)，它接近于飞机的失速速度 v_s。着陆速度越小，着陆滑跑距离越短，飞行安全性就越高。飞机着陆过程中，在地面滑跑时作用在飞机上的力系，如图 2-78 所示。

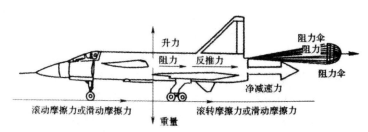

图 2-78　飞机在着陆滑跑过程中的受力

2.7.3　悬停飞行

在悬停飞行状态下的力平衡式是 $P = G$。借助于控制尾喷管的方向来控制发动机的推力和推力方向，可以使飞机垂直上升或下降，也可以使飞机在地面或甲板上完成垂直起飞和着陆，这种垂直起降飞机的主要优点是不需要跑道。它与直升机(直升机也可以作悬停飞行)的不同之处就在于，垂直起降飞机除了起降飞行特殊外，其他的飞行性能均与普通飞机类同。

当代最为成功的垂直起降飞机是英国的"鹞式"飞机，如图 2-79 所示。只要控制它的向量推力喷管，把喷流方向从垂直向下逐步转为水平后，便能使飞机从悬停过渡到向前的平飞状态。

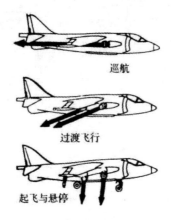

图 2-79　英国"鹞式"飞机的飞行状态

2.8　飞机的机动飞行

飞机按一定形式的轨迹运动，而运动参数(高度、速度、方向等)又不断变化的飞行，称为特技飞行。特技飞行是歼击机空战技术的基础，是评价歼击机的机动性和战斗性能的重要方面。机动性是飞机在一定时间内改变它的速度、高度和飞行方向的能力，是作战飞机非常重要的性能指标。为了使飞机能很快地加速，必须有大推力的发动机。

2.8.1　飞机的盘旋飞行

飞机的盘旋飞行是曲线飞行状态，有等高度盘旋飞行和等速度盘旋飞行、盘旋上升飞行或盘旋下降飞行。等高度盘旋飞行和等速度盘旋飞行又称为正常盘旋飞行。所谓正常盘旋飞行，就是飞机在水平面内作等高度和等速度的圆周飞行，如图 2-80 所示。通常把坡度小于 45° 的盘旋飞行，称为小坡度盘旋飞行；坡度大于 45° 的盘旋飞行，称为大坡度盘旋飞行。转弯飞行和盘旋飞行的操纵动作完全相同，只是转弯飞行的角度不到 360° 而已。

盘旋飞行一周所需的时间愈短和盘旋飞行半径愈小，飞机的盘旋飞行性能愈好。在作战时，要求盘旋飞行的半径越小越好，这时就要尽量使飞机倾斜，加大坡度，以增大使飞机作曲线运动的向心力。

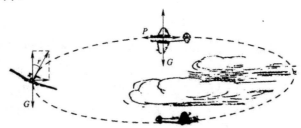

图 2-80　飞机盘旋飞行及其作用力

2.8.2　俯冲飞行

飞机将位能转化为动能、迅速降低高度、增大速度的机动飞行，称为俯冲。换句话说，俯冲是飞机沿较陡的倾斜轨迹作直线加速下降的飞行，如图 2-81 所示。在战斗飞行中，俯冲常用来攻击下面的敌机或地面目标，作战飞机借以提高轰炸和射击的准确度。在已取得高度优势的情况下，也常用来在短时间内迅速将高度转变为速度优势。

俯冲过程分为进入、直线和改出俯冲三个阶段(见图 2-81a)，在实际飞行中，为尽快进入俯冲，飞机通常是先绕纵轴滚转或边转弯边进入俯冲，进入段的高度损失不大。在急剧俯冲时，为了防止速度增加过多和超过相应高度的最大允许速度，必须减小发动机推力，有时需要放下减速板。改出俯冲后的高度不应低于规定的安全高度。从俯冲中改出时，飞行员应柔和并有力地拉动驾驶杆，增大迎角，使升力大于重力的第一分力 G_1，构成向心力，迫使飞机向上作曲线运动(见图 2-81(b))。

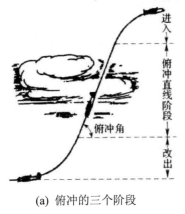

(a) 俯冲的三个阶段

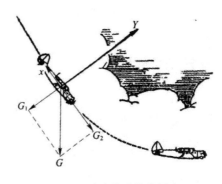

(b) 改出俯冲的作用力

图 2-81　飞机的俯冲飞行

2.8.3　筋斗

筋斗是飞机在铅垂面内，作轨迹近似椭圆形而同时绕横轴仰翻 360°的飞行，包括曲线减速上升和曲线加速下降两个主要方面，如图 2-82 所示。筋斗大致由跃升、倒飞、俯冲等基本动作组成，是作战和训练飞行的基本功之一，也是用来衡量飞机机动性的一种指标。

图 2-82　飞机的筋斗

完成一个筋斗所需要的时间越短，机动性越好。要实现筋斗飞行，飞行员需先加油门，增加速度，然后拉动驾驶杆使飞机曲线上升；过顶点后，减小油门，继续保持驾驶杆位置，飞机即作曲线下降，然后改为平飞。

2.8.4　横滚

飞机绕机体纵轴滚转 360°的机动飞行动作，称为横滚。飞机横滚时，基本保持原飞行方向，高度改变很小，实际上是绕着一条起伏的曲线并沿着螺旋形的轨迹在运动，如图 2-83

所示。水平横滚是飞行员做好复杂特技飞行所必须掌握的基本动作之一。按滚转角大小可以分为半滚(滚转180°，然后转入其他动作)、全滚(滚转360°)和连续横滚，按滚转角速度可分为急横滚(完成横滚时间短)和慢横滚(完成横滚时间长)。

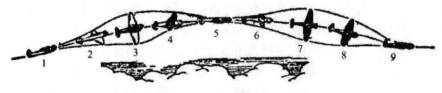

图 2-83　飞机的横滚

2.8.5　半筋斗翻转

半筋斗翻转是飞机在铅垂面内迅速增加高度并改变180°方向的飞行，是由筋斗的前半段和横滚的后半段结合起来的飞行。换句话说，半筋斗翻转是飞机先作筋斗动作，在到达顶点时停止筋斗，并作半滚而转入正常平飞，如图2-84所示。这种特技飞行既可以改变飞行方向(航向)，又可以上升获得高度优势。在空战中，这是一种很有用的特技飞行。

2.8.6　半滚倒转

半滚倒转是飞机在铅垂面内迅速降低高度并改变180°方向的飞行，是由横滚的前半段和筋斗的后半段结合起来的飞行，如图2-85所示。

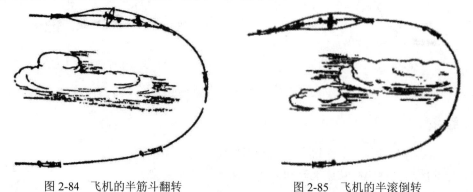

图 2-84　飞机的半筋斗翻转　　　　　图 2-85　飞机的半滚倒转

2.9　直升机的飞行原理

2.9.1　直升机概况

直升机是利用航空发动机驱动旋翼桨叶旋转来提供升力、推进力和操纵力的飞行器。与普通飞机和垂直起降飞机相比，直升机在外形和飞行原理上都有所不同。

直升机按用途可分为军用和民用直升机；按重量可分为轻型(起飞重量在1 t以下)、小型(起飞重量在1~3 t)、中型(起飞重量在3~8 t)、大型(起飞重量在8~20 t)和重型(起飞重量在20 t以上)直升机；按旋翼形式可分为单旋翼式、多旋翼式及新概念直升机。带尾桨的单旋翼直升机是目前世界上使用得最多的一种直升机。新概念直升机包括复合式直升机、倾转旋翼机、旋翼停转的旋翼机和直升机加气囊式组合飞艇等，其设计思想已突破了传统直升机的范畴，也可以理解为是介于传统直升机和飞机之间的一种新型航空器。

在军用领域，直升机在陆、海、空三军中都得到了广泛的应用，是陆军航空兵最重要的武器装备。军用直升机的主要用途有：兵员运输、装备运输、武装护航、机降突击、搜索救援、空中巡逻、电子对抗、通信、联络、救护、训练、观察、空战、反舰、反潜、布雷、反坦克、对地火力支援、中继制导等。

在民用领域，直升机几乎涉及国民经济的各个方面，起着越来越重要的作用，在某些领域甚至有不可替代的作用。民用直升机的主要用途有：海上油井服务，喷洒农药、种子和化肥，森林防火，地质、地貌勘探和测量，边境巡逻，海上巡逻和搜索，海关巡查缉私，海洋鱼群发现和跟踪，公路、铁路和河运巡视，电视拍摄与转播，建筑吊运，抗洪救灾，医疗救护，紧急救援，公务专机，航线航班，空中旅游以及执行其他飞机难以完成的特殊紧急任务。

2.9.2　直升机的主要特点

直升机的主要特点是：能垂直起降，对起降场地没有特殊要求；可以在空中悬停，并能沿任意方向飞行(前飞、侧飞、后飞和定点回转等)；与垂直起落飞机相比，它的低空性能较好，但飞行速度比较低(一般为低速飞行)，航程相对来说也比较短。

直升机的主要部件是旋翼、尾桨和机身，一般来说，没有机翼和尾翼。旋翼既是产生升力的部件，又是产生拉力(推力)的部件。旋翼的桨叶剖面由翼型构成，每个桨叶的平面形状细而长(相当于一个大展弦比的梯形直机翼)。一副旋翼的桨叶最少有两片，最多可有七片，如图 2-86 所示。

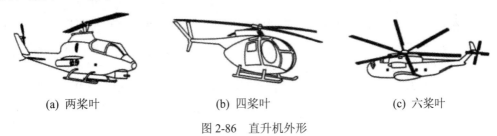

(a) 两桨叶　　　　　　　(b) 四桨叶　　　　　　　(c) 六桨叶

图 2-86　直升机外形

2.9.3　直升机旋翼的工作原理

直升机与一般的飞机不同，它没有固定的机翼，而是用旋翼来代替产生升力的机翼。旋翼由桨毂和桨叶组成，如图 2-87 所示。旋翼不仅起机翼的作用，而且起螺旋桨和舵面的作用。就桨叶本身而言，其平面形状和剖面形状都与大展弦比直机翼相近，产生升力的原理与机翼相同。桨叶有几何扭转，各剖面的安装角不相等。对整个桨叶而言，其安装角是指各个剖面安装角的平均值，习惯上称为总距。改变总距，即可改变旋翼产生的升力。桨叶迎角 α 是剖面翼弦与相对气流速度 v 之间的夹角。沿桨叶翼展方向，迎角是变化的。

直升机旋翼绕旋翼转轴旋转时，每个桨叶的工作原理与一个翼型类同。沿半径方向每段桨叶上产生的空气动力 R，在桨轴方向上的分量 P_1 将提供悬停时需要的拉力(推力)；在旋转平面上的分量(阻力) D_1 产生的阻力力矩将由发动机所提供的功率来克服，如图 2-88 所示。

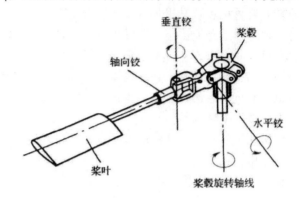

图 2-87　旋翼

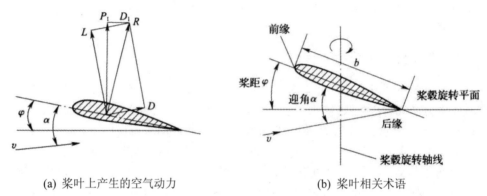

(a) 桨叶上产生的空气动力　　　　　　　(b) 桨叶相关术语

图 2-88　桨叶

　　旋转旋翼桨叶所产生的拉力(推力)和需要克服阻力产生的阻力力矩的大小，不仅取决于旋翼的转速，而且取决于桨叶的桨距 φ。从原理上说，调节转速和桨距都可以调节拉力(推力)的大小。但是旋翼转速取决于发动机(通常用的是涡轮轴发动机或活塞式发动机)的主轴转速，而发动机转速有一个最有利的值，在这个转速值附近工作时，发动机效率高，寿命长，因此拉力(推力)的改变主要靠调节桨叶桨距来实现。但是，桨距变化将引起阻力力矩变化，所以在调节桨距的同时还要调节发动机油门，保持发动机尽量在靠近最有利的转速下工作。

　　直升机旋翼叶片的桨距调节变化可以按两种方式进行。

　　第一种方式是各桨叶同时增大或减小桨距(简称总距操纵，飞行员通过总距操纵杆来操纵控制)，从而产生直升机起飞、悬停、垂直上升或下降飞行所需的拉力(推力) P。图 2-89 是直升机垂直上升飞行时 $P > G$ 的情况示意图。

　　第二种方式是周期性调节各个叶片的桨距，简称周期性桨距操纵。当打算前飞

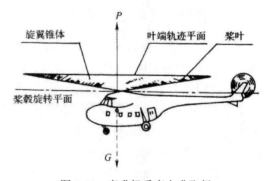

图 2-89　直升机垂直上升飞行

时，就将驾驶杆向前推，通过旋转斜盘(也称自动斜倾器)使各个桨叶的桨距作周期性变化。每个桨叶转到前进方向时，它的桨距减小，产生的拉力(推力)也跟着减小，这个桨叶向上挥舞的高度也下降；相反，当桨叶转到后方时，它的桨距增大，产生的拉力(推力)也跟着增加，这个桨叶向上挥舞的高度也增加。结果，各个叶片梢(叶端)运动轨迹构成的叶端轨迹平面或旋翼锥体将向飞行前进方向倾斜，旋翼产生的总拉力(推力) P 也跟着向前倾斜，旋翼总拉力(推力) P 的一个分量 P_2 就成为向前飞行的拉力(推力)，从而实现向前飞行，如图 2-90 所示。

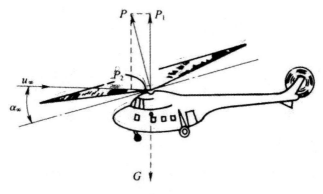

图 2-90　直升机向前飞行

　　旋翼旋转时将产生一个反作用力矩，迫使直升机机身向旋翼旋转的反方向旋转。因此，需要靠尾桨旋转产生的拉力(推力)来平衡反作用力矩，维持机头的方向。可以使用脚蹬来调节尾桨的桨距，使尾桨拉力(推力)变大或变小，从而改变平衡力矩的大小，实现直升机机头转向(转弯)操纵。

思考题与习题

一、选择题

1. 流体的状态参数是指它的_____这三个参数，它们是影响流体运动规律最重要的物理量。

　　A. 密度 ρ　　　　　B. 温度 T　　　　　　C. 压力 p　　　　　　D. 声速 c

2. 在实际应用中，对实际流体的物理属性的不同情况进行简化后，可以得出的流体模型有_____。

　　A. 理想流体　　　B. 不可压流体　　　C. 绝热流体　　　　D. 可压流体

3. _____是被用来描述表示流体运动特征的物理量。

　　A. 流场　　　　　B. 流线　　　　　　C. 流管　　　　　　D. 流量

4. 流体绕物体流动时，它的各个物理量如速度、压力和温度等都会发生变化，但这些变化必须遵循基本的物理定律，这些物理定律有_____等。

　　A. 质量守恒定律　　　　　　　　　B. 牛顿运动三定律

　　C. 热力学第一定律　　　　　　　　D. 热力学第二定律

5. 飞机在低速、亚声速飞行时，产生的_____同升力无关，统称为零升阻力。

A. 摩擦阻力　　　B. 诱导阻力　　　C. 压差阻力　　　D. 干扰阻力

6. 为了保证风洞试验结果尽可能与飞行实际情况相符，使在模型试验中测量得到的空气动力系数能用到真实飞机(或称为原型机)上，必须满足相似理论提出的三点要求，即_____。

A. 几何相似　　B. 运动相似　　C. 动力相似　　D. 环境相似

7. 飞机在稳定飞行中，需要保持的稳定性有_____。

A. 纵向稳定性　　B. 方向稳定性　　C. 横向稳定性　　D. 俯仰稳定性

8. 飞机的操纵是通过_____三个操纵面来进行的，分别偏转这三个操纵面，在气流的作用下，就会对飞机产生操纵力矩，飞机便绕其横轴、竖轴和纵轴转动，以改变飞行姿态。

A. 机翼　　　B. 副翼　　　C. 方向舵　　　D. 升降舵

9. 增升装置就是使飞机在_____时保证足够升力的装置。

A. 跨声速飞行　　B. 亚声速飞行　　C. 低速飞行　　D. 超声速飞行

10. 直升机是利用航空发动机驱动旋翼桨叶旋转，提供_____的飞行器。

A. 升力　　　B. 阻力　　　C. 推进力　　　D. 操纵力

二、填空题

1. 影响流体运动规律最重要的物理量，有(　　)以及流体的(　　)。

2. 研究航空、航天飞行器的飞行原理时，经常要提到(　　)和(　　)两个参数。它们都是(　　)量。

3. 历史上非常著名的雷诺试验是研究流体的流动是(　　)，还是(　　)。

4. (　　)是飞机产生升力和阻力的主要部件，一般用(　　)的平面几何形状和翼剖面几何形状来描述(　　)的几何外形。

5. 通过飞机重心的三条互相垂直的、以机体为基准的坐标轴系，称为(　　)。

6. 飞机的平衡，是指作用于飞机的各力之和等于(　　)，各力对重心所构成的各力矩之和也等于(　　)。

7. 一架飞机需要完成多种飞行状态，这些飞行状态可以分成(　　)三类。

8. 直升机的主要部件是(　　)，一般来说，它没有机翼和尾翼。

三、问答题

1. 什么叫飞行相对运动原理？试举例说明。

2. 什么是"连续介质假设"？分析流体运动时，为什么要采用"连续介质假设"？

3. 影响飞机升力和阻力的因素有哪些？

4. 为什么说诱导阻力是产生有用升力必须付出的代价，且只能减小它，而无法绝对地避免它？

5. 如何区分低速、亚声速飞行，跨声速飞行，超声速飞行？

6. 跨声速飞行时，为什么会出现"声障"现象？

7. 超声速飞行和高超声速飞行时，为什么会出现"热障"现象？

8. 为了保证飞机能在小速度下，仍然具有足够升力的增升装置有哪些？

9. 评价飞机飞行性能的指标有哪些？

10. 歼击机一般有哪些特技飞行状态？

第3章 发 动 机

3.1 发动机的一般概念与发展

3.1.1 发动机的一般概念

为飞行器提供动力，推动飞行器前进的装置称为推进系统，也称为动力装置。它由发动机、推进剂或燃料系统，以及保证发动机正常有效工作所需要的导管、附件、仪表和将发动机固定在飞行器上的装置等组成。发动机是推进系统的核心部件。

发动机是飞行器的动力源，飞行器的飞行速度、高度、航程、机载重量和机动能力，在很大程度上取决于发动机的性能水平，人们常形象地称之为飞行器的心脏。纵观航空航天技术的发展历程，不难发现，每一次的重大进展无不与发动机的发展紧密相联。喷气式发动机开创了航空史上的"喷气时代"，涡扇发动机带来了航空运输业的繁荣，火箭发动机的不断发展推进了航天事业的发展。

发动机按照其产生推力的方法，可以分为活塞式发动机和喷气式发动机两大类。活塞式发动机中，发动机和产生推力的推进器(螺旋桨)是分开的；而喷气式发动机中，发动机本身就是推进器。

航空活塞式发动机不能直接产生使飞行器前进的推力或拉力，而是带动空气螺旋桨(在飞机上)或旋翼(在直升机上)，使空气螺旋桨或旋翼产生升力和拉力。喷气式发动机靠直接反作用力产生推力。低速流入发动机的工质(空气和燃料)经过燃烧后，以高速度喷出。工质的加速意味着发动机给予了它向后的力，它必将给发动机施加一个向前的反作用力，这就产生了推力。

航空航天发动机包括活塞式发动机、喷气式发动机和特种发动机，喷气式发动机又分冲压式喷气发动机和燃气涡轮发动机(见图 3-1)。喷气式发动机可以利用大气层中的空气与所携带的燃料燃烧产生高温、高压燃气，在发动机的尾喷管中膨胀，以高速喷出，从而产生反作用推力。火箭发动机完全依靠自身携带的能源和工质，产生高温、高压气体，因此可以在高空和大气层外使用。早期的航空发动机为活塞式发动机，现代的航空航天发动机多为喷气式发动机，但是在小型低速飞行器上也采用活塞式发动机，而特种发动机大多处于探索研究中。

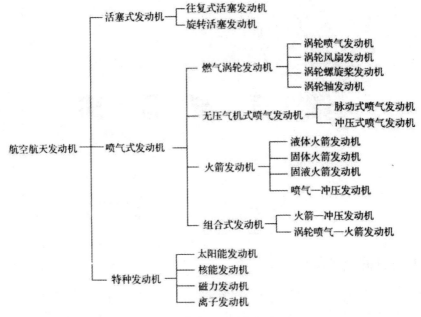

图 3-1　航空航天发动机分类

3.1.2　航空发动机溯源

　　早在 1810 年，被誉为"空气动力学之父"的英国科学家乔治·凯利就指出：所谓机械飞行就是为一块平板提供动力，使它能在空中支持一定的重量。到了 19 世纪中叶，人们通过观察鸟类飞行、风筝飞升、模型吹风试验和亲身体验驾驶滑翔机，基本上已经掌握了飞机的飞行原理。同时，由于船用螺旋桨的发明和广泛应用，也有了合适的推进装置(螺旋桨)。但由于没有可用的动力装置(发动机)，仍然只有望天兴叹，所以乔治·凯利在 1850 年说："我的发明(飞机)唯一无法解决的就是动力问题。"

　　19 世纪中叶，人类历史上的第一次工业革命正方兴未艾，而蒸汽机正是这次工业革命的"火车头"。蒸汽机在火车、轮船和工业生产中的广泛应用，使人们自然地想到依靠它完成飞行之梦。从 1845 年英国工程师汉森和斯特林费罗的"空中蒸汽机车"飞机专利，到 1896 年美国科学家兰利的蒸汽机飞机模型，在半个世纪的时间里，人们为了使蒸汽机"飞"起来而绞尽脑汁，但终究无功而返。同为航空先驱者和载人滑翔机的发明人，德国人李林塔尔也不得不感叹："笨拙的蒸汽机飞机在告诉人们，不要再去飞行了。"

　　1883 年，德国人戴姆勒(就是今天戴姆勒-奔驰公司的创始人之一)研制出以汽油为燃料的四冲程活塞发动机，才使人类的飞行柳暗花明，出现了成功的曙光。活塞发动机去掉了蒸汽机笨重的锅炉，把燃烧室和气缸合二为一，燃料燃烧和工质加热过程都在气缸内一起完成。汽油活塞发动机一面世，就立即得到了正在为寻求新型动力而苦脑的飞行家们的青睐。

　　莱特兄弟的"飞行者 1 号"所用的发动机，就是一台设计有自动进气阀的液(水)冷、四缸、四冲程直排卧式活塞式汽油发动机，如图 3-2 所示。这台推动人类进入航空时代的"伟大"的发动机并非出自著名的企业或发明家，而是一位普通的修理技工查尔斯·泰勒之手。泰勒以一台已有的驱动设备的活塞发动机为原型,凭借丰富的经验和精湛的技术,经过大量试验,不断改进、完善,终于制造出满足设计指标的发动机,为人类首架动力飞机的成功飞行做出了不可磨灭的贡献。

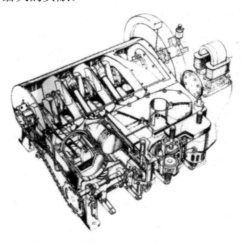

图 3-2 "飞行者 1 号"发动机结构示意

从 20 世纪 30 年代中期开始到二战结束,在近 10 年的活塞发动机发展的"黄金时代"中,相继出现了一批著名的发动机和飞机,并在二战中大显身手。如英国罗・罗公司研制出的 1680 马力(1238 kW)"梅林"12 缸 V 形液冷发动机,装备了二战中著名的 P-51"野马"战斗机和"飓风"战斗机;德国戴姆勒-奔驰公司生产了 1100 kW 的 D-B 601 倒置 V 形液冷发动机,装备了德国空军的主力战斗机 Bf.109 飞机,曾于 1939 年以 755 km/h 的速度创造了当时的活塞发动机飞机的世界纪录,并一直保持到 1969 年才被打破;美国普・惠公司生产了 1230 kW 的 R 2800"双黄蜂"双排星形 18 缸气冷发动机,曾经广泛装备 P-47、F4U"海盗"舰载战斗机,以及二战后期研制的专门用于夜间截击轰炸机的 P-61"黑寡妇"截击机。

到 19 世纪 40 年代末,活塞发动机达到了发展的顶峰,单台发动机功率从 9 kW 增加到 2800 kW,功重比从 0.15 马力/千克发展到 2.5 马力/千克,巡航耗油率从 0.34~0.35 千克/(马力・小时)降低到 0.19~0.20 千克/(马力・小时),寿命从数小时增加到上千小时。年产量达数十万台,装备了上百万架飞机。单从生产数量上看,没有哪一种航空发动机比得上活塞发动机的生产数量。

然而,盛极必衰。一方面,由于发动机的功率与飞机飞行速度的三次方成正比,随着飞行速度的进一步提高,发动机功率进一步增大,活塞发动机的重量也迅速增大,已经不能满足高速飞行的要求;另一方面,螺旋桨的效率在飞行速度大于 700 km/h 后会急剧下降,这两方面均限制了飞行速度的进一步提高。因此,采用活塞式航空发动机、螺旋桨组合的飞机,其飞行速度不可能接近声速,当然更不可能达到或超过声速。为了提高飞行速度,必须研制功率更大、重量更轻的新型航空发动机。

从第二次世界大战结束至今,航空燃气涡轮发动机取代了活塞式发动机,开创了喷气新时代。直接产生推力的涡轮喷气发动机(简称涡喷发动机)和涡轮风扇发动机(简称涡扇发动机)的推力范围从几百 daN 到超过 50 000 daN,战斗机发动机的推力重力比从 2 左右提高到 10，民用发动机的耗油率从 1.0 kg /(daN·h)下降到 0.4 kg /(daN·h)。它们推动着喷气式飞机跨过声障和热障，直逼 3 倍声速；使双发巨型宽体民用客机能够不着陆安全地越洋飞行；民航的重要经济指标"每人公里油耗"下降了 70%，其中 3/4 得益于发动机效率的提升；推力矢量喷管技术使战斗机垂直、短距起落和具有超机动能力成为可能。

涡轮螺旋桨发动机(简称涡桨发动机)和涡轮轴发动机(简称涡轴发动机)是输出轴功率的，它们分别驱动螺旋桨和旋翼，成为亚声速运输飞机和直升机的动力装置。涡轮螺旋桨发动机曾经最大发出超过 11 000 kW 的功率，装备了一些重要的运输飞机和轰炸机，但终因螺旋桨在吸收功率、尺寸和飞行速度方面的限制，在大型飞机上涡轮螺旋桨发动机逐步被涡轮风扇发动机取代。涡轮轴发动机在直升机领域一直居主导地位，最大的涡轮轴发动机可发出 8500 kW 的应急功率，装两台这种发动机的直升机可运载 20 t 的货物。

总之，航空发动机经历了一个世纪的发展，已经相当成熟，为各种飞行器的发展做出了重要贡献。

3.1.3　航空发动机的发展

航空发动机诞生一百多年来，主要经历了两个阶段。前 40 年(1903—1945)为活塞式发动机统治时期，后 70 年为喷气式发动机统治时代，航空上广泛应用的是燃气涡轮发动机，先后发展了直接产生推力的涡轮喷气发动机和涡轮风扇发动机，也派生发展了输出轴功率的涡轮螺旋桨发动机和涡轮轴发动机。

1．活塞式发动机统治时期

1903—1945 年，活塞式发动机作为飞机的动力装置，占据了统治地位。在两次世界大战的推动下，活塞式发动机不断改进和完善，得到迅速发展，第二次世界大战结束前后其技术达到顶峰。活塞式发动机技术上的特点和进步主要体现在以下几个方面。

(1) 整流罩的发明使气冷式发动机在大部分领域逐步取代液冷式发动机，从而取消了笨重、复杂且容易损坏的液冷系统。

(2) 采用金属钠冷却排气门，解决了排气门过热的问题。

(3) 供油方式上，由汽化器供油改为直接注射式供油，简化了结构，改善了加速性。

(4) 采用废气涡轮增压器和变距螺旋桨，增大了发动机的功率和工作高度，改善了螺旋桨的特性。

20 世纪 30—40 年代，是活塞式发动机的全盛时期。活塞式发动机加上螺旋桨，构成所有战斗机、轰炸机、运输机和侦察机的动力装置；活塞式发动机加上旋翼，构成所有直升机的动力装置。第二次世界大战以后，随着涡轮喷气发动机的发展，活塞式发动机逐渐退出了航空领域的霸主地位。但小功率的活塞式发动机还在初级教练机、小型公务机、农林机、运动机、无人机和直升机上继续使用，主要形式为气冷的水平对缸发动机。

2．喷气推进新时代

空气喷气式发动机中，经过压缩的空气与燃料(通常为航空煤油)的混合物燃烧后产生高温、高压燃气，在发动机的尾喷管中膨胀，以高速喷出，从而产生反作用推力。流进发动机的空气可以是由专门的压气机使其受到压缩而成，也可以通过将高速流进发动机的空气(当飞行器以很高的速度飞行时)滞止下来而产生高压来达到。因此，空气喷气式发动机有无压气机和有压气机之分。

(1) 喷气式发动机的诞生。喷气式发动机是一种直接反作用推进装置，与喷气式发动机原理有关的研究已有久远的历史，中国古代的火箭和走马灯就是喷气推进和涡轮机原理的体现，但取得航空工程实用性进展还是在第二次世界大战后期。

1913 年，法国工程师雷恩·罗兰获得第一个喷气式发动机专利，如图 3-3 所示。它属于无压气机式空气喷气发动机，与后来的冲压发动机基本相同。冲压发动机结构简单、推力大，特别适合高速飞行，但是不能在静止状态下起动，而只能在装备它的飞行器具有一定速度后才能工作，或与其他发动机组合使用，可以用作导弹、靶机和高超声速飞行器的动力。

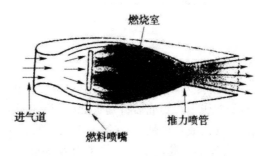

图 3-3　法国工程师雷恩·罗兰的喷气式发动机专利

无压气机式喷气发动机还有脉冲式发动机和火箭发动机。脉冲式发动机是冲压喷气发动机的一种特殊形式，没有得到广泛的应用。火箭发动机自带燃料和氧化剂而不依赖空气，可以在没有空气的外层空间工作，主要用于航天器和洲际弹道导弹，也曾经用作飞机加速器和飞机起飞助推器。

有压气机式空气喷气发动机是由英国人弗兰克·惠特尔和德国人汉斯·冯·奥海因在同一时期分别发明的。压气机有离心式、轴流式、组合式等多种形式，由安装在后面的燃气涡轮带动，所以这类发动机又称为涡轮喷气发动机。

空军少校弗兰克·惠特尔于 1930 年申请了专利，1937 年 4 月研制出世界上第一台离心式涡轮喷气发动机，如图 3-4 所示。试验中达到的推力(气流作用在发动机内、外表面的合力，即发动机所产生的推动飞行器运动的力)为 200 daN。1941 年 5 月，推力为 650 daN 的改进型惠特尔发动机安装在格罗斯特公司的 E-28、E-29 飞机上并使其成功首飞。

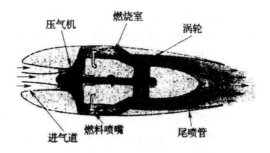

图 3-4　英国人弗兰克·惠特尔的离心式涡轮喷气发动机

汉斯·冯·奥海因在 1938 年 10 月试验了采用轴流-离心组合式压气机的 HeS3 涡轮喷气发动机，如图 3-5 所示。实测推力为 400 daN，推力重力比(发动机最大推力与发动机的重力之比，简称推重比，计量单位无量纲)为 1.12。1939 年 8 月 27 日，安装在德国亨克尔公司的 He-178 飞机上并使其成功首飞，这是世界上第一架试飞成功的涡轮喷气式飞机。由于这次首飞比 E-28、E-29 飞机早了一年多，人们公认：这次首飞开创了喷气推进新时代和航空事业的新纪元。

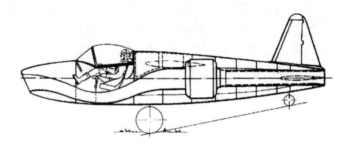

图 3-5　德国人汉斯·冯·奥海因研制的使用轴流-离心组合压气机的 HeS3 涡轮喷气发动机

(2) 涡轮喷气发动机的发展。早期的涡轮喷气发动机和飞机尚处于试验阶段，在第二次世界大战中并没有发挥多大作用，到战后特别是 20 世纪 50 年代才获得迅速的发展。战后第一批装备军队使用的喷气式战斗机是 1944 年美国制造的 F-80 飞机和 1946 年苏联制造的米格-9 飞机，飞机为平直梯形机翼，发动机的推力为 800～900 daN，飞行速度为 900 km/h 左右。1947 年，出现了第一批后掠机翼的战斗机，例如美国的 F-86 飞机和苏联的米格-15 飞机。发动机分别是轴流式的 J47 涡轮喷气发动机和离心式的 RD-45 涡轮喷气发动机，飞行速度提高到 1050 km/h，接近了声速。

为了突破"声障"，在涡轮喷气发动机上加装了加力燃烧室，可以在短时间内大幅度提高推力。1953 年，美国利用 J57 加力式双转子涡轮喷气发动机推出了第一种实用的超声速战斗机 F-100，最大飞行速度为声速的 1.31 倍，即 $Ma = 1.31$，或马赫数为 1.31。1955 年，苏联装有 RD-9B 加力式轴流涡轮喷气发动机的超声速战斗机米格-19 也装备了军队，最大飞行马赫数为 1.37。

这以后，战斗机继续向高空高速发展。1958 年，美国推出了 F-104 战斗机，最大飞行马赫数为 2.2，使用升限 17.68 km。动力为 J79 单转子加力式涡轮喷气发动机，最大推力为 7020 daN，推重比为 4.63。1959 年，苏联推出了米格-21 战斗机，最大飞行马赫数为 2.1，使用升限 18 km。动力为 R-13 双转子加力式涡轮喷气发动机，最大推力为 6480 daN，推重比为 5.8。1969 年，苏联装备的米格-25 战斗机，最大飞行马赫数为 2.8，升限达到 23 km。动力为 R-31 涡轮喷气发动机，单台最大推力达到 10 560 daN。

涡轮喷气发动机在军用战斗机上广泛应用的同时，也被其他机种所选用。首先是轰炸机，随后是运输机、旅客机和侦察机。例如，美国在 1955 年用来装备军队，而至今还在使用的 B-52 重型战略轰炸机，开始时安装有 8 台 J57 系列双转子涡轮喷气发动机。英国于 1952 年用世界上第一种装有 4 台涡轮喷气发动机的"彗星"号旅客机，开办了由伦敦到南非的航空营运业务。1974 年，英国、法国利用 4 台奥林帕斯 593 加力式涡轮喷气发动机合作研制的"协和"号超声速旅客机取得了适航证，如图 3-6 所示。美国 1966 年投入使用的 SR-71 战略侦察机的最大飞行马赫数为 3.2，使用升限 26.6 km，其动力是 J58 加力式涡轮喷气发动机，最大推力为 14 460 daN。

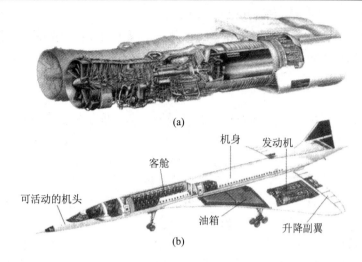

(a)

机身　发动机

客舱

可活动的机头

油箱　升降副翼

(b)

图 3-6　奥林帕斯 593 加力式涡轮喷气发动机(a)和"协和"号超声速旅客机(b)

如果把 20 世纪 40—50 年代研制的单轴涡轮喷气发动机算为第一代涡轮喷气发动机，那么 20 世纪 50—60 年代研制的加力式涡轮喷气发动机则为第二代涡轮喷气发动机，其循环和性能参数水平为：涡轮前燃气温度(简称涡轮前温度)950～1100℃，推重比 4.5～5.5，不加力耗油率 0.9～1.0 kg /(daN·h)，加力耗油率 2.0 kg /(daN·h)左右。

不加力耗油率又称单位燃油消耗率，对于喷气式发动机而言，它表示发动机产生 1 daN 推力时每小时消耗的燃油量，计量单位是 kg /(daN·h)；对于活塞式发动机、涡轮螺旋桨发动机和涡轮轴发动机而言，它表示发动机产生 1 kW 功率时每小时消耗的燃油量，计量单位是 kg /(daN·h)。

(3) 涡轮风扇发动机的发展。涡轮喷气发动机的广泛应用改变了航空事业的面貌，在航空发展史上立下了不可磨灭的功绩。但涡轮喷气发动机有一个致命的缺点，那就是耗油率太高，经济性差。为了克服涡轮喷气发动机耗油率太高的缺点，就产生了涡轮风扇发动机。

涡轮风扇发动机与涡轮喷气发动机的比较，如图 3-7 所示。涡轮风扇发动机与涡轮喷气发动机的区别在于低压压气机变成长叶片的风扇，风扇出口气流分成两股，通过内、外两个环形涵道流过发动机。涵道比是涡轮风扇发动机的一个重要参数，是外涵空气流量与内涵空气流量之比。图 3-7(b)是小涵道比(0.2～1.0)涡轮风扇发动机的示意图，它是超声速战斗机的理想动力，可以带加力燃烧室；图 3-7(c)是大涵道比(4～8)涡轮风扇发动机的示意图，

进气口　压气机　燃烧室　涡轮　尾喷管

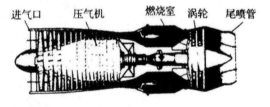

(a) 涡轮喷气发动机

风扇　高压压气机　外涵　尾喷管

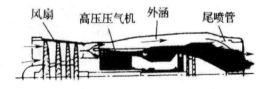

(b) 小涵道比(0.2~1.0)涡轮风扇发动机

风扇　中压压气机　高压压气机　尾喷管

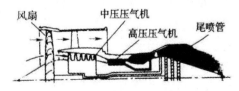

(c) 大涵道比(4~8)涡轮风扇发动机

图 3-7　涡轮风扇发动机与涡轮喷气发动机的对比

它是高亚声速运输机和旅客机的理想动力,不带加力燃烧室。

涡轮风扇发动机诞生于20世纪50年代,首先用于民用飞机,随后扩展到军用飞机。20世纪60年代出现涡轮风扇发动机热潮,20世纪70—80年代发展提高、广泛应用,20世纪90年代以后高度发展,取代涡轮喷气发动机成为军、民用飞机的主动力和航空推进技术研究发展的主要方向。

世界上第一台实用的涡轮风扇发动机是英国罗尔斯·罗伊斯公司(简称罗·罗公司)在20世纪50年代研制的康维发动机,用于英国的安装有4台发动机的VC-10旅客机上。在康维发动机的基础上,罗·罗公司又研制了经济性与安全性更好的斯贝发动机,用于著名的"三叉戟"旅客机。其他国家也相继发展了许多机种,在20世纪60年代形成了一个涡轮风扇发动机的热潮。这一代民用涡轮风扇发动机的性能参数大致是:涵道比小于3,总增压比10~25,巡航耗油率0.7~0.9 kg/(daN·h)。

为了满足远程的大、中型旅客机的需要,20世纪70—80年代研制了一批先进的大涵道比涡轮风扇发动机。比较典型的有英国罗·罗公司在1973—1977年研制的RB211涡轮风扇发动机(三转子,用于波音747飞机、波音767飞机等),1972—1979年美国、法国联合研制的CFM56涡轮风扇发动机(用于波音737飞机、C-135飞机、A320飞机、A340飞机等),1983—1988年美国、英国、日本、德国、意大利五国联合研制的V2500涡轮风扇发动机(用于A320飞机、MD-90飞机等)。这些涡轮风扇发动机,后来都有一系列的改进改型。这一代涡轮风扇发动机的性能参数大致是:涵道比4~6,总增压比25~30,巡航耗油率0.55~0.8 kg/(daN·h),涡轮前温度1227~1300℃。图3-8是典型的大涵道比民用涡轮风扇发动机CFM56。

图 3-8　CFM56 大涵道比民用涡轮风扇发动机

20世纪90年代,根据双发远程宽体大型旅客机波音777飞机的需求,三大发动机公司进一步研制了更先进的大推力涡轮风扇发动机,即:英国罗·罗公司的遣达800涡轮风扇发动机,美国通用电气公司(或GE公司)的GE90涡轮风扇发动机,美国普·惠公司的PW4084涡轮风扇发动机。这一代涡轮风扇发动机的性能参数大致是:涵道比6~9,总增压比38~45,巡航耗油率0.6 kg/(daN·h),涡轮前温度1400~1430℃。

波音777飞机投入使用后,欧洲的空中客车公司和美国的波音公司又先后提出发展运载600人左右的4发巨型旅客机。为此,正在研制的涡轮风扇发动机有:美国GE公司与美国普·惠公司合作发展的涵道比为 7～8 的 GP7000 涡轮风扇发动机，英国罗·罗公司的涵道比为 8.5 的遄达 900 涡轮风扇发动机。

为与 CFM56 争夺窄体旅客机市场，美国普·惠公司提出过涵道比为 11 的新一代齿轮传动风扇的 PW8000 涡轮风扇发动机方案。该发动机在风扇与低压压气机之间安装了一种新型减速器，使风扇和低压涡轮均处于最佳转速下工作。与传统的同类发动机相比，PW8000 的压气机和涡轮总级数减少 40%，叶片数减少 50%，耗油率下降 9%，代表了这类发动机的最高水平。但后来研制工作中止，技术研究工作仍在进行之中。

鉴于涡轮风扇发动机的优越性，从 20 世纪 60 年代开始，涡轮风扇发动机就被军用飞机大量采用。最初的军用加力式涡轮风扇发动机有美国的 TF30 发动机和英国的军用斯贝发动机等。这一代涡轮风扇发动机的性能参数为：推重比 5～6，涡轮前温度 1127～1227℃。

20 世纪 70—80 年代，受高性能空中优势战斗机的需求牵引，各国先后推出了一批先进军用涡轮风扇发动机，比较典型的有英国、德国、意大利三国联合研制的 RB199 涡轮风扇发动机(装备"狂风"战斗机)，美国普·惠公司研制的 F100 涡轮风扇发动机(装备 F-15 战斗机、F-16 战斗机)，GE 公司研制的 F404 涡轮风扇发动机(装备 F/A-18 战斗机)和 F110 涡轮风扇发动机(装备 F-16 战斗机)，苏联研制的 RD-33 涡轮风扇发动机(装备米格-29 战斗机)和 AL-31F 涡轮风扇发动机(装备苏-27 战斗机)。这一代涡轮风扇发动机的性能参数为：推重比 7～8，涡轮前温度 1327～1427℃，技术上采用跨声速压气机、短环形燃烧室、高负荷跨声速涡轮、复合气冷涡轮叶片和单元体结构设计等。

20 世纪 90 年代，各国为第四代战斗机研制了推重比为 10 一级的小涵道比加力式涡轮风扇发动机。例如，美国的 F119 涡轮风扇发动机和 F135 涡轮风扇发动机(装备 F-22 战斗机和 F-35 战斗机)，欧洲的 EJ200 涡轮风扇发动机(装备 EF2000 战斗机)，法国的 M88-Ⅱ 涡轮风扇发动机(装备"阵风"战斗机)，俄罗斯的 AL-41F 涡轮风扇发动机等。这一代涡轮风扇发动机的涡轮前燃气温度高达 1577～1727℃，采用矢量喷管和双余度全权电子数字控制，可靠性、耐久性成倍增长，寿命期费用降低 25%左右。

3. 涡轮螺旋桨发动机和涡轮轴发动机

在涡轮喷气发动机蓬勃发展的过程中，驱动飞机螺旋桨和直升机旋翼的动力也实现了涡轮化，派生出涡轮螺旋桨发动机和涡轮轴发动机，这是两种新型航空燃气涡轮发动机。涡轮螺旋桨发动机和涡轮轴发动机的工作原理基本相同，都是靠动力涡轮把燃气发生器出口燃气中的绝大部分可用能量转变为轴功率，通过减速器驱动螺旋桨或旋翼。它们与活塞式发动机相比，重量轻、振动小、功率重力比大。

(1) 涡轮螺旋桨发动机。在第二次世界大战中，英国首先研制成功涡轮螺旋桨发动机，美国、法国和苏联等也都积极发展了这项技术。因为它比涡轮喷气发动机和涡轮风扇发动机的耗油率低、经济性好、起飞推力大，曾经得到相当的发展。但由于速度、功率受到限制，在大型远程运输机上已被涡轮风扇发动机所取代。目前，在中、小型运输机和通用飞机上仍有广泛的用途。

20 世纪 70—80 年代，美国、苏联等研究了一种介于涡轮螺旋桨发动机和涡轮风扇发动机之间的新型发动机，这就是螺旋桨风扇发动机，简称桨扇发动机，如图 3-9 所示。桨扇发动机的关键部件是两排转向相反、带一定后掠的称为桨扇的叶片，该叶片比螺旋桨的桨叶直径小、数目多且更薄，比风扇叶片数目少而更宽、厚。它既可以看做是带高速先进螺旋桨的涡轮螺旋桨发动机，又可以看做是去掉外涵道的超大涵道比的涡轮风扇发动机。因此，兼有涡轮螺旋桨发动机耗油率低和涡轮风扇发动机飞行速度高的优点，在 20 世纪 80 年代已经完成了地面和飞行验证。但是由于航空燃油价格较难降低，以及噪声和振动问题较难解决等，大多停止了研制，只有乌克兰继续坚持下来，配套研制的 D-27 螺旋桨风扇发动机和安-70 四发中型运输机仍在发展。

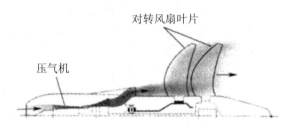

图 3-9　螺旋桨风扇发动机

(2) 涡轮轴发动机。世界上最早研制涡轮轴发动机的是法国。20 世纪 50 年代中期，透博梅卡公司研制的功率为 405 kW 的阿都斯特 2 涡轮轴发动机，成功用到"云雀" 2 直升机上。后来，涡轮轴发动机不断改进创新，已经发展了四代。

目前，仍在大量使用中的第三代涡轮轴发动机是在 20 世纪 70—80 年代投产的，比较典型的有法国的马基拉涡轮轴发动机、美国的 T700 涡轮轴发动机和苏联的 TV3-117VM 涡轮轴发动机。主要参数为：耗油率 0.286～0.300 kg /(kW·h)，涡轮前温度 890～1100℃，单位功率 213～255 kW /(kg·s^{-1})。这里的单位功率，是指涡轮螺旋桨发动机、涡轮轴发动机每单位空气流量所能产生的发动机功率，计量单位是 kW /(kg·s^{-1})。

第四代涡轮轴发动机是 20 世纪 80—90 年代研制的，代表了当前涡轮轴发动机的最高水平，比较典型的有德国、法国、英国联合研制的 MTR390 涡轮轴发动机(用于欧洲的"虎"式直升机)，美国的 T800 涡轮轴发动机(用于 RAH-66 "科曼奇"直升机)，英国和法国联合研制的 RTM322 涡轮轴发动机(用于欧洲的 EH101 直升机和 NH90 直升机)。其性能参数为：耗油率 0.269～0.279 kg /(kW·h)，涡轮前燃气温度 1150～1267℃，单位功率近 300 kW /(kg·s^{-1})。

4．推进技术的研究和发展

迄今为止，人类仍然没能发现有什么东西可以代替飞机，也没能发现有什么东西可以代替作为其推进系统的涡轮发动机。因此，在可以预见的未来，航空燃气涡轮发动机仍将是飞行器的主要动力形式，将以更加迅猛的速度向前发展。

为在 21 世纪取得航空优势，主要航空发达国家从 20 世纪 80 年代后期便开始制订并实施了更为先进的航空发动机研究和发展计划。例如，美国的综合高性能涡轮发动机技术(IHPTET)计划，以英国为主的欧洲先进核心军用发动机(ACME)计划，俄罗斯也开展了类似的研究。其目标是在 21 世纪初验证推重比达 18～20、耗油率下降 15%～30% 和成本降低 30% 的发动机技术，使发动机的技术能力在 1987 年的基础上翻一番。也就是说，要用 15～20 年的时间，取得过去 30～40 年取得的成就。目前，这些技术发展计划已基本实现。

在 IHPTET 成功实施的基础上，目前美国政府和军方已经制订了"多用途经济可承受的先进涡轮发动机(VAATE)计划"的后继计划，发展重点从提高性能转向降低全寿命期成本，目标是利用 2006—2017 年验证的技术，使以能力(推重比和耗油率)与全寿命期成本之比为度量的经济可承受性提高到 F119 涡轮风扇发动机的 10 倍，推重比达到 25～30。这些计划综合运用发动机气动热力学、材料工艺、结构强度和控制方面的新成果，大大提高涡轮前燃气温度，简化结构，减轻重量，实现最佳控制，最终达到预定的目标。

(1) 气动热力设计技术。气动热力设计技术主要是三维黏性计算流体力学设计方法和程序、新颖的叶轮机设计概念、旋流燃烧室、先进的热部件设计和热分析、冷却设计和推力矢量喷管设计等。

(2) 新材料。耐高温轻质材料主要有超级耐热合金和隔热涂层、金属间化合物(钛铝和镍铝)、有机物基复合材料、金属基复合材料、陶瓷基复合材料、碳-碳复合材料和非结构材料等。21 世纪的发动机将以复合材料为主要结构材料，从而大大减轻发动机的重量，如图 3-10 所示。

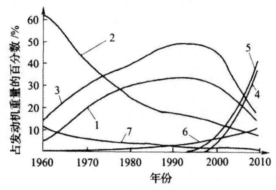

1—钛；2—钢；3—镍；4—陶瓷基复合材料；5—金属基复合材料；6—树脂基复合材料；7—铝

图 3-10　发动机结构材料的发展趋势

(3) 新结构。主要的新结构有空心风扇和压气机叶片、整体叶盘、无盘转子、刷子和气膜封严、双层壁火焰筒和骨架承力结构等。图 3-11 是压气机新结构对重量的影响。在级数相同的条件下，压气机重量可以减轻 70%。

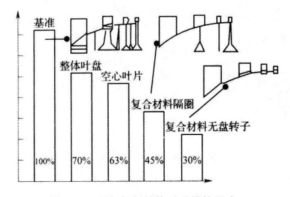

图 3-11　压气机新结构对重量的影响

(4) 控制技术。先进控制技术研究的目标是增加控制功能(控制变量从 10 个增加到 20 个以上)，减小尺寸和重量，提高对恶劣环境的适应能力，朝数字化、综合化、小型化、高性能、高可靠性、低成本的方向发展。主要技术有先进的控制模态和逻辑、分布式多变量综合控制、智能控制、光纤技术和高温电子器件等。利用以上的研究成果，通过通用核心机、智能发动机、耐久性三个重点领域的相互配合，使航空燃气涡轮发动机在性能和成本上取得重大突破，使各种军、民用飞行器得到革命性的发展和提高。

5. 新概念发动机

未来的航空发动机将朝着不断改善性能，降低成本，提高可靠性、安全性和维修性的方向发展，而且今后对航空发动机的污染和噪声要求也将更为严格。为满足航空发动机发展的更高要求，人们在继续提高传统燃气涡轮发动机技术水平的同时，也正在探索新型的航空发动机，许多国家正在研究各种新概念发动机。

(1) 变循环发动机。变循环发动机是通过改变发动机一些部件的几何形状、尺寸或位置来改变其热力循环的燃气涡轮发动机，如图 3-12 所示。利用变循环改变发动机循环参数，如增压比、涡轮前温度、空气流量和涵道比，可使发动机在各种飞行和工作状态下都具有良好的性能。

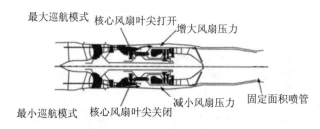

图 3-12　变循环发动机工作示意

(2) 骨架式结构发动机。骨架式航空发动机(ESE)的研究是在20世纪末由 NASA 主持开始的，是一种全复合材料鼓式转子的新结构概念发动机，主要由4个同心壳组成。它取消了在常规燃气涡轮发动机中具有的笨重的盘和轴，转子叶片从鼓式转子的支撑壳从外向内悬挂，如图3-13所示。

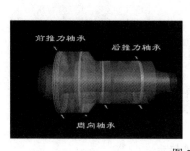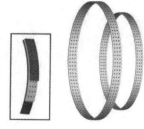

图 3-13　骨架式发动机及磁悬浮轴承

(3) 智能发动机。罗尔斯·罗伊斯(RR)航空公司在 2018 年提出了"智能引擎"(Intelligent Engine)的概念。其实早在 10 年前，NASA 就提出了智能发动机概念。航空发动机的"智能化"，就是通过发动机内置微米、纳米级传感器，获取发动机动态信息，然后通过仿真将状态与性能的管理数据反馈相结合，最后使发动机的状态监视和管理(EHM)实现自动优化、自我诊断和自主预测。

(4) 脉冲爆震发动机(PDE)。脉冲爆震发动机是一种利用脉冲式爆震波产生的高温、高压燃气来产生推力的新概念发动机，具有热循环效率高、结构简单、尺寸小、适用范围广、成本低、可在零速下使用等优点，在未来空天推进领域具有广阔的应用前景。

(5) 其他新概念发动机。在燃气涡轮发动机的基础上发展的多电发动机可全面优化发动机的结构和性能，减轻重量，提高可靠性，改善性能并降低寿命期成本，它的发展已受到普遍重视。

随着微机电技术的不断成熟，国外还提出了基于微机电技术的微型无人机的概念。目前，美国正在发展只有手掌大小的微型燃气涡轮发动机，作为微型无人机的动力。

飞机机身一体化设计和电推进技术的不断发展，使国内外逐渐兴起了"分布式发动机"的研究热潮。分布式发动机是在飞机机翼上分布安装多个小推力微型发动机，以实现推力的分布和矢量控制，如图3-14所示。这虽然使得推进系统更加复杂，但是为飞机气动设计提供了更多的可能性，推进系统的分布式布局也更加灵活。

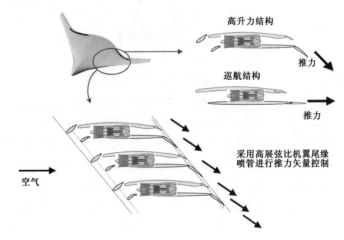

图 3-14 分布式发动机在机翼上的布置

为解决石油短缺和环境污染的问题，国外从 20 世纪 50 年代就开始研究航空替代燃料技术(如氢燃料、天然气、合成煤油和核能等)，目前研究工作仍在继续。此外，太阳能、微波和燃料电池等新能源发动机也在探索中。2009 年，贝特朗·皮卡尔展示了世界上第一架可昼夜飞行的太阳能环保飞机。

3.2 活塞式航空发动机

3.2.1 往复式活塞发动机

1. 主要结构和工作原理

往复式活塞发动机是依靠活塞在气缸中的往复运动使气体工质完成热力循环，将燃料的化学能转化为机械能的热力机械，由曲轴、连杆、活塞、气缸、机匣、进气阀和排气阀等构件组成。图3-15是一台对置的双缸活塞式发动机的示意图。

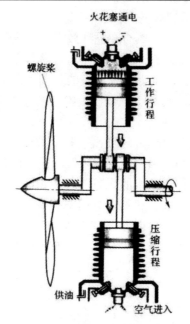

图 3-15　对置双缸活塞式发动机示意

　　气缸是发动机的工作室，油气混合气在其中燃烧，所产生的高温高压燃气推动活塞作直线的上、下往复运动，带动曲轴旋转。在气缸头上有保证油气混合气进入气缸的阀门，叫进气阀；还有用来排出燃气的阀门，叫排气阀。活塞的主要功能是承受油气混合气在燃烧时产生的燃气压力，并将燃料的热能转变为机械能。连杆将活塞上的燃气压力传递给曲轴，并将曲轴的运动传递给活塞。曲轴将活塞的往复运动变成自身的旋转运动，并带动螺旋桨(推进器)旋转，产生发动机的推力。机匣是发动机壳体，发动机的主要部件与附件都连接在机匣上。

　　当曲轴的曲柄(曲轴上拐出的部分)转到最下的位置时，相应地，活塞在气缸中的位置也处于最下端，这时活塞所处的位置称"下死点"；当曲轴的曲柄转到最上的位置时，活塞在气缸中也处于最上端，该处称为"上死点"。下死点和上死点之间的距离，称为活塞的行程。发动机工作时，曲轴不断地旋转，活塞则在气缸中的上、下死点间来回作往复运动。在气缸头上有一个进气门，一个排气门，两个气门内分别装有可上、下移动的进、排气阀。当进气阀向下移动时，进气门被打开，空气与燃油的混合物进入气缸；同样，当排气阀向下移动时，排气门被打开，气缸内燃烧过的气体被排出缸外。

　　航空活塞式发动机中，曲轴每转两转，活塞在气缸中上、下各移动两次，经过进气、压缩、膨胀和排气完成四个行程，即完成发动机的一个热力循环，如图 3-16 所示。在进气行程，进气阀 4 将进气门 3 打开，雾化了的空气和燃油的混合气体被下行的活塞 2 吸入气缸 1 内。活塞到下死点后，开始上行，这时进气阀将进气门关闭，活塞压缩气缸内的混合气体，直到活塞到达上死点，压缩行程完成。这时，安装在气缸头部的火花塞迸发火花，将高压混合气点燃。燃烧后的高温高压气体推动活塞下行，开始膨胀，将燃烧气体所蕴含的热能转变为机械能，由活塞经过连杆 7 传到发动机曲轴 8，成为带动空气螺旋桨旋转的动力。这就是膨胀作功行程，因此膨胀行程也可称为工作行程。膨胀行程完毕后，排气阀

6 将排气门 5 打开，活塞上行，将已作过功的废气排出气缸。活塞到达上死点，排气门关闭，就完成了四个行程的循环。然后，进气门打开，活塞下行，又开始新的一个循环。

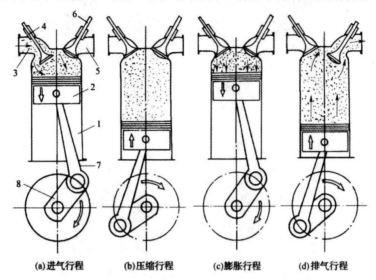

(a)进气行程　　(b)压缩行程　　(c)膨胀行程　　(d)排气行程

1—气缸；2—活塞；3—进气门；4—进气阀；5—排气门；6—排气阀；7—连杆；8—曲轴

图 3-16　四行程活塞发动机工作顺序示意

从航空活塞式发动机的工作过程可以看出，对于每个气缸，发动机每转两转完成一个工作循环。在一个循环的四个行程中，只有膨胀行程是作功的，而进气、压缩和排气三个行程是由其他气缸对曲轴作功而带动的。因此，为满足功率的要求，往复式活塞航空发动机需要由多个气缸组合构成。

2．活塞发动机类型

航空活塞式发动机大多为四行程发动机，其类型多种多样，按不同分类方式可以划分为以下几类。

(1) 按发动机使用的燃料种类划分，可分为轻油发动机和重油发动机。前者使用汽油、酒精等挥发性较高的燃料，后者使用柴油等挥发性较低的燃料。目前使用的航空活塞式发动机大多数是轻油发动机，研制重油发动机成为了各国热衷的一件事，我国已掌握了重油航空发动机的生产技术。

(2) 按形成混合气的方式划分，可分为汽化器式发动机和直接喷射式发动机。前者是在气缸外部通过汽化器将燃油汽化并与空气混合形成混合气，后者是直接将燃油和空气喷射到气缸内部形成混合气。

(3) 按冷却发动机的方式划分，可以分为气冷式发动机和液冷式发动机。顾名思义，前者直接利用飞行中的迎面气流来冷却气缸，后者利用循环流动的冷却液来冷却气缸。气冷式发动机大多采用气缸星型排列的方式来增大气缸与周围空气的热交换，以达到降温的目的。

(4) 按气缸排列方式划分，可以分为直列型发动机和星型发动机。其中，直列型发动机按气缸排布方式又分为直立型、对立型、V 型、W 型、H 型和 X 型等，如图 3-17 所示；星型发动机从结构上观察，所有气缸均以曲轴为中心，沿圆周呈辐射状分布于机匣上，此类发动机按照排数又分为单排、双排、多排等不同形式，如图 3-18 所示。

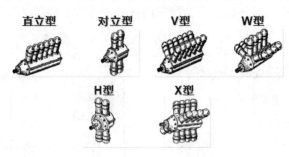

图 3-17 直列型发动机

图 3-18 星型发动机

3. 活塞式发动机的应用和主要性能参数

往复式活塞发动机的主要优点是效率高、耗油低，曾经在航空上得到广泛的应用，在第二次世界大战以后才逐步为喷气式发动机所取代，主要是因为往复式活塞发动机的功率不能满足高速飞行的要求。往复式活塞发动机的推力功率为

$$N_P = N_e \eta_P = Pv = Kv^3 \tag{3-1}$$

式中，N_P 为发动机推力功率；N_e 为发动机有效功率；η_P 为螺旋桨效率；P 为推力；v 为飞行速度；K 为阻尼系数。

由式(3-1)可知，一方面，当发动机所产生的功率恒定时，随着飞行速度的提高，推力必然要降低；另一方面，随着飞行速度的提高，阻力将迅速增大，发动机功率与飞行速度的三次方成正比。当飞行速度增大到一定程度，所需的发动机功率将大得惊人。例如，一架普通的亚声速战斗机在 280 m／s 的飞行速度下，要获得的推力大致为 30 kN，取推进效率为 0.75，则发动机应产生的功率为 11 200 kW。产生如此巨大功率的往复式活塞发动机，它的外廓尺寸和重量都将超出正常值，根本不可能用于航空飞行。但是对于喷气式发动机而言，实现这样的飞行要求是绰绰有余的。

尽管往复式活塞发动机有如上的致命弱点，但是对低速飞行而言，它具有喷气式发动机无可比拟的优点，那就是耗油率低。另外，由于燃烧较完全，所以对环境污染相对较小；噪声也比喷气式发动机小。因此，往复式活塞发动机目前在小型低速飞行上仍然被广泛地采用，如农业飞机、支线飞机和一些小型多用途飞机(森林灭火、搜索、救援、巡逻等)。

往复式活塞发动机的主要性能参数如下。

(1) 发动机有效功率。发动机可用于驱动螺旋桨的功率，为有效功率。航空活塞式发动机的功率通常为 200～3500 kW。

(2) 燃料消耗率。燃料消耗率简称耗油率，是衡量发动机经济性的一项重要指标，以每千瓦功率在 1 小时所消耗的燃料质量表示，单位为 kg /(kW·h)，先进的往复式活塞发动机的耗油率在 0.28 kg /(kW·h)左右。

(3) 加速性。加速性是发动机从最小转速加速到最大转速所需的时间，愈短愈好。它决定着飞机机动性能的好坏，良好的加速性可提高飞机的机动性能。

4．活塞式发动机的辅助系统

要保证活塞式发动机的正常工作，还必须要有一些必要的辅助系统，主要有以下几种。

(1) 燃油系统。燃油系统由燃油泵、气化器或燃油喷射装置等组成。燃油泵将汽油打入气化器，汽油在此雾化并与空气混合进入气缸；或者，汽油经气缸头部的喷嘴被喷入气缸内并与由进气门进入的空气混合。

(2) 点火系统。由磁电机产生的高压电，在规定的时间内产生电火花，将气缸内的混合气点燃。

(3) 滑油系统。由滑油泵将润滑油输送到滑动运动面之间和轴承中，以减轻机件的磨损。

(4) 冷却系统。发动机内燃料燃烧时，产生的热量除转化为动能和被排出的废气所带走外，还有很大一部分传给了气缸壁和其他有关机件。机件间的摩擦(如轴承)也产生一定的热量，必须将这些热量散发出去，才能保证发动机的正常工作。在航空活塞式发动机上有气冷和液冷两种冷却形式，如图 3-19 所示。气冷式发动机气缸以曲轴为中心，排成星型，所以又称星型发动机。在气缸外面有许多散热片，飞行时的高速气流通过散热片将气缸壁的热量散发出去。而液冷式发动机的气缸是直线排列(小型发动机)或 V 形排列，在发动机机体外壳内有散热套，具有一定压力的冷却液在散热套中循环流动，在冷却液散热器内将冷却液中的热量带走。

(a) 气冷式发动机气缸排列　　　　(b) 液冷式发动机气缸排列

图 3-19　航空活塞式发动机的冷却形式

(5) 起动系统。将发动机发动起来，必须借助外面动力，常用的方式有两种：一是将压缩空气送入气缸推动活塞带动曲轴转动而使发动机起动；二是用电动机带动曲轴转动而使发动机起动。

(6) 进、排气系统。进排气系统是由曲轴带动凸轮盘推动推杆和摇臂，定时将进气门和排气门打开和关闭的机构。

3.2.2　空气螺旋桨

活塞式发动机只能提供轴功率，还要通过空气螺旋桨或旋翼将轴功率转化为飞机的推力或拉力，或者直升机的升力和拉力。因为它在空气中工作，所以叫空气螺旋桨。由于发动机转速比空气螺旋桨或旋翼的转速大得多，所以要通过一级或多级减速器减速。随着高速螺旋桨的发展，小型活塞式发动机的减速器有的已经被省去。

螺旋桨旋转时，将空气推向后方，按照牛顿第三定律，桨叶用力把空气推向后方时，空气必将给桨叶施加一个大小相等、方向相反的力。这就产生了推力或拉力，如图 3-20 所示。桨叶也可看做高速旋转的"机翼"，每一个桨叶剖面像机翼一样在空气中高速运动时，会产生一个力 R，它可以分解为沿飞行方向的分力 F 和在旋转面上但与旋转方向相反的分力 D。各剖面上的分力 F 之和就是螺旋桨推动飞行器前进的推力。各剖面上的分力 D 之和就是螺旋桨的阻力，形成阻止螺旋桨旋转的力矩，要靠发动机的动力来克服它。

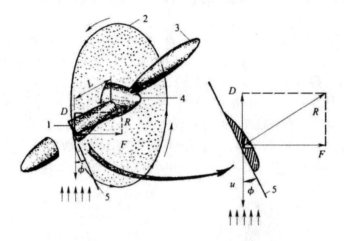

1—桨叶剖面；2—桨叶旋转面；3—桨叶；4—桨毂；5—翼剖面弦线

图 3-20　螺旋桨产生推力的示意

3.3　喷气式航空发动机

3.3.1　推力的产生

涡轮喷气发动机的推力是气流作用在发动机内、外表面上的作用力的合力，是作用和反作用原理在喷气发动机工作时的一种应用，在其他很多事物上也经常表现出来。例如，将步枪抵在肩上射击，一扣扳机，子弹头出膛，子弹壳向后的反作用力传到肩上，人就会感到一股力量的冲击，这就是步枪的后坐力。又如人站在小船上向后扔东西，当用力向后抛出物体时，便有一股反作用力推着小船向前走。另外，有一种气球游戏，也体现反作用力的作用。把气球吹足了气，用手捏紧吹气口，使气体跑不出来，这时气球内部各个方向的力都是平衡的，它静止不动。如果放手，气球内部的力就会失去平衡，气体便膨胀加速从吹气口向外排出，这是气球给了气体一个向后的作用力使气体加速向后流出的结果。这时，这股流出的气体就有一个大小相等、方向相反的力作用在气球上，使气球向相反的方向飞去，如图 3-21 所示。

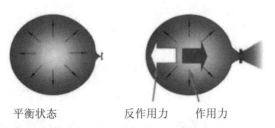

平衡状态　　反作用力　作用力

图 3-21　气球的闭口和开口两种状态

以上三个实例，都是因为一方面有了作用力，另一方面就产生了反作用力，这是力学中牛顿第三定律的具体运用。

喷气发动机产生推力的基本原理，同上述三个实例完全一样，如图 3-22 所示。假若一台喷气发动机装在地面试车台上，当它工作时，将远前方静止不动的空气吸入，这股空气被压缩使压力提高，喷入燃料并点火，燃料燃烧产生的热能使燃气的动能增大，以很大的喷射速度(550～600 m/s)从尾喷口喷出。也就是流过发动机的这股气流经过发动机工作后，速度从 0 增加到 550～600 m/s，根据牛顿第二定律可知，这是由于发动机作用于这股气流时有一向后的力，所以使它的速度增加了。由牛顿第二定律"作用于物体上的力 F ，等于物体质量 m 和它由于受到这个力的作用而在单位时间内产生的速度变量的乘积"可知

$$F = m(V_0 - V) \tag{3-2}$$

式中，F 为作用在物体上的力，单位为 N ；m 为单位时间流过发动机气流的质量，单位为 kg/s；V_0 为气流流入发动机的速度，单位为 m/s(当发动机在地面试车台上时，$V_0 = 0$)；V 为气流流出发动机的速度，单位为 m/s 。

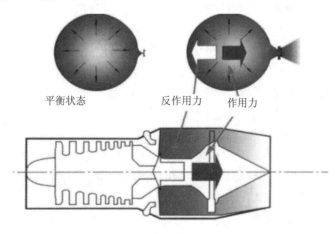

平衡状态　　反作用力　作用力

图 3-22　喷气发动机产生推力的基本原理

再从"两个物体的相互作用力必然大小相等而方向相反"的牛顿第三定律可知，这股流过发动机的气流必然有一个作用于发动机上与 F 大小相等、方向相反的反作用力，这就是喷气发动机产生的推力 P ，且 $P = -F$ 。于是推力为

$$P = -F = m(V - V_0) \tag{3-3}$$

式中，P 为喷气发动机的推力，单位为 N。

从式(3-3)可以看出，喷气发动机每秒喷出的燃气量越多，喷速越高，所产生的推力就越大，这种情况与试验结果和生活实践完全相符，如图 3-23 所示。

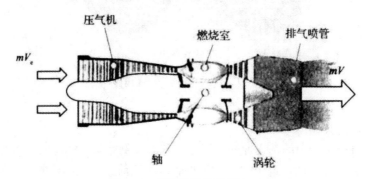

图 3-23　喷气发动机的推力

在这里要着重指出的是：有些人认为喷气发动机之所以能产生推力，是因为喷出的气体向后作用到外界的空气上，外界的空气再给它以反作用力，也就是推力，以此来推动飞机向前飞行，这是一种误解。实际上是由于喷气发动机各部件的工作使流过发动机的空气流以很高的速度流出发动机，即发动机给这股流过发动机的气流一个很大的向后的力，这股气流即给发动机一个反作用力，这就是发动机的推力。由此也可以看出，推力是气流作用在发动机内、外表面上的轴向力之和(在某些部件上轴向力向前，另一些部件上轴向力是向后的)，也就是发动机所产生的推动飞机向前运动的力。

3.3.2　燃气涡轮发动机

要了解燃气涡轮发动机的工作过程和原理，首先要了解其热力循环。所有航空燃气涡轮发动机都按共同的热力循环进行工作，这个循环包括三个热力过程：一是空气在进气道和压气机内的压缩过程；二是空气在燃烧室与燃料混合燃烧的加热过程；三是所形成的高温高压燃气在涡轮的排气装置内的膨胀过程。各种类型的燃气涡轮发动机均设有由压气机、燃烧室和涡轮组成的燃气发生器，燃气发生器出口的燃气气流压力大且温度高，也就是势能大，这是因为燃气拥有的膨胀功比压气机需要的空气压缩功要大得多。各种不同类型的燃气涡轮发动机可以采用不同的方法，把这些剩余的势能(热力循环有效功)转换成发动机的喷气推力。航空燃气涡轮喷气发动机根据结构可分为涡轮喷气发动机、涡轮风扇发动机、涡轮螺旋桨发动机。其中，涡轮螺旋桨发动机的大部分推力都由螺旋桨产生。此外，还有供垂直起落飞机使用的升力风扇发动机。

1．涡轮喷气发动机(涡喷发动机)

涡轮喷气发动机按其压气机的类型，可分为离心式涡轮喷气发动机和轴流式涡轮喷气发动机；按发动机转子结构，又可分为单转子和双转子涡轮喷气发动机。

采用离心式压气机的涡轮喷气发动机叫离心式涡轮喷气发动机，如图 3-24 所示。离心式压气机结构简单，制造方便，坚固耐用，工作稳定性较好，但单位迎风面积大，效率、增压比和流通能力不如轴流式压气机，推力受到限制。早期的涡轮喷气发动机大多为离心式压气机，20 世纪 50 年代后，大、中型涡轮喷气发动机都不用离心式压气机了，只有小型涡轮螺旋桨发动机和涡轮轴发动机才用离心式压气机，或者轴流加离心组合式压气机。

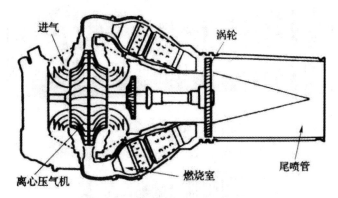

图 3-24　离心式涡轮喷气发动机

　　轴流式涡轮喷气发动机即采用轴流式压气机的涡轮喷气发动机，如图 3-25 所示。由于轴流式压气机具有效率高、增压比大和流通能力强等许多优点，目前推力稍大一些的涡轮喷气发动机均为轴流式压气机。

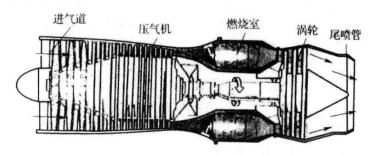

图 3-25　轴流式涡轮喷气发动机

　　轴流式涡轮喷气发动机又有单转子和双转子涡轮喷气发动机之分。

　　单转子涡轮喷气发动机的压气机和涡轮共用一根轴，结构简单，造价低，早期的涡轮喷气发动机多是单转子涡轮喷气发动机。但其缺点是稳定工作范围窄，随着增压比的提高，它已经被双转子涡轮喷气发动机所取代，而法国"幻影"战斗机所使用的 M53 发动机是目前世界上唯一还在服役的单转子涡轮喷气发动机。

　　双转子涡轮喷气发动机是有两个只有气动联系、且具有同心轴转子的涡轮喷气发动机，如图 3-26 所示。它把一台高增压比的压气机分为两个低增压比的压气机，即低压压气机和高压压气机。它们分别由各自的低压涡轮、高压涡轮所带动，以各自的最佳转速工作，形成两个只有气动联系的高、低压转子。

　　图 3-27 是双转子涡轮喷气发动机的转子结构示意图。由图可见，低压压气机及低压涡轮连接而形成低压转子，高压压气机及高压涡轮连接而形成高压转子。低压转子的传动轴从高压转子中穿过，两个转子分别以各自的最佳转速工作。这种发动机具有总增压比高、效率高、稳定工作范围宽、起动功率小、加速性好等优点。世界上第一台双转子涡轮喷气

发动机是美国在 1952 年定型的 J57 涡轮喷气发动机。除早期发展的涡轮喷气发动机以外，绝大多数涡轮喷气发动机都是双转子涡轮喷气发动机。

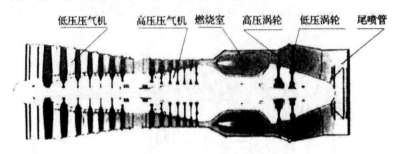

低压压气机　高压压气机　燃烧室　高压涡轮　低压涡轮　尾喷管

图 3-26　双转子涡轮喷气发动机

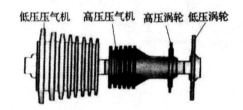

低压压气机　高压压气机　高压涡轮　低压涡轮

图 3-27　双转子涡轮喷气发动机转子结构示意

涡轮喷气发动机由进气道、压气机、燃烧室、涡轮、加力燃烧室、尾喷管、附件传动装置和附属系统等组成，对其结构、功能和基本工作原理简单叙述如下。

(1) 进气道。进气道又叫进气扩压器，它利用整流罩将飞机远前方自由流空气引入发动机，并将气流减速增压。也就是当飞机飞行时，气流以飞机飞行的速度流向发动机，在进气道前和进气道里滞止下来，部分动能转变为压力的升高，这时进气道还用来提高气流的压力。另外，由于进气道位于发动机的最前端，流入发动机的空气中如含有水分，在温度适宜时，进气道内就会结冰。为保证发动机进气道的畅通，防止因结冰而导致发动机性能变坏，以及冰块脱落而打伤发动机，在进气道里还装有防冰、防撞装置。

(2) 压气机。压气机是向气体传输机械能、完成发动机热力循环中的气体工质压缩过程，以提高气体压力的机械装置。气流从压气机流过时，压气机的工作叶片对气流作功，使气流的压力、温度提高。压气机可将进入发动机的空气压力提高几倍到数十倍(目前已高达 30 倍以上)，为燃烧室提供高压空气，以提高发动机热力循环的效率。

根据气流在压气机中的流动方向，可将压气机分为轴流式压气机和离心式压气机。空气轴向地流入又轴向地流出压气机的叫轴流式压气机；空气轴向流入而沿离心方向流出压气机的叫离心式压气机；由轴流式压气机和离心式压气机组合起来的叫混合式或组合式压气机。其中，轴流式压气机应用较为广泛。表征压气机性能好坏的主要参数有空气流量、增压比、效率和喘振裕度。

图 3-28 是轴流式压气机的示意图。轴流式压气机主要由不旋转的静子和高速旋转的转子组成。静子由机匣与装在它上面的一排排的静子叶片排组成；转子由多个轮盘、长轴或前、后轴颈与装在轮盘上的转动叶片组成。压气机转子与涡轮轴相连，在涡轮的带动下高速旋转，叶片在高速转动中对空气作功而使气体增压、增速。

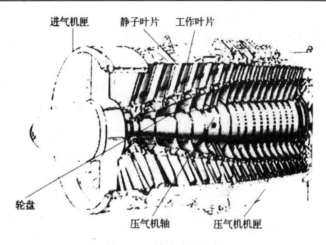

图 3-28　轴流式压气机

(3) 燃烧室。燃烧室是将从压气机流出来的高压空气与燃料混合，并进行燃烧的装置。在燃烧室里，燃料(如航空煤油)中的化学能经过燃烧转变为热能，使气体温度大大提高。由燃烧室流出的高温、高压(基本上与压气机出口压强相同)燃气，具有很高的能量(热能与势能)，用于在燃烧室后的涡轮和尾喷管中膨胀作功。

图 3-29 是燃烧室的示意图。燃烧室主要由扩压器、燃油喷嘴、涡流器、火焰筒和燃烧室外套等组成。发动机工作时，由压气机出来的气流在燃烧室进口处分为两股，一股(约为25%)进入火焰筒头部及其小孔与燃油混合进行燃烧；另一股(约为 75%)在火焰筒与燃烧室外套之间的通道中流动，以冷却火焰筒，然后由火焰筒后部孔进入火焰筒内，与燃烧区的第一股气流掺混后流向涡轮。这样，就不致使火焰筒壁的温度过高。扩压器使压气机出口的气流流速降低、压强增高，便于燃烧。火焰筒是空气与燃油(如航空煤油)燃烧的地方，头部装有喷入燃油的喷嘴和火焰稳定装置，使气流流速进一步降低并形成回流区，以保持火焰的稳定。燃烧室按其结构特点可分为单管燃烧室、环形燃烧室和环管燃烧室，它们在结构上有所不同，但其基本工作原理是相同的。

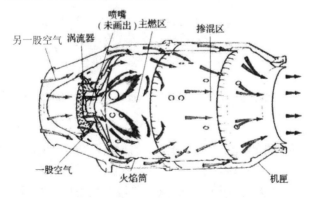

图 3-29　燃烧室的示意

单管燃烧室又叫分管燃烧室，多用于早期的发动机中，它的火焰筒很像一个底端开口的热水瓶瓶胆，如图 3-30 所示。火焰筒装在一个围绕其外的燃烧室外套(或称机匣)中，为便于装拆，外套由前、后两段组成。一台发动机上一般装 8～10 个单管燃烧室，均匀地安排在发动机机匣外围，位于压气机与涡轮之间。各燃烧室间有传焰管连通，以便将在几个燃烧室中点燃的火焰传到其他火焰筒中，点燃所有燃烧室，同时起到均衡各个燃烧室压力的作用。

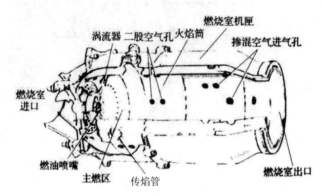

图 3-30　单管燃烧室

环形燃烧室是现代涡轮风扇发动机中使用得最为广泛的燃烧室，如图 3-31 所示。它的火焰筒由两个围绕发动机轴线的同心圆壳体组成，形成一个环形腔道，内、外壳体分别称为火焰筒内、外壳。在火焰筒外壳外面围绕有一个环形的外机匣，在火焰筒内壳里面装有一个环形的内机匣，因此整个燃烧室是由四个同心圆环组成的。

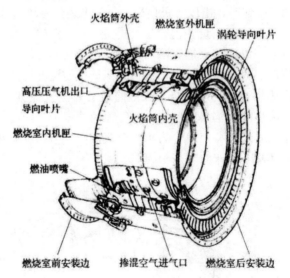

图 3-31　环形燃烧室

环管燃烧室又叫联管燃烧室，它是介于单管燃烧室与环形燃烧室之间的一种燃烧室，如图 3-32 所示。在围绕发动机轴线的两个同心圆机匣(即燃烧室内、外机匣)中，装有 10 个左右的火焰筒。环管燃烧室的火焰筒类似于单管燃烧室的火焰筒，各火焰筒间也用传焰管相互连通。20 世纪 50 年代末期，环管燃烧室逐步替代了单管燃烧室。20 世纪 70 年代以后发展的大型发动机多采用环形燃烧室。但在地面用燃气涡轮发动机上，仍有采用环管燃烧室的。

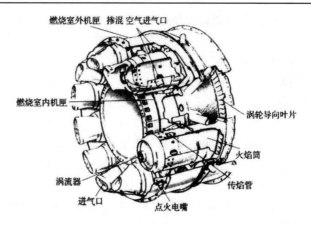

图 3-32　环管燃烧室

(4) 涡轮。涡轮又叫透平，主要作用是将燃烧室流出的高温、高压燃气的大部分能量转变为机械能，使涡轮高速旋转并产生大的功率，由涡轮轴输出。涡轮输出的机械能，可以用来驱动风扇、压气机、螺旋桨、桨扇、直升机的旋翼及其他的附件。在航空燃气涡轮发动机中，涡轮部件所承受的热负荷、气动负荷和机械负荷都是最大的。

如同压气机一样，涡轮也是由不动的静子(又称涡轮导向器)和转动的转子组成的，如图 3-33 所示。静子由导向器与固定它的机匣组成，转子由工作叶片、轮盘与轴组成，又称涡轮转子。一个导向器和一个涡轮转子组合成一个涡轮级，涡轮可由一个或几个涡轮级组成，分别称为单级涡轮或多级涡轮。与压气机不同的是涡轮导向器在转子之前，且型面形状和气流通道与压气机也不同，两个叶片间形成的通道呈收敛形，即入口处面积比出口处面积大，燃气流在收敛通道中流过时，速度提高、压力降低。

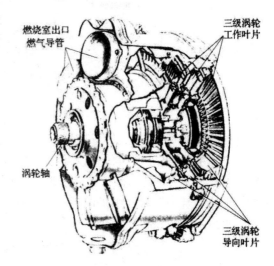

图 3-33　涡轮导向器和工作叶轮

在涡轮喷气发动机中，气流在涡轮中膨胀产生的功正好等于压气机压缩空气所消耗的功，以及传动附件和克服摩擦所需要的功。燃气在涡轮中的膨胀比远小于压气机中的增压比，涡轮出口处气流的压力和温度都比压气机进口处高很多。从涡轮中流出的高温、高压燃气，在尾喷管中继续膨胀，以高速沿发动机轴向从喷口向外喷出，这一速度比气流进入发动机的速度要大得多，因而使发动机获得了反作用推力。

前面的式(3-3)是在不考虑喷气口气流压力变化的前提下推得的喷气发动机推力。实际上，喷气口气流压力(静压)P_e 比进气口气流压力(静压)P_0 要大。设喷管出口面积为 A，则涡轮喷气发动机的推力计算应修正为

$$P = m(V - V_0) + A(P_e - P_0) \tag{3-4}$$

涡轮发出的功率大小与涡轮进口(即燃烧室出口)的燃气温度及涡轮前后压力之比(又称落压比)成正比,燃气温度和落压比越大,涡轮发出的功率也越大,发动机总体性能也就越好。为了得到大功率,就要求涡轮进口的燃气温度尽可能高,但是如果涡轮叶片(包括导向叶片、工作叶片)长期处于高温燃气冲击和侵蚀之下,尤其工作叶片本身还承受很大的离心力,涡轮叶片的材料就会承受不了,限制了燃气温度的提高,从而影响了发动机性能的提高。

　　长期以来,为了不断提高发动机的性能,要求不断提高涡轮进口处的燃气温度。通常采取两方面的措施来实现这一要求:一方面提高涡轮叶片材料的耐高温性能;另一方面则是加强冷却,提高涡轮叶片的冷却效果。在对涡轮叶片进行冷却方面,航空燃气涡轮发动机大都采用气冷涡轮,即从压气机引出高压空气来对涡轮叶片进行冷却。气冷式涡轮导向器叶片和涡轮工作叶片的冷却空气流路,如图 3-34 所示。

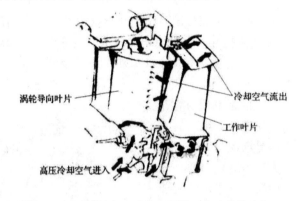

图 3-34　涡轮导向器叶片和涡轮工作叶片的冷却

　　(5) 加力燃烧室。在发动机涡轮或风扇后的气流中喷油燃烧,使气流温度大幅升高,从喷口高速喷出,以获得额外推力的装置称为加力燃烧室,又称后燃室或补燃室。采用加力燃烧室,至今仍是使飞机突破声速的主要手段。图 3-35 是涡轮风扇发动机的加力燃烧室简图。通常,加力燃烧室由扩散器、掺混器(对涡轮风扇发动机而言)、喷油装置、火焰稳定器、点火器、隔热防振屏和加力筒体等组成。

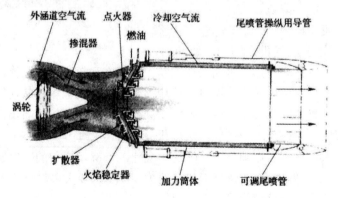

图 3-35　用于涡轮风扇发动机的加力燃烧室

　　加力燃烧室工作原理:在燃烧室中,由压气机出来的高压空气,大约只有 1/4 进入火焰筒与喷入的燃油混合燃烧,余下的空气由火焰筒后部的小孔流入火焰筒与燃烧气体掺混,将燃气温度降低到涡轮工作叶片能够承受的范围，因此流出燃烧室的燃气中还有大量可用的氧气。在涡轮后已经没有了高速转动部件，可以利用这部分气流中的氧气通过再喷入燃油进行补充燃烧，提高燃气温度，增加燃气流出尾喷管前的能量，加大喷气速度，从而增加发动机的推力。图 3-36 为"斯贝"MK.202 加力式涡轮风扇发动机的加力燃烧室结构图。为了获得更大的加力状态推力，应尽量提高加力燃烧室出口的燃气温度(一般可达到 1750～1800℃)，以使由喷口排出的燃气速度达到最大。

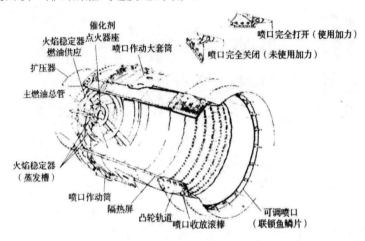

图 3-36　"斯贝"MK.202 加力式涡轮风扇发动机的加力燃烧室结构

(6) 尾喷管。尾喷管又叫排气喷管，简称喷管，一般由中介管和喷口组成。如果发动机装在飞机中部或较长的发动机短舱内，为了将燃气引出机外，在中介管与喷口之间，需要有一个延伸管，如图 3-37 所示。其主要作用是将从涡轮流出的、仍有一定能量(势能、热能)的燃气膨胀加速，以较大的速度(一般为 550～600 m/s)排出发动机，用以产生推力。

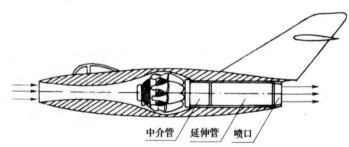

图 3-37　带有延伸管的排气系统

尾喷管有多种类型：流道面积沿着流向逐渐缩小的喷管，称为收敛型喷管；流道面积沿着流向先收敛后扩张的喷管，称为收敛-扩张型喷管，又称为拉瓦尔喷管或超声速喷管；能使发动机排气向前折转，使推力反向的喷管，称为反推力喷管，通常又称为反推力装置；能够改变排气方向，进行推力矢量控制的喷管，称为矢量喷管；喷口可向上、下转动 90°或以上的喷管，称为转向喷管，它是矢量喷管中的一种特殊类型。

图 3-38 是喷口可垂直转动的"飞马"涡轮风扇发动机的简图。在发动机风扇出口处的左、右两侧，以及尾喷管的左、右处各装有一个可以向后、向下、向前转动(转动角度为 95°～

110°)的喷口，共有四个。风扇出口处的两个喷管排出外涵气流，尾喷管处的两个喷管排出内涵气流。当飞机起飞或着陆时，四个喷口均转向下方，气流向下喷出产生升力；当飞机水平飞行时，四个喷口均转向后，气流向后喷出便产生向前的推力。

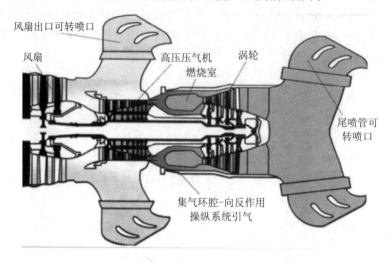

图 3-38　喷口可垂直转动的"飞马"涡轮风扇发动机

　　(7) 附属系统和附件传动装置。要保证涡轮喷气发动机正常工作，单有主要部件还不够，还需要一些保证发动机正常工作的附属系统，如燃油系统、滑油系统、调节系统、起动系统等。这些系统中又有许多称为发动机附件的器件，如燃油系统中的燃油泵、燃油滤、各种开关和阀门、调节机构和管路，滑油系统中的滑油泵、滑油滤、滑油箱、滑油管路和散热器等。

　　有些发动机附件是不转动的，但有许多发动机附件是转动的，如滑油泵、燃油泵、起动机等。这些附件不仅对传动功率、转速有一定的要求，而且对旋转方向也有规定。为了安装并传动需要转动的发动机附件或一些飞机附件，如液压泵、真空泵、发电机等，在发动机上均设有附件传动机匣。机匣中装有一系列相互啮合的、大小不同的齿轮(包括伞形齿轮)，由发动机的高压转子轴通过伞形齿轮及传动轴来驱动，带动各种附件转动，如图 3-39 所示。

图 3-39　发动机的传动机匣及其齿轮

2. 涡轮螺旋桨发动机(涡桨发动机)

　　在涡轮螺旋桨发动机出现以前，已经有了活塞式和喷气式两种航空发动机。涡轮螺旋桨发动机就是既有涡轮喷气发动机功率大、体积小的优点，又有活塞式发动机经济性好的特点。在 20 世纪 40 年代后期，随着涡轮喷气发动机的崛起，涡轮螺旋桨发动机也就随之而诞生了，如图 3-40 所示。

图 3-40　一种老式的涡轮螺旋桨发动机

(1) 涡轮螺旋桨发动机的工作原理。在燃气发生器后加装一套涡轮(一级或多级)，一般称其为动力涡轮或低压涡轮。燃气在这套动力涡轮中膨胀，驱动动力涡轮高速旋转并发出一定的功率。动力涡轮的前轴(称动力轴)穿过核心机转子，通过压气机前的减速器驱动螺旋桨，就组成了涡轮螺旋桨发动机，如图 3-41 所示。人们习惯将燃气涡轮发动机的高压转子部分称为核心机。在单转子燃气涡轮发动机中，核心机就是燃气发生器。但是，在双转子燃气涡轮发动机中核心机并不是它的燃气发生器。双转子燃气涡轮发动机的燃气发生器部分，还应该包括低压转子中的低压压气机和带动低压压气机的那一部分低压涡轮。因此，核心机与燃气发生器是两个不同的概念。

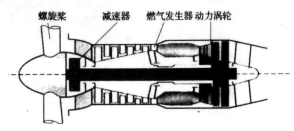

图 3-41　涡轮螺旋桨发动机

在涡轮螺旋桨发动机中，燃气发生器产生的大部分可用能量由动力涡轮吸收并从动力轴上输出，带动飞机的螺旋桨旋转；螺旋桨旋转时把空气排向后面，由此产生向前的拉力，使飞机向前飞行。涡轮出口的燃气在尾喷管中膨胀加速并喷出，产生反作用推力。由于燃气的温度和速度极低，所以产生的反作用力(推力)一般比较小。这个推力转化为推进功率时，仅约占涡轮螺旋桨发动机功率的 10%，正因为排出发动机的能量大大降低了，所以涡轮螺旋桨发动机的经济性好。

大多数的涡轮螺旋桨发动机，动力涡轮与燃气发生器的涡轮是分开的，且以不同的转速工作。由于动力涡轮与核心机没有机械地连接成一体，因此也称其为自由涡轮，图 3-41 即为这种类型的涡轮螺旋桨发动机。少数的涡轮螺旋桨发动机，将动力涡轮与燃气发生器的涡轮机械地连接在一起，成为定轴式或单轴式涡轮螺旋桨发动机，如图 3-42 所示。

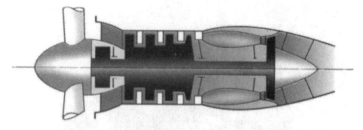

图 3-42 定轴式涡轮螺旋桨发动机

在具有自由涡轮(动力涡轮)的涡轮螺旋桨发动机中，自由涡轮的转速较高，一般在 6000～12 000 r/min。在定轴式涡轮螺旋桨发动机中，燃气发生器的涡轮转速更高，一般在 8000～18 000 r/min (小功率的涡轮螺旋桨发动机，转速高的可达 40 000 r/min)，但是螺旋桨的转速必须很低，一般只有 1000 r/min 左右。因此，在涡轮螺旋桨发动机中，均要有减速器，将动力涡轮(在具有自由涡轮的涡轮螺旋桨发动机中)或燃气发生器涡轮(在定轴式涡轮螺旋桨发动机中)的转速降低到螺旋桨所要求的工作转速。图 3-43 为典型的定轴式涡轮螺旋桨发动机，是 20 世纪 40 年代末，由英国罗·罗公司开始研制的"达特"发动机，用作"子爵"号旅客飞机的动力。

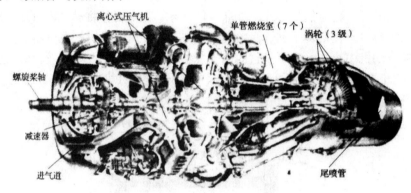

图 3-43 "达特"定轴式涡轮螺旋桨发动机

(2) 涡轮螺旋桨发动机的基本结构。定轴式涡轮螺旋桨发动机由燃气发生器(包括进气道、压气机、燃烧室和涡轮)、尾喷管、减速器、附属系统和附件传动装置等部件组成；而自由涡轮式涡轮螺旋桨发动机在定轴式涡轮螺旋桨发动机的组成部件基础上，还包括一组自由涡轮(一级或多级)。并且，涡轮螺旋桨发动机的燃气发生器、动力涡轮、尾喷管、附属系统和附件传动装置与涡轮喷气发动机是一样的，只有涡轮螺旋桨发动机的减速器部件和用于涡轮螺旋桨发动机的螺旋桨例外。

(3) 螺旋桨。螺旋桨是将航空发动机(活塞式或燃气涡轮式)的轴功率转化为航空器拉力或推进力的叶片推进装置，又称空气螺旋桨。螺旋桨由桨叶、桨毂、操纵机构等构成，它可将所得到的功率转变成推进飞机前进的拉力。

图 3-44 为螺旋桨产生拉力的原理示意图。螺旋桨桨叶旋转时，将前方空气吸入，然后给气流一个向后的力，使气流加速排向后方。与此同时，气流产生一个反作用力作用于桨叶，这个反作用力就是螺旋桨的拉力。涡轮螺旋桨发动机中，螺旋桨通常为单排四片桨叶；在大功率(10 000 kW 左右)的涡轮螺旋桨发动机中，为了能使桨叶有高的效率，需将螺旋桨

制造成转向相反的双排，每排四片桨叶。

图 3-44　螺旋桨拉力产生的原理

螺旋桨的操纵机构利用转速敏感元件，感受螺旋桨转速的变化，用以改变、调节桨叶的桨叶角(即桨距)，达到调节发动机转速和螺旋桨拉力的目的。在发动机起动时，桨叶安装角变小，使螺旋桨转动阻力矩最小，便于起动；飞机起飞时，桨叶安装角变大，使螺旋桨产生最大拉力；当飞机降落后在地面滑跑时，还可将桨叶调到负桨位置以产生负拉力，对飞机进行刹车，缩短滑行距离；飞机飞行中，一旦发动机因故障而停止工作时，操纵机构自动将桨叶前缘调整到与飞行方向一致的位置(称为顺桨)，以免桨叶被气流吹转，形成飞机的阻力。

(4) 减速器。减速器是使涡轮螺旋桨发动机输出轴的转速降低，达到飞机推进器或附件所需转速和转向的齿轮装置。飞机推进器可以是飞机的螺旋桨，也可以是直升机的旋翼。涡轮螺旋桨发动机的减速器均采用齿轮传动，要求减速器在高负荷、高转速下可靠且高效地工作。减速器与发动机置于一体，成为发动机的一部分，称为机内减速器，涡轮螺旋桨发动机均为机内减速器。当发动机安装在重型飞机的机翼上或飞机的机身内，距离螺旋桨较远时，一般采用机外减速器，它主要用于直升机中，又称主减速器。

3．涡轮风扇发动机(涡扇发动机)

涡轮喷气发动机在工作时，由涡轮流出来的、仍有一定能量的燃气(燃气的温度仍然较高，还有一定的压强)在尾喷管中继续膨胀，将热能与势能转变成动能，以较高的速度(550～600 m/s)由尾喷管喷出，产生反作用推力，这就是涡轮喷气发动机的工作原理。如果在这个涡轮的后面，再加装一套涡轮(一级或多级)，让燃气在这套加装的涡轮中膨胀，驱动这套加装的涡轮高速旋转并发出一定的功率，将这套加装涡轮的前轴从原来的涡轮、压气机转子轴中穿过，带动一个直径比压气机大的风扇，这样就变成了涡轮风扇发动机，如图 3-45 所示。

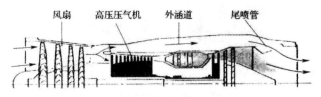

图 3-45　涡轮风扇发动机

(1) 涡轮风扇发动机的组成与工作原理。在图 3-45 中，由压气机、燃烧室和高压涡轮组成的核心机，以及由低压涡轮及其所带动的风扇共同组成的发动机称为涡轮风扇发动机。涡轮风扇发动机中，空气在风扇中增压后，由风扇出口流出时分为两股气流向后流。一股气流流入核心机和带动风扇的低压涡轮，最后由尾喷管流出，称为内涵气流；另外一股气流则在围绕核心机机匣与外涵机匣之间的环形通道中流过，称为外涵气流。由于涡轮风扇发动机中有内、外两个涵道，所以涡轮风扇发动机有时又称为内外涵发动机。图 3-46 为典型的涡轮风扇发动机的风扇、高压压气机结构图。从图中可以看出，风扇实际上是直径较大、叶片较长的轴流压气机，可以有 1～5 级。

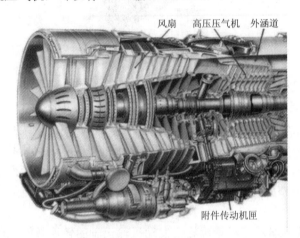

图 3-46　涡轮风扇发动机的风扇、高压压气机结构

　　内、外涵气流可以分别排出，也可以在排气系统内混合后排出。在图 3-45 所示的涡轮风扇发动机中，外涵气流通过掺混器进入内涵道燃气流中，与内涵气流混合后由尾喷管排出。图 3-47 为典型的内、外涵气流分别排出的涡轮风扇发动机后部结构图。图中，从涡轮流出的燃气直接由其后的内涵喷管排出，外涵气流则由外涵道内、外壳体之间的环形外涵道喷管流出，内、外涵气流在发动机内相互不掺混，这种排气方式也称为平行排气。

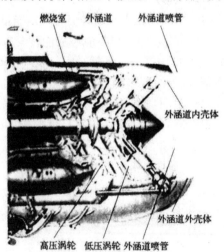

图 3-47　平行排气的排气结构

　　(2) 涵道比。外涵与内涵空气流量之比称为涵道比，又称为流量比，是影响涡轮风扇发动机性能的一个重要循环参数。涵道比小于 2 的称为低涵道比涡轮风扇发动机，高于 5 的称为高(大)涵道比涡轮风扇发动机。

高涵道比涡轮风扇发动机排气速度低、推进效率高、经济性好，适用于大型远程旅客机和运输机。其涵道比为 4～9，增压比为 30～45，推力最高可达 30 000～45 000 daN，起飞耗油率降低到 0.30 kg /(daN·h)左右。这种发动机的涵道比、增压比和推力还有进一步增大的趋势，可以大大改善飞机的加速性能，有利于满足歼击机的作战要求。

　　高涵道比涡轮风扇发动机的迎风面积大，不宜作超声速飞行，所以一般战斗机用的加力涡轮风扇发动机的涵道比大多小于 1.0，甚至在 0.3 以下。只有要求在空中作较长时间巡逻的战斗机用发动机，其涵道比选择 1.0 左右。

　　(3) 总增压比。流进涡轮风扇发动机的空气先在风扇中增压，然后再在高压压气机中进一步增压，因此涡轮风扇发动机有一个重要的循环参数，那就是"总增压比"，简称"总压比"，相当涡轮喷气发动机中的"增压比"。

　　多转子涡轮风扇发动机中，最后一个压气机的出口压强与第一个压气机(风扇)的进口压强之比就是总增压比。它也是涡轮风扇发动机的一个重要设计参数，对发动机的耗油率和单位推力都有显著的影响。目前，加力涡轮风扇发动机的总增压比为 25～35，高涵道比涡轮风扇发动机的总增压比已高达 35～45，未来高涵道比涡轮风扇发动机的总增压比可能要提高到 50～100。

　　(4) 双转子涡轮风扇发动机。双转子涡轮风扇发动机指有两个只有气动联系、且具有同心轴转子的涡轮风扇发动机，其工作原理和结构特点与双转子涡轮喷气发动机基本相同。在双转子涡轮风扇发动机中，由于风扇后的压气机进口处空气压强为风扇出口处的压强，比大气压强高许多，因此这个压气机为高压压气机。在燃烧室后，驱动高压压气机的涡轮则称为高压涡轮，高压压气机转子与高压涡轮转子组成高压转子；位于高压涡轮后，驱动风扇的涡轮称为低压涡轮，风扇转子与低压涡轮转子组成低压转子。目前，世界上绝大部分涡轮风扇发动机都采用这种结构形式。

　　(5) 三转子涡轮风扇发动机。三转子涡轮风扇发动机指有三个只有气动联系、且具有同心轴转子的涡轮风扇发动机。它的工作原理和结构特点与双转子涡轮风扇发动机基本相同，只是将高压压气机又分为中压、高压两个转子，分别由中压、高压两个涡轮转子带动。

　　图 3-48 为三转子涡轮风扇发动机转子的示意图。从图中可以看出，在发动机中部，连接高压压气机和高压涡轮的轴直径很大，可以使中、低压涡轮轴从中穿过，最后形成三个转子的轴一个套一个，结构比较复杂。但采用三转子结构的涡轮风扇发动机性能却较好，零件数目少，重量也轻些。目前，世界上只有少数几种涡轮风扇发动机采用这种结构形式。

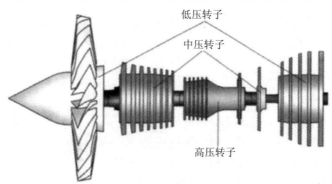

图 3-48　三转子涡轮风扇发动机的三个转子示意

(6) 涡轮风扇发动机的工作特点。在涡轮风扇发动机中，由高压涡轮流出来的燃气先在低压涡轮中膨胀作功，然后再到尾喷管中膨胀加速。由于在低压涡轮中已将高压涡轮流出来的燃气能量用掉很多，因此由低压涡轮流出来的燃气，其温度与压强大大降低了。所以，由尾喷管排出的燃气温度(300～400℃)、速度(350～450 m/s)均低于涡轮喷气发动机由尾喷管排出的燃气温度和速度，因此在涡轮风扇发动机中，尾喷管的排气能量损失小得多。

当然，由于排气速度低，从内涵道中流过的气体所产生的推力也就比涡轮喷气发动机的要低些。但是，流过外涵道的空气，在风扇的作用下受到压缩，压强提高了，在尾喷管中膨胀加速后，以一定的速度流出喷口，因而外涵道的空气也产生一定的推力。内、外涵两股气流产生的推力之和，即为涡轮风扇发动机的推力，它大于纯涡轮喷气发动机的推力。涡轮风扇发动机的推力大了，而能量损失又降低了，所以它的经济性优于涡轮喷气发动机，耗油率一般约为涡轮喷气发动机的 2/3，说明涡轮风扇发动机的推进效率高，经济性好。

由于涡轮风扇发动机是一种能产生大的推力而耗油率又较低的发动机，而且由于排气速度低，发动机的噪声也大大低于涡轮喷气发动机，非常适合旅客机。正因为如此，当第一种涡轮风扇发动机(即英国罗·罗公司的"康维"发动机)在 1960 年首次用于旅客机后，很快就被各种新型旅客机选用，形成了民航客机发动机"风扇化"的浪潮。在这种形势下，有些原来采用涡轮喷气发动机作动力的旅客机，也纷纷换装成涡轮风扇发动机。同时，涡轮风扇发动机还广泛应用于各种巡航导弹和军用飞机。目前，新发展的或正在研制中的推重比达到 10 一级或 10 以上的涡轮风扇发动机，已装备第四代战斗机或第五代战斗机。

4. 桨扇发动机

"桨扇"发动机，顾名思义，是一种既具有涡轮螺旋桨发动机耗油低的特点，又具有涡轮风扇发动机适合高速飞行特点的发动机。虽然涡轮螺旋桨发动机在低速飞行时，有较低的耗油率，经济性好，但随着飞行速度的提高，螺旋桨效率将变低，耗油率则增加。在 20 世纪 70 年代后期，航空界开始大力研制新型的、称为"桨扇"的发动机，以缓解当时面临的石油危机对航空运输业带来的冲击。

为了使桨扇发动机适合高亚声速飞行(即飞行速度大于 800 km/h)，需要发展新型的螺旋桨。新型螺旋桨有两个旋转方向相反的螺旋桨在一起工作，螺旋桨的桨叶较多(一般为 6～8 片)，每片桨叶形状较宽，弯曲而后掠呈马刀形。桨扇发动机的螺旋桨直径小于涡轮螺旋桨发动机的螺旋桨直径，但大于涡轮风扇发动机的风扇直径。初期设计时，两排螺旋桨的叶片一般均采用 8 片，但前、后排叶片对气流的扰动会产生较大的噪声，所以在后来的设计中将两排叶片取不同的片数。

图 3-49 为美国通用电气公司与法国国营航空发动机研究制造公司合作研制的 GE 36 桨扇发动机。由于螺旋桨(或称风扇)外部不像高涵道比涡轮风扇发动机有一个外涵机匣，因此又称这种发动机为"无涵道风扇(UDF)发动机"。因为桨扇发动机的噪声、振动及减速器性能差，特别是没有外涵机匣，使用安全性没有保证等问题未能得到很好的解决，

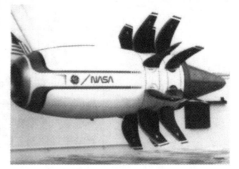

图 3-49　GE36 桨扇发动机

加之世界燃油的价格不仅没有如想象那样飞涨，反而有回落的趋势，所以在西方国家一直未投入使用。

但是，苏联却始终不懈地开展将桨扇发动机应用到军用运输机上的研制工作，并且已取得了较好的结果。安-70 是苏联于 1988 年开始研制的，以桨扇发动机为动力的中程军用运输机，是世界上第一种成功使用桨扇发动机的飞机。这种发动机集涡轮螺旋桨发动机的高经济性和以前只有涡轮风扇发动机才能达到的高速度性能等优点于一身。

5. 垂直起落飞机采用的升力风扇发动机

飞机起飞一般靠机翼的升力，而机翼升力的产生要靠飞机前进的速度。但是，为了缩短飞机起飞和着陆的滑跑距离，就必须降低飞机起飞速度和着陆速度。如果飞机在起飞和着陆时，发动机能够产生垂直方向的推力，必能更有效地缩短飞机起飞和着陆的滑跑距离。如果垂直方向的推力大于飞机重力，飞机就能够实现垂直起飞、垂直着陆和悬停。

为了达到飞机垂直起落的目的，需要有一套提供升力的升力系统。图 3-50 是美国最新研制的 F-35 战斗机，它的整套动力装置采用了升力风扇和带转向矢量喷管的加力式涡轮风扇发动机。升力风扇垂直地装于座舱后的机身中，由主发动机风扇前伸的传动轴通过一套离合器及一对锥形齿轮驱动。装升力风扇的机身上、下设有可以开关的窗口，当飞机起飞或着陆时，窗口打开，空气被风扇从上窗口吸入，经风扇加速后由下窗口高速喷出，为飞机起飞或降落时的机身前部提供升力；正常飞行时，上、下窗口关闭。主发动机安装于飞机机身后部，其转向矢量喷管伸出机尾，飞机起飞或着陆时，转向矢量喷口转向下方，为飞机后部提供举力。

(a) F-35 战斗机

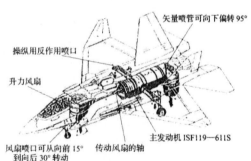

(b) 升力系统的结构

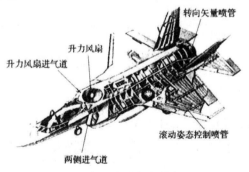

(c) 动力装置在飞机上的布局

图 3-50 美国最新研制的 F-35 战斗机

F-35 战斗机所用的升力风扇为二级对转的风扇，由于风扇工作时吸入 230 kg/s 的空气，所以升力风扇的出口将产生一股柱状的"冷空气柱"，阻止主发动机垂向下面的转向矢量喷管喷出的燃气吸入飞机的进气道。升力风扇的喷管制作成可以在向前 15° 到向后 30° 范围内转动，主发动机的转向矢量喷管在垂直平面内可以在 0° 到 95° (即垂直后再向前转 5°，可以产生反推力或实现后退飞行)范围内转动，并可左右偏转 10°。当飞机上升到一定高度后，传动风扇的离合器脱开啮合，升力风扇停止工作，转向矢量喷管转向水平位置，主发动机推进飞机高速飞行。

　　升力风扇工作时约产生 8000 daN 的升力，主发动机转向矢量喷管向下 90° 时，产生向上的举力也约为 8000 daN。而 F-35 战斗机的短距起飞、垂直着陆型起飞的总重量约为 23 t，因此在飞机全载时，不能垂直起飞，只能短距起飞。

6. 燃气涡轮发动机的辅助系统

　　为了保证燃气涡轮发动机安全、顺利地工作，必须要有一系列辅助系统，主要有起动点火系统、燃油系统、滑油系统、防冰系统、防火系统和发动机安装结构。

　　(1) 起动点火系统。发动机没有工作时，燃烧室内气体压力低，无法点火燃烧，要依靠其他动力(起动机)来驱动核心发动机，使其转子转动；压气机将空气增压，压缩空气进入燃烧室后开始喷油点火，燃烧后的气体驱动涡轮工作带动压气机，这时压气机由起动机和涡轮两者发出的功率带动，转速继续提高，压气机出口处气体压力也不断增加；当涡轮已能够发出较大功率时，起动机退出工作，发动机进入稳定工作。这个过程称为起动过程，如图 3-51 所示。

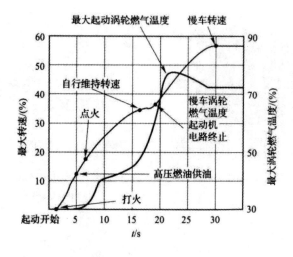

图 3-51　发动机起动过程

　　常用的起动机有直流电动机和高压空气起动机。直流电动机通过离合器与发动机连接，到一定转速后，离合器自动脱开。目前大多数民用飞机和一些军用飞机，用压缩空气起动。高压空气来自一个动力辅助装置，结构简单，质量较轻。高压空气起动机通过驱动涡轮，使发动机起动。

　　(2) 燃油系统。燃油系统的功用是根据发动机不同工作状态的要求，供给适量的油，以保证发动机起动、加速和稳定燃烧。供油量的大小由进入发动机的空气量决定，以维持飞行员选择的转速或发动机的排气和进气总压之比。在驾驶舱内除油门操纵杆外，有时还有一个单独的停车开关油门杆(二者也可合为一个)。图 3-52 是燃气涡轮发动机的燃油系统示意图。随着飞机的飞行速度、飞行高度和进口空气温度的变化，进入发动机的空气密度也发生变化，供油量也应随之变化。

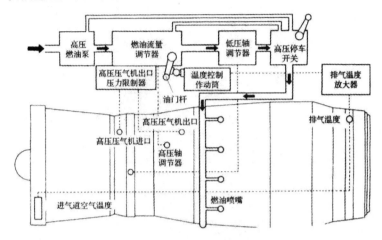

图 3-52　燃油系统示意

(3) 滑油系统。发动机工作时，轴承和齿轮都在高速运动，摩擦产生大量热量，如果不及时将这些热量带走，就会产生过热现象导致机件磨损。滑油系统工作的目的，就是将具有一定压力的滑油输送到轴承和齿轮工作点，减小摩擦和冷却机件。工作后的滑油由回油泵从油箱抽回，抽回的滑油混入了大量的气泡，必须用离心式油气分离器将气体分离出去，然后经过滑油散热器将其温度降低，再由进油泵将这些滑油送到轴承和齿轮工作点，周而复始形成循环。图 3-53 是一燃气涡轮发动机的滑油系统示意图。其滑油回路为：回油泵抽回滑油→油气分离器→网状低压油滤→进油泵→散热器→高压油滤→轴承和齿轮。

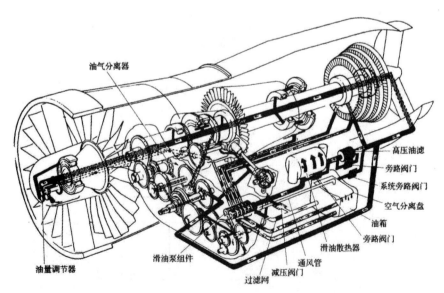

图 3-53　滑油系统循环示意

(4) 防冰系统。图 3-54 是发动机的防冰系统示意图。飞机在通过含有水滴的云层或含有大量雾滴的地面且气温接近冰点时，在进气道前或在管道中会出现结冰现象。这会影响进入发动机的空气流量而使发动机性能恶化，严重时将吸入冰块而打坏压气机叶片，发生事故。因此，在进气道整流罩的内部和压气机进口导流叶片处，引入从压气机后几级流出来的高温气体，防止结冰。

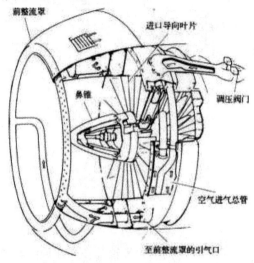

图 3-54　发动机的防冰系统示意

(5) 防火系统。图 3-55 是发动机灭火装置的示意图。所有燃气涡轮发动机及其附件都有着火的可能，因此必须要有预警装置。为防止发生着火隐患，滑油管和燃油管要放在压气机的周围(发动机冷端)，中间用防火隔板与燃烧室隔开，燃烧室和涡轮(发动机热端)的外围要通风良好。在热端附近装有着火预警装置，当温度过高时，电路中的电阻变化发出警告(在座舱仪表板上显示)，飞行员立刻操纵停车开关将油路切断，同时灭火器喷出灭火剂(臭甲烷)灭火。

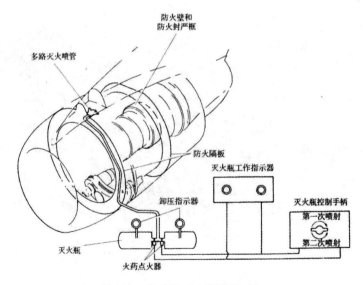

图 3-55　发动机灭火装置的示意

(6) 发动机安装结构。发动机的安装与它装在飞机上的位置有关，如图 3-56 所示。它可以用吊架装在机翼下，可以装在机身两侧，也可以装在机身或机翼内，或者装在机身后部与尾翼的交接处；涡轮螺旋桨发动机只能装在机身头部或机翼下。不管装在什么部位，发动机推力必须传递到飞机主要承力结构上。在飞行中，发动机与飞机连接处要承受几倍于发动机自身重量的载荷，而且发动机机匣温度变化很大，所以连接处不仅要牢固可靠，而且要有在纵向和径向提供能自由膨胀的可能。一般发动机有两个安装点，一个为主要安装点，在压气机机匣后端，靠近发动机重心处；另外一个为辅助安装点，在喷管机匣处。

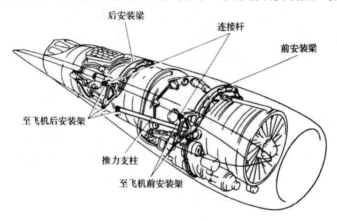

图 3-56　发动机安装

7. 燃气涡轮发动机的主要性能参数及工作过程参数

表征燃气涡轮发动机性能的主要参数有推力(功率)、空气流量、单位推力(单位功率)、耗油率、重量、使用寿命和外廓尺寸等，但除耗油率以外，其他参数只能表征发动机具有的能力(如推力)与特征(如重量、外廓尺寸)，而不能表征发动机的好坏。

(1) 推力 P。发动机的推力是作用于发动机内、外表面上压力的合力，如图 3-57 所示。根据动量定理，推力 P 可写为

$$P = (m_a + m_f)v_e - m_a v_0 + A(p_e - p_0) \tag{3-5}$$

式中，m_a 为进入发动机的空气质量流量，kg / s；m_f 为发动机的出口燃气质量流量，kg / s；v_0 为进口气体速度；v_e 为喷管出口的燃气速度；A 为喷管出口处面积；p_e 为出口气流静压；p_0 为周围大气静压。

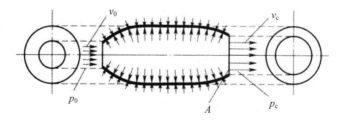

图 3-57　发动机的推力示意

(2) 空气流量 m。空气流量为单位时间内通过发动机的空气质量，用来确定发动机的功率和外廓尺寸(首先是直径)。现代航空燃气涡轮发动机的空气流量为每秒二千克至数百千克。

(3) 单位推力 P_e。单位推力为涡轮喷气发动机(加力式涡轮喷气发动机)和涡轮风扇发动机(加力式涡轮风扇发动机)平均每秒千克空气流量所产生的推力，可作为评定发动机性能的重要指标，由单位推力可确定发动机的径向尺寸。在推力不变的情况下，增大单位推力可减小通过发动机的空气流量，因而其径向尺寸也减小，重量减轻。

(4) 耗油率 C_f。耗油率为涡轮喷气发动机(加力式涡轮喷气发动机)和涡轮风扇发动机(加力式涡轮风扇发动机)每产生 1 N 推力，每小时所消耗的燃料量。它是发动机经济性的表征，用于确定飞行器的航程和续航时间。

(5) 当量功率(总功率)N_{eq}。这一性能参数，用于涡轮螺旋桨发动机和涡轮轴发动机。总推力由螺旋桨推力和喷气推力组成(涡轮轴发动机的喷气推力接近于零)，设想总推力全由螺旋桨产生，把这样的螺旋桨所需要的功率理解为当量功率。涡轮螺旋桨发动机的当量功率，由螺旋桨推力与喷气推力之比和螺旋桨的效率确定。

确定燃气涡轮发动机工作过程效率的工作过程参数有发动机的总增压比，涡轮前燃气温度，发动机的风扇、压气机和涡轮等部件的效率，进气装置、燃烧室、排气装置等的压力损失。对于加力式燃气涡轮发动机，工作过程参数还有加力燃烧室的燃气温度。而涵道比(外涵空气流量与内涵空气流量之比)和外涵增压比，则是涡轮风扇发动机的工作过程参数。随着设计技术和材料技术的发展，燃气涡轮发动机的工作过程参数在不断改善，促进了燃气涡轮发动机和航空技术的不断发展。

8. 燃气涡轮发动机技术的发展概况

在 20 世纪 50 年代，飞机追求高空、高速，要求发动机推重比超过 8，在 Ma 为 2～3 的速度下发动机也能稳定地工作。

20 世纪 60 年代初，出现了涡轮风扇发动机。民航机上采用高涵道比的涡轮风扇发动机，战斗机上则采用低涵道比的加力式涡轮风扇发动机，涡轮前温度由 1127℃提高到 1327℃。在发动机研制程序上，采用了核心机和验证机的研制方法，缩短了研制周期，提高了飞机的可靠性。

20 世纪 70 年代，各国普遍对发动机进行结构完整性研究，修改了通用规范，要求在发动机的性能、可靠性、耐久性、机动性和经济性之间进行综合平衡。在整机和部件试验方法上模拟更接近使用时的情况，采用加速任务试验的技术，来确定发动机的循环疲劳寿命。这个期间由于出现了能源危机，国外进行了节能发动机的研究，使发动机的经济性、可靠性和维护性迈上了新的台阶。

20 世纪 80 年代，从节油上考虑，世界上出现了一股研制桨扇发动机热。这种发动机兼有涡轮风扇发动机和涡轮螺旋桨发动机两者之长，但噪声和颤振问题突出，西方国家一直未将其投入使用，只有苏联始终不懈地开展了研制工作，并成功地使用桨扇发动机装备了安-70 中程军用运输机。

到 20 世纪 90 年代，发动机的研制技术已处于成熟阶段，但飞机对发动机的技术要求更高了。战斗机除了要求发动机的推重比提高到 10～12，涡轮前温度超过 1530℃以外，还要求发动机不加力持续进行超声速飞行。对发动机的控制，则采用了全功能数字式调节技术。为满足超声速垂直起落或短距起落和高生存能力飞机的需要，发动机上采用了二元推力转向喷管技术。

3.3.3 无压气机式空气喷气发动机

涡轮喷气发动机是依靠压气机压缩空气以提高压力，而无压气机式空气喷气发动机是不使用压气机的，则用来带动压气机的涡轮也随之取消了，只有引进空气的进气装置、燃烧室和喷管，大大简化了发动机的结构。按进气控制方式，这类发动机又可以分为冲压式空气喷气发动机和脉动式空气喷气发动机两大类。

1. 冲压式空气喷气发动机

图 3-58 是冲压式空气喷气发动机的示意图。冲压式空气喷气发动机简称冲压发动机，它由进气道(扩压器)、燃烧室和喷管组成。飞行器飞行时，高速气流经过一系列激波，将速度滞止下来，而压力提高。高压空气通过进气道进入燃烧室内与燃油掺混后燃烧，在喷管内膨胀后以高速喷出。飞行速度越大，冲压也越大，因而推力也

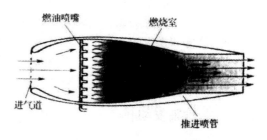

图 3-58 冲压式空气喷气发动机的示意

就越大，所以冲压发动机适用高速飞行。在低速时，冲压作用小，压力低，耗油率高(经济性差)。冲压发动机的主要缺点是在静止时没有推力，要依靠其他动力加速，达到一定速度后才能工作，因而冲压发动机要和其他发动机组合使用。

2. 脉动式空气喷气发动机

图 3-59 是脉动式空气喷气发动机的示意图。脉动式空气喷气发动机简称脉动发动机，由进气道、进气阀门、燃烧室和尾喷管组成。当它工作时，依靠空气冲压作用将由弹性片构成的进气阀门打开，空气进入燃烧室与燃料混合燃烧，燃烧室内气体压力升高而将进气阀门关闭，高温、高压燃气从长筒形尾喷管中喷出，产生推力；在燃气向外喷出的过程中，燃烧室内的压力降低，进气阀门又重新打开，进入另外一股空气，又与燃烧室的燃料混合燃烧，

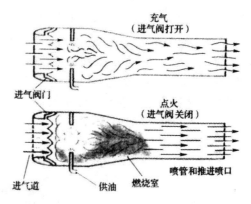

图 3-59 脉动式空气喷气发动机的示意图

循环重新开始。利用这种间歇燃烧形式，形成周期性的脉动推力。

脉动发动机的特点是在速度为零(静止)时，也能够产生推力。因为在燃烧室内，空气与喷入的燃料点燃后，燃气压力提高，产生的压力波将进气阀门关闭；由于尾喷管很长，燃气不能迅速排出，近似于等容积燃烧过程；但随后高压燃气便以较高的速度向后排出，产生推力，使飞行器向前飞行。

脉动发动机的构造简单、重量轻、成本低，推力随飞行速度的增加而增大，最大飞行速度为 180～220 m/s。但在飞行中，当进气阀门关闭时，气动阻力很大；高速时性能急剧变坏，不如冲压发动机有效，只适合亚声速飞行；加上振动剧烈、进气阀门容易疲劳损坏等问题，其应用范围受到限制。

3.4　直升机用发动机

自 1936 年世界上诞生了第一架直升机以来，由于其具有能垂直起落和悬停、不受场地限制、使用方便等优点，在军民用领域得到了广泛的应用。驱动直升机旋翼产生升力和推进力的动力装置，可分为活塞式发动机和涡轮轴发动机。20 世纪 50 年代中期以前，直升机的发动机都是活塞式发动机。20 世纪 50 年代中期，涡轮轴发动机开始用作直升机的动力。与活塞式发动机相比，涡轮轴发动机具有重量轻、体积小、功率大、振动小、易于起动、便于维修和操纵等一系列优点。因此，涡轮轴发动机在直升机动力装置领域，逐渐代替活塞式发动机，成为直升机主要的动力装置。到 20 世纪 60 年代以后，新研制的直升机几乎全部采用了涡轮轴发动机作为动力。

3.4.1　涡轮轴发动机

涡轮轴发动机是航空燃气涡轮发动机中的一种，简称为涡轴发动机。在核心机或燃气发生器后，加装一套涡轮(一级或多级)，燃气在加装的涡轮(一般称为动力涡轮或低压涡轮)中膨胀，驱动它高速旋转并发出一定的功率。动力涡轮的前轴(称动力轴)穿过核心机转子，通过压气机前面的减速器减速后由输出轴输出功率，就组成了涡轮轴发动机。

在涡轮轴发动机中，燃气发生器产生的可用能量基本上全被动力涡轮吸收并从动力轴输出，通过直升机上的主减速器减速后驱动直升机的旋翼和尾桨。由尾喷管中喷射出的燃气的温度和速度极低，基本上不产生推力。

大多数的涡轮轴发动机，动力涡轮与核心机的涡轮是分开的，而且以不同的转速工作。由于动力涡轮与核心机没有机械地连接成一体，因此也称动力涡轮为自由涡轮。少数的涡轮轴发动机，将动力涡轮与核心机的涡轮机械地连接成一体，成为定轴式或单轴式涡轮轴发动机。图 3-60 是涡轮轴发动机的示意图。

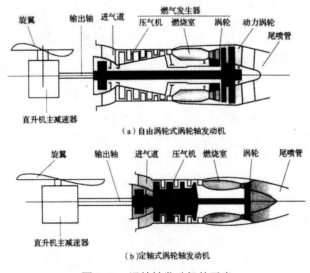

图 3-60　涡轮轴发动机的示意

在有的涡轮轴发动机中，动力涡轮不是通过前轴穿过燃气发生器向前输出功率的，而是由涡轮转子的后轴向后输出功率的。国产直 9 直升机使用的涡轴 8 发动机的动力涡轮，即是向后输出功率的，其结构如图 3-61 所示。

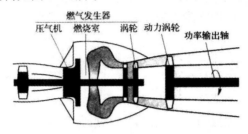

图 3-61　后输出轴的自由涡轮式涡轮轴发动机

1．自由涡轮式涡轮轴发动机

　　自由涡轮式涡轮轴发动机(见图 3-60(a))由燃气发生器和自由涡轮组成。产生输出功率的自由涡轮安装在发动机功率输出轴上，这根轴与核心机转子没有机械联系，仅有气动联系。由于自由涡轮是输出轴功率的，因此又称自由涡轮为动力涡轮。自由涡轮式涡轮轴发动机与定轴式涡轮轴发动机相比，起动性能好，工作稳定，加速性能较好，调节性能和经济性好，但其结构比较复杂。

2．定轴式涡轮轴发动机

　　定轴式涡轮轴发动机(参见图 3-60(b))，也称为固定涡轮式涡轮轴发动机，其涡轮既驱动压气机又驱动功率输出轴。定轴式涡轮轴发动机的涡轮产生的功率远大于压气机所需要的功率，通过减速器将其剩余的功率输出，用于带动直升机的旋翼和尾桨。由于其功率输出轴与核心机为机械连接，因此具有功率传送方便、结构简单、操纵和调节简单等优点。但也存在着起动性能差(起动加速慢)、加速性不好、功率输出轴转速高而需要大的减速器等缺点。

3.4.2　涡轮轴发动机的基本构造

　　涡轮轴发动机由进气道、压气机、燃烧室、燃气发生器涡轮、动力涡轮(自由涡轮)、排气装置、体内减速器和附件传动装置等部件构成，如图 3-62 所示。

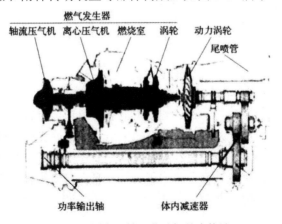

图 3-62　国产涡轴 8 发动机基本构造

1. 进气道

直升机工作时，旋翼将大量空气吹向下方，一般情况下，对发动机的工作影响不大。但是，当直升机在野外(非水泥地面)，特别是在多沙地带或沙漠中起飞、着陆或近地悬停时，下吹的空气流会将地面的沙尘吹扬起来，扬起的沙尘会随着空气流进入发动机，对发动机的工作非常不利。

流进发动机的空气，在流向压气机时流速很高，空气中夹带的沙尘在高速流向高速旋转的压气机工作叶片时，大颗粒的沙石会打坏叶片，粉末似的尘沙会磨蚀叶片，破坏正常的叶片型面，使压气机效率降低。更为严重的是，尘沙会随着空气流向涡轮工作叶片中细小的冷却通道，造成冷却通道堵塞，使涡轮工作叶片超温甚至烧毁；有时尘沙还会随着空气流入涡轮轴内，不均匀地积沉于涡轮轴的内表面上，破坏转子的平衡，造成发动机振动值突增，严重时会造成发动机空中停车。

为了防止沙尘进入发动机内，破坏发动机的工作，涡轮轴发动机的进气道处除了设置有防止沙尘的滤网外，还经常采用粒子分离装置，阻止沙尘进入发动机。图 3-63 是涡轮轴发动机的进气粒子分离器示意图。它装在发动机进气道的前端，流入发动机的空气，首先在进口旋流叶片的作用下，打着旋涡向后流入，再经出口旋流叶片的作用打着旋涡流出。空气流打旋涡产生的离心力，就将空气中的沙尘甩向边缘，随同部分空气通过鼓风机吹出机外。

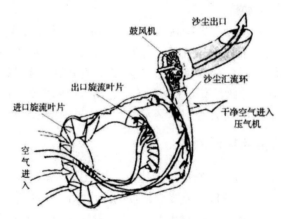

图 3-63　进气粒子分离器

2. 压气机

涡轮轴发动机和其他航空燃气涡轮发动机一样，为使发动机获得较高的热效率和单位功率，其压气机需要不断提高增压比和效率。涡轮轴发动机的压气机历经了纯轴流式压气机，轴流加离心的组合式压气机，单、双级离心式压气机的过程。一般来说，纯轴流式压气机效率较高，大功率的燃气发生器几乎全部采用了纯轴流式压气机。

对要求高增压比的小型涡轮轴发动机来说，随着压气机的级数增加，其转子跨度增长而出现了转子动力学上的难题，而且带来了结构复杂、稳定工作范围窄等问题。因而，在20 世纪 70 年代末出现了轴流加离心的组合式压气机，较好地解决了小型涡轮轴发动机转子动力学的难题。

在轴流加离心的组合式压气机的基础上，为了进一步提高涡轮轴发动机转子动力学特性和抵抗外物的能力，且为了提高总增压比，随着离心式压气机设计和制造技术的提高，现代和下一代涡轮轴发动机开始采用双级离心式压气机，使涡轮轴发动机的性能得到了大幅度提高。图 3-64 是英国、法国、德国联合研制的 MTR390 新一代涡轮轴发动机。它的双级离心式压气机的总增压比达到了 13，用二级压气机达到这么高的增压比确非易事。美国于 20 世纪 90 年代研制的 T800 新一代涡轮轴发动机，也采用了双级离心式压气机，总增压比达到了 14.1。

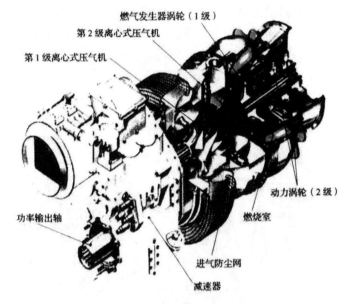

图 3-64　MTR390 涡轮轴发动机

3．燃烧室

涡轮轴发动机中，由于进入发动机的空气流量小，而且压气机采用轴流加离心的组合式压气机或双级离心式压气机的较多，因此广泛采用回流式燃烧室和折流式燃烧室。因为，这两种燃烧室均能较好地与离心式压气机匹配。

(1) 回流式燃烧室。图 3-65 是回流式燃烧室的示意图。在回流式燃烧室中，火焰筒的头部置于燃烧室的后端。从压气机出来的空气先流到燃烧室的后端进入火焰筒头部，燃油通过喷嘴也喷入火焰筒头部，空气与燃油混合气在火焰筒头部点燃后，燃气沿着火焰筒向前流。燃气在向前流动的过程中，两股空气由火焰筒中部的若干小孔中流入，与燃气掺混，降低燃气温度。最后，燃气流到燃烧室的前端，即向内、向后折转 180°向后流出，流入到燃气发生器涡轮的导向器。

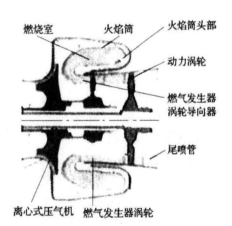

图 3-65　回流式燃烧室的示意

由于在燃烧室中，气体(空气)先是向后流，然后燃气向前流，最后又折回向后流，因此称这种燃烧室为回流式燃烧室。因为离心式压气机出口直径很大，而涡轮轴发动机的涡轮直径小很多，这样，在压气机出口与涡轮外径之间就有较大的径向空间，可以放得下回流式燃烧室。所以说，回流式燃烧室非常适合与离心式压气机配合使用。

（2）折流式燃烧室。图 3-66 是折流式燃烧室的工作原理图。自离心式压气机出来的空气由轴向扩压器流入燃烧室后分成两路。一路空气是向内折，在火焰筒外壳体前壁与压气机径向扩压器后壁间向内流，然后向后折转通过火焰筒前进气锥上的搓板式进气缝隙而进入火焰筒内，与甩油盘甩来的燃油相混合并点火燃烧构成主燃烧区。另外一路空气沿着火焰筒和机匣之间的环形通道向后流，它又分成两股空气流。其中一股空气向内流过涡轮导向器叶片的空心内腔后折向前，由火焰筒内壳体前锥体上的搓板孔进入火焰筒内部，也与甩油盘甩出的燃油混合燃烧；另一股空气则由掺混孔进入，与燃烧的燃气掺混，降低燃气的温度，使得燃烧室的出口温度场达到涡轮的要求。

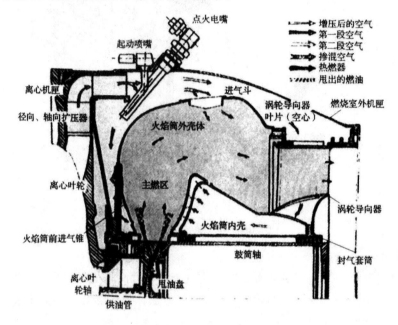

图 3-66　折流式燃烧室的工作原理

4．排气装置

排气装置用以排出燃气，涡轮轴发动机的排气装置与涡轮喷气、涡轮风扇发动机有着明显的不同之处。它为了使动力涡轮输出更多的轴功率，要求排气速度越低越好。这样，动力涡轮的落压比可以取得更高，输出的功率则更大。涡轮轴发动机排气装置的通道大多做成喇叭状的扩散形结构，以便最大限度地进行排气扩压。

在大多数发动机中，动力涡轮的传动轴是穿过燃气发生器转子中心而向前伸出的。这时，排气装置做成与一般航空燃气涡轮发动机中的排气装置一样，即尾喷管的轴心线与发动机轴心线一致，燃气水平地向后排出。但是，在有些发动机中，动力涡轮的传动轴是向后伸出的。这时，动力涡轮后要安装支承转子的轴承以及减速齿轮等，排气装置不能直接向后安排，而需要与轴心线呈一定角度斜向安排，或做成裤衩状的两个喷口，由轴心线的两侧排出。图 3-67 是国产的涡轴 8 发动机。从图上可以清楚地看出排气装置是斜着向上的，那么它的动力涡轮传动轴是向后伸出的。

图 3-67　国产的涡轴 8 发动机

3.4.3　涡轮轴发动机技术的发展概况

涡轮轴发动机作为直升机的动力，直升机的特点决定了它的用途十分广泛。通常将涡轮轴发动机划分为四代：20 世纪 50 年代投入使用的为第一代，20 世纪 60 年代研制生产的为第二代，20 世纪 70 年代至 80 年代研制生产的为第三代，其后统称为第四代。为了满足 21 世纪军用直升机的需求，世界上有关国家均在对现有涡轮轴发动机进行改进改型的同时，努力发展新一代涡轮轴发动机。新一代涡轮轴发动机的特点主要有以下方面。

(1) 性能方面。压气机的增压比、涡轮前温度将有较大幅度的提高，由此，单位功率和功重比也将有较大的提高，耗油率将显著下降。

(2) 结构方面。新材料和新工艺的使用，将会使新一代涡轮轴发动机的重量更小，工作更为可靠。

(3) 价格和维护性方面。新一代涡轮轴发动机的单位寿命价格应能进一步降低，而且更便于维护。

(4) 新一代涡轮轴发动机可能采用的新方案有变循环涡轮轴发动机和可转换的涡轴、涡扇发动机方案。这些方案力图使新的发动机在降低耗油率、提高直升机飞行速度等方面取得突破性进展。

(5) 为克服涡轮轴发动机和直升机传统的传动减速装置十分笨重的缺点，国外已开始研究喷气旋翼发动机和翼尖喷气发动机，以及液压传动减速系统。如果这些技术能够实施，将会给直升机的动力装置(涡轮轴发动机)带来一场革命。

3.5　火 箭 发 动 机

空气喷气发动机工作时，燃料(也称燃烧剂)燃烧主要依靠空气中的氧气(也称氧化剂)，因而不能在大气层外工作。火箭发动机是一种不依赖外界空气，不仅自身携带燃烧剂，而且自带氧化剂(氧化剂和燃烧剂统称为推进剂)燃烧而产生推力的喷气发动机。它不但能在大气层内工作，也可以在没有空气存在的太空中工作。

现代火箭发动机按其使用的推进剂的物理状态，可以分为液体火箭发动机，固体火箭发动机和固、液混合火箭发动机。

3.5.1　火箭发动机的主要性能参数

(1) 推力。火箭发动机的推力是作用在发动机内、外表面上各种力的合力。随着高度的增加，外界大气压力逐渐降低，推力随之逐渐增大，这是火箭发动机的一个重要特点。火箭发动机产生推力的原理与空气喷气发动机一样，只是火箭发动机推进剂进入发动机时的速度为零，根据动量定理，推力 P 可表示为

$$P = mv_e + A_e(p_e - p_0) \tag{3-6}$$

式中，m 为推进剂的质量流量，kg/s；v_e 为高温燃气在喷管出口处的喷气速度；A_e 为喷管出口面积；p_e 为喷管出口处燃气的静压；p_0 为外界大气的静压。

(2) 冲量、总冲。火箭发动机的冲量决定于推力的大小和工作时间的长短，用符号 I 表示，定义为推力对工作时间的积分。

火箭发动机的全部工作时间里的冲量为火箭发动机的总冲量，简称总冲。在某些情况下，推力 P 可视为常量，这时发动机的总冲就等于推力 P 与工作时间 t 的乘积，可写为

$$I = P \cdot t \tag{3-7}$$

总冲综合了火箭发动机的推力及其维持的时间，因此反映了火箭发动机工作能力的大小，是火箭发动机的一项重要的性能参数，决定着火箭射程的长短或有效载荷的大小。

(3) 比冲、比推力。比冲是火箭发动机的另一项重要的性能参数，也称比推力。比冲愈高，表明产生一定的总冲所要消耗的推进剂愈少，或者说，消耗 1 kg 质量的推进剂所产生的总冲愈大。比冲是指火箭发动机燃烧 1 kg 质量的推进剂所产生的冲量，用符号 I_s 表示，可写为

$$I_s = \frac{I}{m_p} \tag{3-8}$$

式中，I 为火箭发动机的总冲，N·s；m_p 是推进剂的总有效质量，kg。

比推力是指每秒钟消耗 1 kg 质量的推进剂所产生的推力大小，即推力 P 与推进剂的质量流量 m 之比，用符号 P_s 表示，大小与量纲同比冲，但物理意义有区别。

比冲和比推力可以取瞬时值，也可以取火箭发动机工作过程中某一时间间隔的平均值，视应用场合而定。固体火箭发动机不便直接测量其推进剂的质量流量，则可采用平均比冲；液体火箭发动机直接测量推力及推进剂的质量流量都很方便，则可以求出比推力的瞬时值。

若火箭发动机的总冲限定，比冲越高，则所需推进剂的质量越少，因此火箭发动机的尺寸和质量都可以减小；若推进剂的质量给定，比冲越高，则火箭发动机的总冲就越大，可以使火箭的射程或有效载荷相应地增加。普通液体、固体火箭发动机的比冲在 2500～5000 m/s 之间，电火箭和核火箭发动机的比冲在 4000～250 000 m/s 之间。

3.5.2　液体火箭发动机

按采用推进剂组元的数目，液体火箭发动机可以分为单组元、双组元和三组元。单组元液体火箭发动机工作时，只靠一种推进剂组元自身分解进入燃烧，或先分解而后进入燃烧。单组元推进剂在使用条件下稳定，进入推力室后又能立即分解、燃烧。常用的单组元推进剂有浓过氧化氢、无水肼、硝酸异丙酯等。但是，单组元的推进剂一般能量低，即比

冲较小，系统相对简单，因而一般只用于小型辅助火箭发动机或燃气发生器。三组元推进剂是在双组元推进剂的基础上，再加入第三组元以提高比冲，由于增加组元数目使系统复杂，所以一般也不采用。应用最广泛的是双组元推进剂。双组元液体火箭发动机主要由推进剂输送系统、推力室、液体推进剂、冷却系统等组成，如图 3-68 所示。

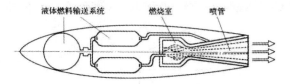

图 3-68　液体火箭发动机的示意

1．推进剂输送系统

液体火箭发动机正常工作时，要有一定的压力把液态推进剂输送到燃烧室中去，这就要依靠输送系统来完成。正常地输送液态推进剂到燃烧室中，是保证液体火箭发动机正常工作的先决条件。目前，液体火箭发动机的推进剂输送系统有挤压式和泵式两种。

(1) 挤压式输送系统。挤压式输送系统借助于高压气体的压力，将推进剂由贮箱经过管路、阀门、喷注器送入燃烧室混合并燃烧。高压气体应选用与氧化剂、燃烧剂都无作用的惰性气体，如氮气、氦气或空气等。高压气瓶质量大，同时，由于贮箱压力高，所以贮箱的质量也相应增大，这是挤压式输送系统的重大缺陷。高压气源也可以用燃气发生器取代，采用固体推进剂或液体推进剂燃烧所需要的高压气体，当然也要求燃气相对于被挤压的推进剂是惰性的。由于取消了高压气瓶，所以质量也相应减轻了。

挤压式输送系统结构简单可靠，容易实现多次起动，适用于推力不大、工作时间短的推进系统，如战术导弹和姿态控制发动机。在真空条件下工作的航天飞行器，由于燃烧室内的压力低(一般为 0.7～1.0 MPa)，所以输送推进剂所需的压力也相应降低。这样，气瓶的质量就减小了，所以航天飞行器上多采用挤压式输送系统，如图 3-69 所示。

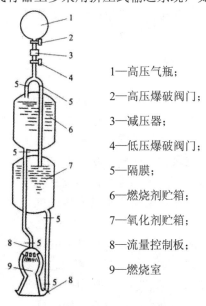

1—高压气瓶；

2—高压爆破阀门；

3—减压器；

4—低压爆破阀门；

5—隔膜；

6—燃烧剂贮箱；

7—氧化剂贮箱；

8—流量控制板；

9—燃烧室

图 3-69　挤压式输送系统的示意

(2) 泵式输送系统。用泵式输送系统提高来自贮箱的推进剂的压力，使推进剂按规定的流量和压力进入燃烧室混合并燃烧。

涡轮泵系统入口压力要求不高(一般为 0.3～0.5 MPa)，因而推进剂贮箱压力低，总结构质量小，但是系统结构较复杂，适用于推力大、工作时间长的推进系统。由于设计及制造技术水平提高，泵式输送系统的可靠性已达到较高的水平，已经成功应用于航天飞行器，如图 3-70 所示。

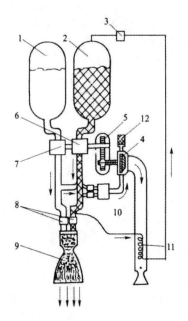

1—燃烧剂贮箱；

2—氧化剂贮箱；

3—增压阀门；

4—涡轮；

5—齿轮箱；

6—氧化剂泵

7—燃烧剂泵；

8—主阀门；

9—推力室；

10—燃气发生器；

11—蒸发器；

12—火药起动器

图 3-70　泵式输送系统的示意

2. 推力室

液体推进剂在推力室完成能量转换并产生推力。也就是说，推力室是液体推进剂进行混合、燃烧，并使燃气膨胀以高速喷出产生推力的部件。它由喷注器、燃烧室和喷管三个部分组成，如图 3-71 所示。

(1) 喷注器。喷注器又称为"推力室头部"，位于燃烧室的前端，作用是把液体推进剂喷入燃烧室，使之雾化、混合。喷注器的设计质量，对推力室的正常工作和液体推进剂的完全燃烧性、稳定性影响很大。此外，喷注器的设计还应兼顾燃烧室壁的内冷却，使液体推进剂在燃烧室内壁上形成冷却保护膜。喷注器在结构上还要承受和传递推力，安装阀门、点火装置等。

(2) 燃烧室。燃烧室的形状和容积对液体推进剂的燃烧效率和完全燃烧的程度有重要影响。从结构质量考虑，应该在给定的容积下使壳体表面积尽量小、壁尽量薄，所以大的火箭发动机的燃烧室通常为球形或椭球形。短时间

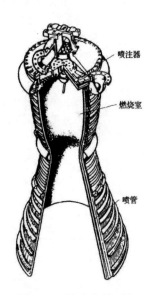

喷注器

燃烧室

喷管

图 3-71　推力室的示意

工作的火箭发动机和小推力火箭发动机，为了结构及工艺简单，经常采用圆筒形燃烧室。

燃烧室的壳体结构通常有波纹板式和管束式。波纹板式燃烧室即在内外壁间夹一层波纹板，波纹板和内、外壁用钎焊连接成一体，冷却剂可从波纹板与内、外壁间形成的纵向通道中流过。管束式燃烧室是由许多根弯成推力室母线形状的变截面薄壁镍管或不锈钢管，组合钎焊而成的。每根管子构成一个冷却通道，冷却剂从燃烧室头部的环形进口支管流入，沿着管子向下流到喷管出口部的环形返回支管，再引入燃烧室头部，通过喷注器进入燃烧室。这种结构质量轻，但管件成形工艺要求高，装置较复杂，整体性不如波纹板式结构。

推进剂组元在进入喷嘴以前都先起冷却剂作用，这种外冷却方式也称为再生冷却。冷却剂组元所吸收的热量并没有浪费掉，而是增加了推进剂自身的能量，这是液体火箭发动机推力室壁的主要冷却方式。当热流很大，推力室某些部位仅用再生冷却不能满足要求时，常在喷注器近壁周边钻一圈小孔，或在喷管喉部上方位置钻一圈小孔，使壁面形成内冷却液膜，进一步保护燃烧室及喷管壁。

(3) 喷管。喷管和燃烧室经常是一体的，这也是液体火箭发动机结构上的一个特点。液体火箭发动机的喷管都是超声速喷管(收敛-扩张型喷管)，从工艺考虑，收敛段往往和燃烧室合在一起形成平滑过渡，收敛角一般为 70°～90°。扩张段型面应该尽量和气流的特征线相重叠。对于小推力及工作时间短的液体火箭发动机，为了工艺简单，扩张段有时采用简单的截锥形，锥面扩张角一般为 20°～30°，扩张角太大会出现燃气流与壁面分离现象，造成额外的能量损失。

3. 液体推进剂

对液体推进剂的要求，要从飞行性能、推进剂使用性能和经济性三个方面综合考虑。液体推进剂包括氧化剂和燃烧剂。作为氧化剂的氧化元素是氧、氯和氟，常用的氧化剂主要有液氧、液氟、硝酸，此外还有过氧化氢、四氧化二氮等。作为燃烧剂的燃烧元素主要有碳、氢、氮和硼等，包含在碳氢类、氮氢类和硼氢类化合物中，常用的燃烧剂主要有液氢、航空煤油、肼及其衍生物等。

液体推进剂，特别是低沸点和具有腐蚀性的组元，必须在使用前才能向贮箱中加注。这对于导弹等战术武器是十分不利的，不仅贻误战机，而且还要配备一套庞大的加注和运输设备。目前已经发展了液体推进剂的预包装技术，产生了预包装推进剂，这在很大程度上克服了液体火箭发动机作战使用性能差的缺点。

预包装推进剂就是在火箭或导弹出厂前，预先包装在它的贮箱中的可贮存液体推进剂，要求在密封贮箱中保存五年以上不变质，可以随时起动工作。因此，预包装推进剂必须是可贮存推进剂，要求在 50℃下稳定、不分解，比较典型的预包装推进剂有偏二甲肼、醇、烃、胺类和硝酸等。

3.5.3 固体火箭发动机

固体火箭发动机的主要特征之一，就是固态推进剂直接充填在燃烧室内。固态推进剂燃烧后释放出大量的能量(燃烧产物的高温高压)，同时燃烧产物又作为工质经喷管向后喷出而产生推力。

1. 固体火箭发动机的组成

图 3-72 是现代固体火箭发动机的示意图。其主要组成部分有：燃烧室壳体 1、前底(顶盖)13，在它们内部都带有隔热层；固体推进剂装药 2，在其外侧面有包覆层 3；燃烧室内的装药固定组件 4 和点火器 12；喷管组件 7 中及其中包含的堵盖 8 和喉部镶块 9；使喷管摆动可以控制火箭飞行时的俯仰和偏航的传动机构 6，其侧面的摆动喷管 10 用于控制火箭的滚动；推力终止装置 11；燃烧室壳体 1、喷管底部 5 和前底 13，它们密封连接构成固体火箭发动机的壳体。

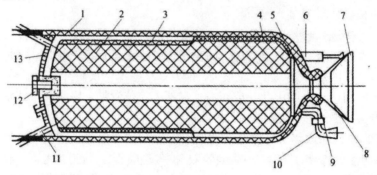

图 3-72　现代固体火箭发动机的示意

装药可以由一种或几种固体推进剂组成，成形后的装药一般称为药柱。固体推进剂可以采取贴壁浇注式的办法充填在燃烧室内，药柱的几何形状靠专门的模具保证；也可以在发动机以外成形，事先制成药柱，在发动机装配时充填在燃烧室内，这称为自由装填式办法。为了保证药柱装填的需要，燃烧室结构应具有足够的开口尺寸。贴壁浇注式办法，使得装药和壳体粘结为一体，发动机工作时装药本身又起到了保护层的作用，使燃烧室壳体避免受热。药柱的某些表面可以用缓燃或难燃材料包覆起来，这层材料称为包覆层(或阻燃层)，用以控制燃烧面积的大小和变化规律，以保证满足推力规律的要求。

发动机工作时首先起动点火装置，点火装置工作产生的燃气形成一定的压力和温度，点燃装药并使其进入燃烧。装药进入燃烧以后，一般不容易自动熄火。为保证命中目标的精度，要求发动机准确熄火时，就要依靠推力终止装置进行工作。通常，在燃烧室上设置一些特制的窗口或反向喷管，打开这些窗口或反向喷管，使压强降低，从而使装药熄火。窗口或反向喷管打开的瞬间，还能产生反向推力，使发动机推力迅速平衡(消失)。

根据用途，目前的固体火箭发动机有以下几种。

(1) 用于地地(含地对舰、舰对地等)导弹的固体火箭发动机。这种固体火箭发动机包括按射程划分的近、中、远程导弹(包括洲际导弹)固体火箭发动机，巡航导弹用的主发动机和续航固体火箭发动机。

(2) 用于地空的固体火箭发动机。这种固体火箭发动机按用途有宇宙飞船和运载火箭用的固体火箭发动机，防空导弹的固体火箭发动机，反弹道导弹的固体火箭发动机。

(3) 机载导弹的固体火箭发动机。这种固体火箭发动机可分为空空导弹的固体火箭发动机，空地和空舰导弹的固体火箭发动机。

(4) 潜载导弹的固体火箭发动机。这种固体火箭发动机的特点是在深水中，周围环境压力很大的条件下工作。

(5) 飞行器用固体火箭发动机。飞行器用固体火箭发动机是飞行器起飞时、在轨道上急剧加速时、或机动飞行时用的固体火箭加速器。

(6) 辅助用固体火箭发动机。辅助用固体火箭发动机主要有舵用固体火箭发动机，多级火箭加速级间分离用固体火箭发动机，飞行器或宇宙飞船软着陆时使用的制动固体火箭发动机，航天员或有效载荷救险系统用的固体火箭发动机，飞行器定向和稳定系统用的固体火箭发动机。

(7) 民用火箭用的固体火箭发动机。这类固体火箭发动机包括驱冰雹使用的固体火箭发动机，钻探设备使用的固体火箭发动机等。

2．固体火箭发动机的结构特点

由于固体推进剂直接装填在燃烧室内，所以形成了固体火箭发动机结构上的一系列特点和优越性。例如，结构比较简单，省去了复杂的推进剂输送系统；喷管组件通常不需要强制冷却。除推力矢量控制机构以外，固体火箭发动机中没有其他的活动部件。

装有固体火箭发动机的导弹，操作简单，这是因为发动机的结构简单，不需要复杂的定期检验，系统的发射准备工作和发动机本身的起动都极其简单。导弹可长期处于发射准备状态，因为现代固体推进剂的性能稳定，可以使装填状态下的固体火箭发动机在发射阵地上贮存。

另外，固体火箭发动机的可靠性和安全性高。任何装置的可靠性，都等于组成这个装置的零、组件的可靠性的乘积。所以零、组件的数目越多，这个装置的可靠性就越低，因为零、组件的可靠性总是小于 1。

固体火箭发动机也有其先天性的缺陷，主要表现在固体推进剂的能量特性比液体推进剂低，因此固体火箭发动机的比冲就比较低。目前，一些固体火箭发动机的真空比冲为 2760～3000 m/s，而液体火箭发动机的真空比冲可达 4000 m/s 或更高。另外，装药的初始温度对燃烧室的压力和发动机工作时间的影响很大；调节推力的大小和方向比较复杂；实现多次重复起动比较困难。

由于现代科学技术的发展，如新型材料、高效率生产新工艺、新的高能推进剂和试验检测方法等，使固体火箭发动机的技术性能不断提高，应用范围更加广泛。现代固体火箭发动机推力可以从数牛到数千万牛，工作时间也能长达数分钟。固体火箭发动机推力的大小和方向都可以控制，并且已经有很多型号的固体火箭发动机实现了多次起动。

3．固体火箭发动机的推进剂

固体推进剂包含两大类，即胶体(双基)推进剂和复合推进剂。

胶体推进剂为一种有机物的固态溶液(混合物)，是同类均质体系。目前固体火箭发动机使用的胶体推进剂，都是硝化纤维在某些炸药(硝化甘油、硝化二乙醇、硝基胍等)中的胶状溶液。除此以外，还掺入一些添加剂，有的添加剂是为提高推进剂的贮存安定性(安定剂，或称稳定剂)，有的是为提高燃速(催化剂)，有的是为减小吸湿性、提高热塑性(增塑剂)以及降低爆炸危险性(钝化剂)等。

复合推进剂的特点是氧化剂的微粒均匀地分布在固体燃烧剂中，是燃烧剂和氧化剂微粒的机械混合物，是一种不均匀的固态体系。复合推进剂的氧化剂通常采用具有正氧平衡的固体物质，这种物质主要是硝酸盐和氯酸盐。复合推进剂的燃烧剂则是具有一定机械性能和黏附性能的黏结剂，采用合成有机聚合物，如橡胶、树脂和塑料。金属燃烧剂具有最高的能量特性，有铍、钾、铝和镁。其中，铝是固体推进剂中使用最广、价格最低的金属燃烧剂。

复合推进剂和胶体推进剂的主要区别是：复合推进剂能够稳定燃烧的初始温度且压力范围更宽，燃烧温度更高、比冲更大。目前最好的胶体推进剂，在压力为 7 MPa 时的真空比冲是 2200～2300 m/s；而含金属的复合推进剂，真空比冲在 2500 m/s 以上。

目前，广泛研究和使用了改性胶体推进剂，即以胶体推进剂为黏结剂基体，另加氧化剂(如过氯酸铵)和高能添加剂(如铝粉)或高能炸药(如黑索金等)制成的推进剂。这种推进剂的能量大大提高，也有较好的机械性能，可以采用贴壁浇注式的办法成形，是双基装药发展的一个方向。

由于固体推进剂直接装填在燃烧室内，所以不仅能量特性，还有推进剂的密度、燃烧特性、燃烧温度以及力学性能等，都密切地影响发动机的装药及结构。固体火箭发动机装药的几何形状、尺寸直接决定着发动机的各项主要性能参数，因此药形的选择必须根据推进剂的性能和发动机的原始参数(推力、工作时间等)决定。固体火箭发动机装药的构形极多，从设计角度考虑，对药形的要求有：能满足发动机推力变化的规律；装药在燃烧室内能可靠地固定；装药受力状态良好；燃烧产物对发动机壳体的热作用小；未燃烧的推进剂剩余量最少；装填的密度高(指装药的体积与燃烧室容积之比)。另外，燃烧产物沿装药通道的流动速度应尽量小，以避免侵蚀燃烧。但是这项要求并非一成不变，目前有些设计恰恰是利用推进剂的侵蚀燃烧效应来调节燃烧室压力，配合装药燃面变化而实现推力规律要求的。

大型的固体火箭发动机推进剂装药量可达数十吨甚至数百吨，为了解决推进剂浇注和发动机壳体加工以及运输等问题，固体火箭发动机一般采取分段制造的办法。整个发动机壳体沿长度分成若干段，各段单独浇注推进剂并固化成形，然后组装。各段的装药两端均采取有效的包覆阻燃措施，整个装药内通道的截面也可以是变化的。

3.5.4 固、液混合火箭发动机

固、液混合火箭发动机简称混合火箭发动机，是使用固体组元推进剂和液体组元推进剂的火箭发动机。图 3-73 是一种挤压式混合火箭发动机的示意图。发动机起动时，高压气瓶 1 中的高压气体，通过减压器 2 降低至所需要的压力进入氧化剂贮箱 3；受挤压的液体组元经阀门 4 进入燃烧室，经喷注器 5 形成雾化射流和液滴，喷入药柱(燃烧剂)6 的内孔通道；药柱点燃后，内孔表面生成的可燃气体与通道内的液体氧化剂组元射流互相混合，在燃烧室 7 中燃烧，高温、高压燃气从喷管 8 喷出。与液体火箭发动机一样，混合火箭发动机也可以用泵式输送系统。

固体组元药柱装填在燃烧室内，要求有一定的气化表面积，以便受热后气化和液体组元混合、燃烧。这和固体推进剂药柱的燃烧不同，由于固体推进剂内同时包含氧化剂和燃烧

图 3-73　挤压式混合火箭
发动机的示意

剂，因此燃烧在固态就开始进行，燃烧反应在贴近药柱表面的气体层内就完成了。而混合发动机内，固体组元推进剂只含有燃烧剂或氧化剂中的一种，没有固相反应。燃烧过程中，首先由燃烧区放出的热量使药柱往内通道表面加温，随后开始气化；气化产物在通道内与液体组元推进剂的蒸气互相混合后才进入燃烧反应。因而，固体组元推进剂药柱并不是燃烧，而是气化。由于固体组元推进剂气化的速度一般都很低，所以为满足一定流量的要求，气化面积要大，而药柱厚度不一定很大。因此，药形设计上不同于一般的固体火箭发动机，而要求燃面大，药柱的厚度可以较薄。为了使气化表面上的气体组元与液体组元蒸气混合均匀、燃烧完全，经常在燃烧室内设置有扰流器。

固、液混合火箭发动机的主要性能，要优于固体火箭发动机或液体火箭发动机。因为：第一，混合推进剂的性能较好，比冲与液体推进剂相近(比固体推进剂高得多)，而密度则比液体推进剂高；第二，结构上比固体火箭发动机多了一个喷注器组合，但可以利用液体组元(一般为氧化剂)冷却喷管和燃烧室，总体结构仍比液体火箭发动机简单；第三，可以较方便地实现多次起动、停车和调节推力，只需关闭或调节液体组元的流量即可。

思考题与习题

一、选择题

1. 发动机按照其产生推力的方法，可以分为_____两大类。

A. 活塞式发动机   B. 冲压式喷气发动机

C. 喷气式发动机   D. 燃气涡轮发动机

2. 1883 年，_____研制出以汽油为燃料的四冲程活塞发动机，才使人类的飞行柳暗花明，出现了成功的曙光。

A. 德国人戴姆勒   B. 乔治·凯利

C. 美国科学家兰利   D. 德国人李林塔尔

3. 1913 年，_____获得第一个喷气发动机专利。它属于无压气机式空气喷气发动机，与后来的冲压发动机基本相同。

A. 法国工程师雷恩·罗兰   B. 英国人弗兰克·惠特尔

C. 德国人汉斯·冯·奥海因   D. 修理技工查尔斯·泰勒

4. 在航空燃气涡轮发动机中，_____所承受的热负荷、气动负荷和机械负荷都是最大的。

A. 涡轮部件   B. 燃烧室   C. 压气机   D. 尾喷管

5. _____除部分喷气推力外，大部分推力由螺旋桨产生。

A. 涡轮螺旋桨发动机   B. 涡轮风扇发动机

C. 桨扇发动机   D. 升力风扇发动机

6. _____就是既有涡轮喷气发动机功率大、体积小的优点，而又有活塞式发动机经济性好的特点。

A. 涡轮喷气发动机   B. 涡轮风扇发动机

C. 涡轮螺旋桨发动机   D. 涡轮轴发动机

7. _____在直升机动力装置领域，逐渐代替活塞式发动机，而成为直升机主要的动力装置。

A. 涡轮轴发动机　　　　　　　　B. 涡喷发动机

C. 涡扇发动机　　　　　　　　　D. 涡桨发动机

8. 为了防止沙尘进入发动机内，破坏发动机的工作，_____的进气道处除了设置防止沙尘的滤网外，还经常采用粒子分离装置，阻止沙尘进入发动机。

A. 涡轮轴发动机　　　　　　　　B. 涡桨发动机

C. 涡喷发动机　　　　　　　　　D. 涡扇发动机

二、填空题

1. 航空航天发动机包括(　　　)、(　　　)和(　　　)，喷气式发动机又分 (　　　)和(　　　)。

2. 涡轮喷气发动机在军用战斗机上广泛应用的同时，也被其他机种所选用。首先是(　　　)，随后是(　　　)、(　　　)和(　　　)。

3. 迄今为止，人类仍然没能发现有什么东西可以代替(　　　)，也没能发现有什么东西可以代替作为其推进系统的(　　　)。

4. (　　　)是依靠活塞在气缸中的往复运动使气体工质完成(　　　)，将燃料的化学能转化为机械能的(　　　)。

5. 在航空活塞式发动机的工作过程中，对于每个气缸，发动机每转两转完成一个工作循环，在一个循环的四个行程中，只有(　　　)行程是作功的，而(　　　)、(　　　)和(　　　)三个行程是由其他气缸对曲轴作功而带动的。

6. 涡轮喷气发动机的推力是气流作用在发动机内、外表面上作用力的(　　　)，它是(　　　)和(　　　)原理在喷气发动机工作时的一种应用。

7. 外涵与内涵空气流量之比称为涵道比，又称为流量比，它是影响(　　　)性能好坏的一个重要循环参数。

8. 在 20 世纪 70 年代后期，航空界开始大力研制新型的、称为"桨扇"的发动机，以缓解当时面临的(　　　)对航空运输业带来的冲击。

9. 表征燃气涡轮发动机好坏的性能参数是(　　　)，其他参数只能表征发动机具有的(　　　)与(　　　)。

10. 现代火箭发动机按其所使用的推进剂的物理状态，可以分为(　　　)、(　　　)和(　　　)。

三、问答题

1. 航空活塞发动机为什么会被航空燃气涡轮发动机所取代？

2. 往复式活塞发动机是如何产生发动机推力的？

3. 用哪些性能参数衡量往复式活塞发动机性能的好坏？

4. 旋转活塞发动机在结构上较往复式活塞发动机有哪些简化？

5. 航空燃气涡轮发动机三个热力循环的热力过程是什么？

6. 进入涡轮喷气发动机燃烧室的气流为什么要分成两股？

7. 涡轮喷气发动机由哪些结构组成？它们的功能是什么？

8．涡轮风扇发动机的工作特点是什么？

9．为什么冲压发动机不能够单独使用，而要和其他发动机组合使用？

10．为什么空气喷气发动机不能在大气层外工作，而火箭发动机不但能在大气层内工作，也可以在没有空气存在的太空中工作？

第4章　飞机的基本构造

4.1　飞机的基本组成结构

4.1.1　飞机的组成结构及其功用

飞机是一个庞大而复杂的、驶离地面的飞行器系统,是人类制造的最复杂的产品之一。飞机自诞生以来,结构形式虽然在不断变化,但到目前为止,除了极少数特殊形式的飞机之外,大多数的飞机都是由机翼、尾翼、机身、起落架、操纵系统、动力装置和机载设备等几个部分组成的。图4-1是一架喷气式旅客机的结构示意图。

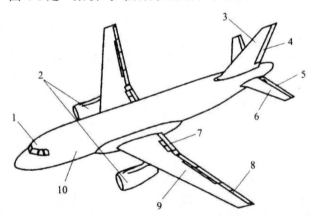

1—驾驶舱;2—发动机;3—垂直尾翼;4—方向舵;5—升降舵;
6—水平尾翼;7—襟翼;8—副翼;9—机翼;10—机身

图4-1　飞机的结构示意图

(1) 机翼。机翼的主要功用是产生升力,以支持飞机在空中的飞行,另外,机翼还起一定的稳定和操纵作用。通常,在机翼上还装有副翼、襟翼、起落架、武器及副油箱等。机翼的平面形状多种多样,常用的有矩形、梯形、后掠、三角、双三角、箭形、边条等。现代飞机一般都是单翼机,但历史上也曾流行过双翼机、三翼机和多翼机。根据单翼机的机翼与机身的连接方式,可分为下单翼、中单翼、上单翼和伞式上单翼(即机翼在机身的上方,由一组撑杆将机翼和机身连接在一起)。

(2) 机身。机身用来装载人员、物资和各种设备,还把飞机其他部分连接起来组成一个整体。早期的飞机仅有一个连接各部件的构架，这样的机身目前在初级滑翔机和超轻型飞机上还可以见到。为了减小阻力，后来发展出流线外形的机身，并用以装载货物、人员和设备等体积较大的承载物。如果飞机足够大，能将人员、货物、燃油等全部装在机翼内部，则可以取消机身，成为机翼式飞机，简称飞翼。

(3) 尾翼。尾翼是安装在飞机后部，起稳定和操纵作用的部件。尾翼一般分为垂直尾翼和水平尾翼。垂直尾翼简称垂尾，由固定的垂直安定面和可动的方向舵组成，在飞机上主要起方向稳定和方向操纵的作用。根据垂尾的数目，飞机可分为单垂尾、双垂尾、三垂尾和四垂尾飞机。水平尾翼简称平尾，由固定的水平安定面和可动的升降舵组成，在飞机上主要起纵向稳定和俯仰操纵的作用。

有的飞机为了提高俯仰操纵效率，采用全动平尾，即平尾没有水平安定面，整个翼面均可偏转。现代不少超声速战斗机，为增加垂尾面积以加强方向静稳定性，采用双垂尾布置，如苏-27、米格-25、F-15、F-18 等飞机。还有一些飞机采用无平尾或前置鸭翼、V 形尾翼等。有一种特殊的 V 形尾翼，既可以起垂直尾翼的作用，也可以起水平尾翼的作用。水平尾翼一般位于机翼之后，但也有的飞机把水平尾翼放在机翼之前，这种飞机称为鸭式飞机。这时，将前置"水平尾翼"称为"前翼"或"鸭翼"。没有水平尾翼(甚至没有垂直尾翼)的飞机，称为无尾飞机。这种飞机的俯仰操纵、方向操纵、滚转操纵均由机翼后缘的活动翼面或发动机的推力矢量喷管控制。

(4) 动力装置。动力装置包括产生推力的发动机，以及保证发动机正常工作所需要的附属系统和附件传动装置，其中包括发动机的启动、操纵、固定、燃油、滑油、散热、防火、灭火、进气和排气等装置和系统。

(5) 操纵系统。操纵系统包括驾驶杆(盘)、脚蹬、拉杆、摇臂或钢索、滑轮等。驾驶杆(盘)控制升降舵(或全动水平尾翼)和副翼，脚蹬控制方向舵。为了改善操纵性能和稳定性能，现代飞机操纵系统中还配备有各种助力系统(包括液压式和电动式)、增稳装置和自动驾驶仪。

(6) 机载设备。机载设备包括飞行仪表、通信、导航、环境控制、生命保障、能源供给等设备，以及与飞机用途有关的一些机载设备，如战斗机的武器和火控系统、旅客机的客舱生活服务设施等。

与飞机相比，直升机的机身、动力装置和起落架与飞机相似，而飞机上没有旋翼。直升机的操纵系统的工作原理与飞机也完全不同。直升机的着陆装置一般采用轮式起落架，而轻型直升机一般采用滑橇式起落架，在飞行中起落架一般不收回。涡轮螺旋桨飞机的桨叶构造与大展弦比直升机的旋翼类似。

4.1.2 载荷、变形和应力的概念

1. 载荷与载荷分类

任何结构和结构中的各个构件，在工作过程中都会受到其他物体对它的作用力，这种作用力通常称为载荷(或外部载荷)。例如，飞行中机翼上的空气动力、起落架等部件的重力都是作用于机翼上的载荷。在载荷的作用下，各种构件的支点都会对它产生反作用力。构件承受的各种载荷和支点的反作用力，统称为作用于该构件的外力。

按作用方式，载荷主要分为集中载荷和分布载荷，如图 4-2 所示。集中载荷是指集中作用于一点上的载荷；分布载荷是指作用在一个面积或长度上的载荷。如果分布载荷的作用面积相对较小，可以把它近似看作是集中载荷，这样在实际中可使问题简化。例如吊装在机翼上的发动机，对机翼的载荷可认为是集中载荷。

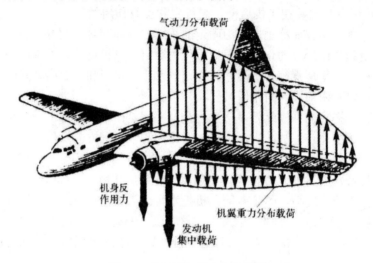

图 4-2　作用于机翼上的外载荷

　　根据载荷作用的构件性质的不同，可以分为静载荷和动载荷。

　　如果载荷是逐渐加到构件上去的，或者载荷加到构件上后，大小和方向不变或变化很小，这个载荷称为静载荷。如飞机停放时起落架所承受的载荷，就是一种静载荷；又如，千斤顶顶飞机时，千斤顶所承受的载荷是逐渐增大的，也属于静载荷。

　　如果载荷是突然加到构件上去的，或者载荷加到构件上后，大小和方向(或其一)有显著变化，这样的载荷称为动载荷。如飞机着陆时起落架所受到的地面撞击力；飞机着陆滑跑时因为跑道不平，飞机各部分承受的力都属于动载荷。

2. 构件在载荷作用下的变形

　　构件在载荷作用下，尺寸和形状都会有不同程度的改变，这种尺寸和形状的改变称为变形。构件在载荷作用下所产生的变形，当载荷去掉后即能消失的叫弹性变形；不能消失的叫永久变形(或残余变形)。

　　构件承受载荷的情况不同，所产生的变形形式也不一样，但基本变形为拉伸、压缩、剪切、扭转和弯曲五种。实际上，飞机结构受力时，各构件的变形往往是比较复杂的，常常是几种变形的组合，称为复合变形。

3. 内力和应力的概念

　　当构件受到外力作用而变形时，材料分子之间的距离发生变化，这时分子之间会产生一种反抗变形、力图使分子间的距离恢复原状的力，这种力叫内力。构件受力变形时所产生的内力，可以利用截面法求得。

　　要判断构件受力的严重程度，仅知道内力的大小是不够的。构件在外力作用下，单位横截面面积上的内力叫做应力。如果内力是均匀分布的，则构件任意截面上的应力等于截面上的总内力除以横截面积。应力可以分成垂直于所取截面和平行于所取截面的两个分量：垂直于横截面的应力称为正应力；平行于横截面的应力称为剪应力。

4. 强度、刚度和稳定性的概念

构件在传力过程中，横截面上的应力要随着载荷的增大而增大。对于由一定材料制成的构件来说，当截面上的应力增大到一定限度后，构件就会损坏(产生显著的永久变形或断裂)。构件在外力作用下，抵抗破坏(或断裂)的能力叫作构件的强度。构件的强度越大，表示它开始损坏时所受到的载荷越大。为了使构件在规定的载荷作用下可靠工作，应保证它具有足够的强度。

构件即使强度足够，但在载荷作用下还可能由于变形量过大而影响工作。因此，构件还应具有足够的抵抗变形的能力。构件在外力作用下抵抗变形的能力称为构件的刚度。构件的刚度越大，在一定的载荷作用下产生的变形越小。

构件在外力作用下保持其原有平衡形式的能力，称为构件的稳定性。细长杆和薄壁结构受压后容易突然失去原有的平衡形式，这种现象叫作失去稳定性，简称失稳。飞机蒙皮在受压后会产生皱折的现象，就是由于蒙皮受压失稳造成的。

要保证构件正常工作，构件必须具有足够的强度、刚度和稳定性。构件的强度、刚度、稳定性与其材料的性质、截面尺寸和形状有关。另外，构件的强度和刚度还与使用、维护的条件有关。例如，构件装配不当，受到划伤或腐蚀等，强度和刚度就会减弱。因此，在构件的维护和使用过程中，应根据构件的性质和受力特点等，注意保持其强度和刚度。

5. 飞机承受的主要应力

所有飞机都要承受拉伸应力、压缩应力、扭转应力(扭矩)、剪切应力和弯曲应力(弯矩)等五种主要应力，如图 4-3 所示。其中，拉伸应力是抵抗试图拉断物体的应力；压缩应力是抵抗压力的应力；扭矩是抵抗产生扭转变形的应力；剪切应力是抵抗试图引起材料某一层与相邻一层产生相对错动之力的应力；弯曲应力是压缩应力和拉伸应力的组合，当杆件受到弯曲作用时，弯曲的内侧面缩短(压缩)，而外侧面拉长(拉伸)。

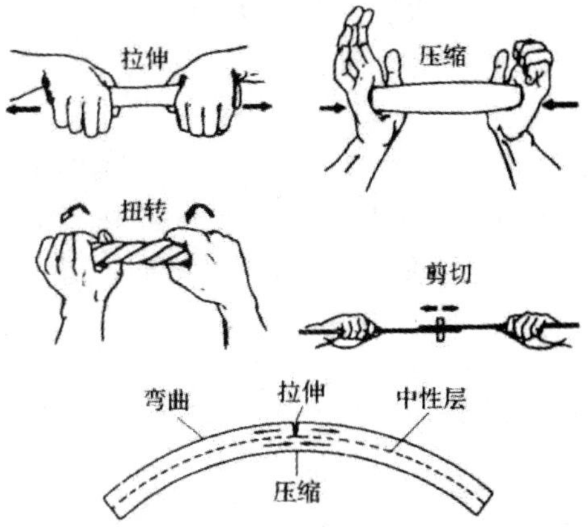

图 4-3　作用于飞机上的五种基本应力

4.1.3　对飞机结构的基本要求

1. 飞机的战术技术和使用技术要求

为了完成各种不同的任务，对于不同的飞机就有不同的技术要求。对于军用飞机称为战术技术要求；对于民用飞机称为使用技术要求。除了满足飞机最大速度、升限、航程、起飞着陆、载重、机动性(对战斗机)等主要技术特性外，军用飞机还应满足使用部门根据国家的战略方针，以及将来面临的作战环境而对飞机提出的任务和使命等战术技术要求；民用飞机还应满足其使用技术要求。

2. 空气动力要求和设计一体化要求

飞机结构应具有良好的空气动力外形，以及必要的准确度和表面质量。飞机的气动外形，主要取决于飞机性能和飞行品质(操纵性、稳定性等)。如果飞机结构达不到必要的气动要求，将会导致飞行阻力增加，升力降低，飞行性能和飞行品质变坏。

为了提高军用飞机的生存能力和战斗力，世界各国正努力发展低可见度的隐身技术，提出飞机设计应向综合性和一体化方向发展，这对飞机结构提出了新的要求。图 1-11 中的 F-117A 隐身攻击机，因隐身要求，机翼下表面与机身上表面均为由许多小平面构成的三棱锥面，并采用了不设任何外挂架的埋入式布局，满足了隐身、结构一体化的要求。

苏-30MK 飞机所采用的翼、身融合技术，要求机翼、机身圆滑过渡，融合为一体，并要求机身沿轴向的形状符合面积律规律，大大改善了飞机的气动性能，但增加了结构的复杂性。飞机、发动机的一体化设计，对既是机体结构的一部分，又是推进系统组成部分的进气道、喷管而言，强调其形状、结构与发动机的匹配设计，用以优化控制飞机与发动机之间气动性能的相互影响。另外，还有飞控、火控、结构一体化设计等发展趋势，给飞机结构设计在满足气动和飞机性能等要求方面增加了新的内容和难度。

3. 结构完整性要求

所谓的结构完整性，是指关系到飞机安全使用、使用费用和功能的机体结构的强度、刚度、损伤容限及耐久性(或疲劳安全寿命)等飞机所要求的结构特性，是飞机结构特性的总体要求。

在第二次世界大战以后的 10 年中，世界各国的军用和民用飞机相继出现因疲劳而造成的灾难性事故，尤以 1954 年英国的"彗星Ⅰ号"客机连续两次坠入大海最为引人注目。之后，大量的分析和研究表明，只按静强度、刚度设计的飞机并不安全。飞机使用寿命的提高(飞机的使用寿命，战斗机由以前的 1500 飞行小时提高到 5000～8000 飞行小时；运输机由 2000 飞行小时提高到 30 000～60 000 飞行小时)，高强度材料的应用(一般疲劳性能较差)和使用应力水平的提高，均增加了结构疲劳破坏的可能性。因此，飞机设计在静强度、刚度的基础上，又引入了抗疲劳的安全寿命设计理念。安全寿命设计理念从 20 世纪 50 年代起，一直延续至今，已经积累了丰富的经验。

20 世纪 60 年代末期的几年中，原按疲劳安全寿命设计的多种美国空军飞机出现了某些断裂事故。经分析和研究表明，按安全寿命设计并不能确保飞机的安全，因为它没有考虑到实际结构在使用之前，由于材料在生产制造和装配过程中存在不可避免的漏检的初始缺陷和损伤，以及当时使用的高强度或超强度合金的断裂韧性降低等原因。这些缺陷、损伤在使用过程中，在重复载荷作用下将不断扩展，直到扩展失控造成结构破坏和灾难性事故，因此又引入了损伤容限设计概念。

损伤容限设计概念承认结构在使用前就带有初始缺陷，必须把这些缺陷或损伤在规定的未修使用期内的增长控制在一定的范围内，在此期间，受损结构应满足规定的剩余强度要求，以保证飞机结构的安全性和可靠性。

4. 最小重量要求

在满足飞机的空气动力要求和结构完整性的前提下，应使结构的重量尽可能减轻，即达到最小重量要求。因为结构重量的增加，在总重量不变的情况下，就意味着有效载荷的减小，或飞行性能的降低。减轻结构重量是飞机设计和制造人员的重要使命，也是飞机型号研制成功的关键。世界各国所有的飞机设计和制造部门，都有一个共同的口号："为减轻飞机的每一克重量而奋斗"。

合理的结构布局是减轻结构重量最主要的环节，飞机通常用结构重量系数来表示结构设计水平。结构重量系数是用飞机结构重量与飞机正常起飞重量的百分比来表示的。统计结果表明，第一代歼击机的结构重量系数平均在 35%左右，第二代歼击机的结构重量系数平均在 33%左右，第三代歼击机的结构重量系数平均在 30.5%左右。目前发展的第四代歼击机，如美国的 F-22 飞机，据悉结构重量系数为 28%。

5. 使用维修要求

飞机的各部分(包括主要结构和装在飞机内的电子设备、燃油系统等各个重要设备和系统)，必须分别按规定的周期检查、维护和修理。良好的维修性可以提高飞机在使用中的安全可靠性和保障性，并能有效地降低保障使用成本。对于军用飞机，尽量缩短每飞行小时的维修时间和再次出动的时间，还可以保证飞机及时处于临战状态，提高战备完好性。为了使飞机有良好的维修性，在结构上需要布置合理的分离面与各种舱口，在结构内部安排必要的检查、维修通道，增加结构的开敞性和可达性。

6. 工艺要求

飞机结构要求有良好的工艺性，便于加工、装配。这些工艺要求，必须结合产品的数量、机种、需要的迫切性与加工条件等综合考虑。对于复合材料等新材料，还应对材料、结构的制作和结构修理的工艺性予以重视。

7. 经济性要求

经济性要求过去主要是指生产和使用成本。近年来，全寿命周期费用(LCC)概念(也称全寿命成本)被提出。全寿命周期费用，主要是指在飞机的概念设计、方案论证、全面研制、生产、使用与保障等五个阶段，直到退役或报废期间所付出的一切费用之和。其中，生产费用与使用、保障费用约占全寿命周期费用的 85%左右。而减少生产费用最根本的措施是提高结构设计的合理性；影响使用和保障费用的关键是提高可靠性和维护性，也与结构设计直接有关。

4.2 机翼、尾翼及其载荷

4.2.1 机翼载荷

(1) 空气动力载荷。空气动力载荷是分布载荷(见图 4-2)，单位为 Pa。它可以是吸力或压力，直接作用在机翼的表面上，形成机翼的升力和阻力，其中升力是机翼最主要的外载荷。

(2) 部件、装载传来的集中载荷，包括机翼上连接的其他部件(如起落架、发动机)、副翼、襟翼等，以及布置在机翼内、外的各种装载(如油箱、炸弹)。由于这些部件、装载一般都是以有限的连接点与机翼主体结构相连接的，因此不论是起落架传来的地面撞击力，或是副翼等翼面上的气动载荷，以及机翼上各部件、装载本身的质量力(包括重力和惯性力)，都是通过连接点以集中载荷的形式传给机翼的(见图 4-2)。机翼整体油箱的燃油载荷(包括燃油的质量力和油箱增压载荷等)，则为分布载荷。

(3) 机翼结构的质量力。机翼本身结构的质量力为分布载荷，其大小与分布情况取决于机翼结构质量的大小与分布规律，它的数值比气动载荷要小得多。在工程计算中，其分布规律可近似认为与弦长成正比。

(4) 机翼的总体受力。机翼的各种外载荷都在机翼和机身的连接处，由机身提供支持来平衡。这样，就可以把机翼看作是固定在机身上的一个"梁"。当机翼分成两半，与机身在其左、右两侧相连接时，可把每半个机翼看作是支持在机身上的悬臂梁；若左、右机翼连接成一个整体，则可把它看作是支持在机身上的双支点外伸梁。这两种情况虽然在支持形式上有所不同，但对机翼结构来说，都可以看作是固定在机身上的悬臂梁，因而要产生弯曲和扭转变形。因此，在各种外载荷作用下，机翼的各截面要承受剪力、弯矩和扭矩。由于机翼结构沿水平方向尺寸较大，所以水平剪力和水平弯矩对飞机结构受力影响较小，在受力分析时只分析垂直剪力、扭矩和垂直弯矩，如图 4-4 所示。

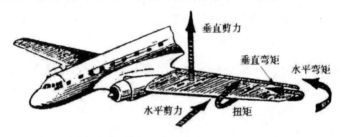

图 4-4　机翼上所受的剪力、弯矩和扭矩

4.2.2　机翼受力构件的基本构造

机翼结构的受力构件主要分蒙皮和骨架结构，如图 4-5 所示。骨架结构中，纵向构件有翼梁、长桁(桁条)、纵墙(腹板)，横向构件有翼肋(普通翼肋和加强翼肋)。

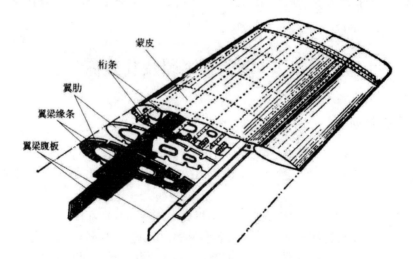

图 4-5　机翼结构的基本组成构件

1．翼梁

在各种形式的机翼结构中，翼梁是单纯的受力构件，主要承受剪力和弯矩。在有的结构形式中，它是机翼主要的纵向受力构件，承受机翼的全部或大部分弯矩。翼梁大多是根部与机身牢固连接。翼梁的结构形式可以分为腹板式、整体式和桁架式三种，如图 4-6 所示。

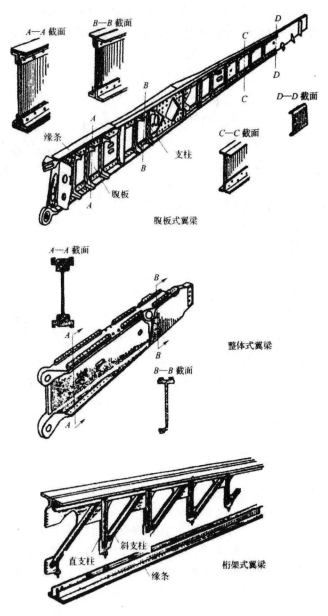

图 4-6　翼梁的类型及其构造

现代飞机的机翼一般都采用腹板式金属翼梁，由缘条和腹板铆接而成。缘条用铝合金或合金钢的厚壁型材制成，用于承受拉力和压力；腹板用铝合金板制成，用于承受剪力。薄壁腹板上往往还铆接了许多铝合金支柱，以增强其抗剪稳定性和连接翼肋。为了合理地利用材料和减轻机翼的结构重量，缘条和腹板的截面积一般都是沿翼展方向改变，即翼根部分的横截面面积较大，翼尖部分的横截面面积较小。腹板式翼梁的构造简单，制造方便，受力特性好，还可作为整体油箱的一块隔板。

　　某些飞机上采用了整体式翼梁，它是一种用高强度的合金钢锻造制成的腹板式翼梁。整体式翼梁的刚度大，截面尺寸可以更好地符合等强度要求。此外，在翼型较厚的低速重型飞机上，也常采用桁架式翼梁。这种翼梁由上、下缘条和许多直支柱、斜支柱连接而成。翼梁受剪力时，缘条之间的支柱承受拉力和压力。缘条和支柱，有的采用铝合金管或钢管制成，有的则用厚壁开口型材制成。

2. 长桁

　　图 4-7 是各种长桁的示意图。长桁(也称桁条)是与蒙皮和翼肋相连接的构件，其上作用有气动载荷。在现代机翼中，它一般都参与机翼的总体受力，承受由机翼弯矩引起的部分轴向力，是纵向骨架中的重要受力构件之一。长桁支持蒙皮，防止蒙皮在承受局部空气动力时产生过大的局部变形，并与蒙皮一起把局部空气动力传给翼肋，提高蒙皮的抗剪和抗压稳定性。

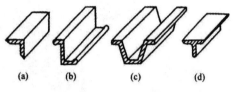

图 4-7　各种长桁的示意

3. 纵墙

　　纵墙(包括腹板)是纵向骨架构件之一。纵墙与翼梁的区别在于其凸缘很薄，或者没有凸缘，只有腹板。纵墙的缘条比翼梁的缘条弱得多，但大多强于一般的长桁。纵墙与机身的连接被看作铰接，只能传递力，不能传递力矩。腹板或没有缘条，或缘条与长桁的强度一样。纵墙和腹板一般都不能承受弯矩，但可与蒙皮组成封闭盒段以承受机翼的扭矩，后墙还有封闭机翼内部容积的作用。图 4-8 是纵墙的示意图。

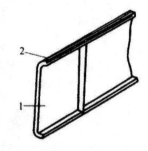

1—腹板；2—很弱的缘条

图 4-8　纵墙的示意

4. 翼肋

　　翼肋按其功用可分为普通翼肋和加强翼肋两种。翼肋的构造形式有腹板式普通翼肋、腹板式加强翼肋和桁架式翼肋，如图 4-9 所示。普通翼肋的功用是构成并保持规定的翼型，把蒙皮和长桁传给它的局部空气动力传递给翼梁腹板，而把局部空气动力形成的扭矩通过铆钉以剪力的形式传给蒙皮，支持蒙皮、长桁和翼梁腹板，以提高它们的稳定性。加强翼肋除了具有普通翼肋的作用外，还要承受和传递较大的集中载荷，在开口边缘处的加强翼肋还要把扭矩集中起来传给翼梁。

　　腹板式普通翼肋通常都用铝合金板制成，其弯边用来同蒙皮和翼梁腹板铆接。周缘弯边和与它铆接在一起的蒙皮，作为翼肋的缘条，承受弯矩；翼肋的腹板则承受剪力。这种翼肋的腹板，强度一般都有富余，为了减轻重量，腹板上往往开有大孔。利用这些大孔，还可穿过副翼、襟翼等的传动构件。为了提高腹板的稳定性，开孔处往往还压成卷边，有时腹板上还铆着加强支柱，或者压成凹槽。

腹板式加强翼肋的缘条，是由铝合金型材制成的。为了承受较大的集中载荷，加强翼肋的腹板较厚，有时还采用双层腹板，或者在腹板上用支柱加强。

桁架式翼肋的构造与桁架式翼梁相似，也由缘条、直支柱和斜支柱组成。有些翼型较厚的机翼，采用这种翼肋来承受较大的集中载荷。

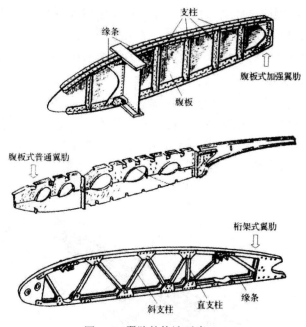

图 4-9　翼肋的构造示意

5．蒙皮

蒙皮是覆盖在骨架外的受力构件，它的直接功用是形成流线型的机翼外表面。为了使机翼的阻力尽量小，蒙皮应力求光滑，减小它在飞行中的凹凸变形。从受力看，气动载荷直接作用在蒙皮上，因此蒙皮承受垂直于其表面的局部气动载荷。此外，蒙皮还参与机翼的总体受力，它和翼梁或翼墙的腹板组合在一起，形成封闭的盒式薄壁结构，承受机翼的扭矩。当蒙皮较厚时，它与长桁、翼梁缘条一起组成壁板，承受由机翼弯矩引起的剪切力。

现代飞机的机翼通常都采用铝合金蒙皮，它的厚度随机翼的结构形式和它在机翼上的部位确定。由于机翼前缘承受的局部空气动力较大，飞行中又要求它能够更准确地保持外形，而翼根部位承受的扭矩和弯矩通常较大，所以一般机翼的前缘和翼根部位的蒙皮最厚，后缘和翼尖部位的蒙皮较薄。为了避免由于各块蒙皮的厚度不同而影响机翼表面的光滑性，某些飞机还采用了变厚度的过渡蒙皮。复合材料蒙皮，由于其特殊的优异性能，被广泛地用于第四代战斗机和近些年来设计的飞机的机翼翼面结构上。图 4-10 是蒙皮的示意图。

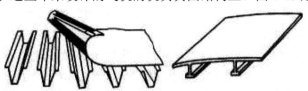

　　(a) 金属蒙皮　　　　　(b) 整体蒙皮(整体壁板)

图 4-10　蒙皮的示意

4.2.3　机翼结构的基本构造形式

机翼在载荷作用下，由某些构件起主要受力作用，其他的构件起次要作用。所谓机翼结构的受力形式，是指结构中那些起主要受力作用的构件的组成形式。各种不同的受力形式表征了机翼结构不同的总体受力特点，受力形式比相应的真实机翼结构简单得多。传统机翼根据受力形式不同有薄蒙皮梁式机翼、多梁单块式机翼和多墙厚蒙皮式机翼等，此外还有混合式构造的机翼。

1. 薄蒙皮梁式机翼

薄蒙皮梁式机翼的主要构造特点是纵向有强度较强的翼梁(有单梁、双梁或多梁等)；蒙皮较薄；长桁较少且弱；梁缘条的剖面与长桁相比要大得多；有时还布置有纵墙。薄蒙皮梁式机翼通常不制作成一个整体，而是分为左、右两个机翼。机翼在机身的左、右侧边处设计有分离面，并在分离面处借助几个梁、墙根部传递集中载荷的对接接头与机身连接，如图 4-11 所示。

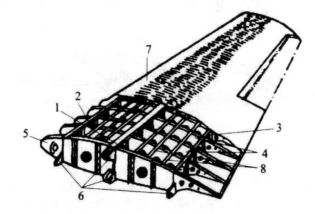

1—翼梁；2—前纵墙；3—后纵墙；4—普通翼肋；5—加强翼肋；

6—对接接头；7—硬铝蒙皮；8—长桁

图 4-11　薄蒙皮梁式机翼

薄蒙皮梁式机翼中的翼梁是主要受力构件，承受剪力以及由弯矩引起的轴向力，薄蒙皮和弱长桁均不参加机翼总体弯矩的传递。由于翼梁之间的跨度较大，因此便于利用机翼的内部容积。与其他结构的受力形式相比，薄蒙皮梁式机翼便于开口收藏其他机构(如起落架)，而不致于破坏原来的主要传力路径。机翼、机身通过几个集中接头连接，简单、方便。

2. 多梁单块式机翼

从构造上看，多梁单块式机翼的长桁较多且强度较强，蒙皮较厚，长桁、蒙皮与翼梁缘条组成可以承受轴向力的壁板而承受总体弯矩。一般翼梁缘条的剖面面积与长桁的剖面面积接近或略大，有时就只布置有纵墙。翼梁或纵墙与壁板形成封闭的盒段，增强了翼面结构抵抗扭矩的刚度。为了充分发挥多梁单块式机翼的受力特点，左、右机翼一般连成整体并贯穿机身。有时为了使用、维护的方便，在展向布置有设计分离面。分离面处采用沿翼盒周缘分散连接的形式将整个机翼连成一体，然后整个机翼另外通过几个接头与机身相连接，如图 4-12 所示。

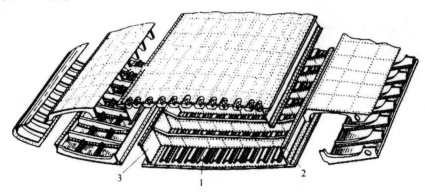

1—长桁；2—翼肋；3—纵墙或翼梁的腹板

图 4-12　多梁单块式机翼

多梁单块式机翼的上、下壁板成为主要的受力构件，刚度特性好(这对后掠机翼很重要)。同时，由于结构分散受力，能更好地利用剖面结构高度，因而在某些情况下(如飞机速度较快时)材料利用率较高，质量可能较轻。此外，多梁单块式机翼比薄蒙皮梁式机翼的生存力要强，但它的缺点是不便于开口。

3. 多墙厚蒙皮式机翼

多墙厚蒙皮式机翼有时称为多梁厚蒙皮式机翼。这类机翼布置了较多的纵墙(一般多于5 个)，蒙皮厚(可从几毫米到十几毫米)，无长桁，翼肋很少，但结合承受集中力的需要，至少每侧机翼上要布置 3～5 个加强翼肋。当左、右机翼连成整体时，与机身的连接与多梁单块式机翼类似。但有的与薄蒙皮梁式机翼类似，分成左、右机翼，在机身侧边与之相连。这时往往由多纵墙式过渡到多翼梁式，用少于纵墙数量的几个翼梁的根部集中对接接头，在根部与机身相连接，如图 4-13 所示。

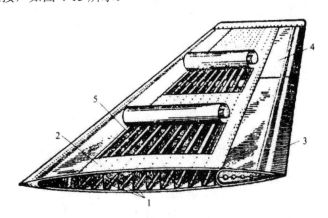

1—纵墙；2—蒙皮；3—襟翼；4—副翼；5—纵墙的缘条

图 4-13　多墙厚蒙皮式机翼

多墙厚蒙皮式机翼主要由上、下厚蒙皮承受弯矩，与薄蒙皮梁式机翼和多梁单块式机翼相比，它的材料分散性更大。一般来说，多墙厚蒙皮式机翼的刚度大，材料利用率也更好一些。然而，它也存在类似于多梁单块式机翼的缺点。

4.2.4　机翼上的活动面

　　副翼和襟翼是附属于机翼的常见活动小翼面，如图 4-14 所示，其功用与工作原理在第 2 章中已经阐述。它们的主要受力构件与机翼相似，但因位于机翼前、后缘，故外形具有窄、长、薄的特点，在气动力的作用下容易弯曲变形，导致操纵时偏转不灵活，甚至出现"卡死"现象。所以某些大型飞机常将襟(副)翼分成几段，以减少自由长度。

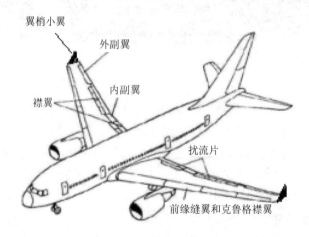

图 4-14　飞机机翼上的活动面

　　有些翼展短的飞机，常将副翼和襟翼合为一体，称为襟副翼。当左、右机翼上的襟副翼同时向下偏转时，襟副翼起襟翼作用；当左、右机翼上的襟副翼向相反方向偏转时，襟副翼起副翼的作用。

　　在无尾三角翼飞机上，襟副翼与升降舵合为一体，称为升降副翼。

　　大部分飞机会在翼梢位置安装一个竖直的小翼，称为翼梢小翼，其作用主要是减小飞机飞行过程中的诱导阻力。此外，为了增大飞机着陆的阻力，减少飞机滑跑距离，使飞机安全快速降落，飞机在后缘位置安装有扰流片(扰流板)。

4.2.5　尾翼载荷及尾翼结构

　　飞机的尾翼是重要的部件之一，其主要功用是保证飞机的纵向和横向平衡，并使飞机在纵向、横向两个方向具有必要的稳定性和操纵性。一般飞机的尾翼包括水平尾翼(简称平尾)和垂直尾翼(简称垂尾或立尾)。通常低速飞机的尾翼都是分为可动的舵面(方向舵、升降舵)和固定的安定面(垂直安定面、水平安定面)两个部分，如图 4-15 所示。但是在超声速飞机飞行时，因为舵面的操纵效能大大降低，有时甚至降低

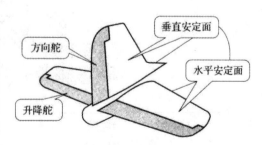

图 4-15　尾翼的组成

一半，要保证尾翼的操纵能力，就必须使整个尾翼都偏转，于是在高速飞机上就出现了全

动尾翼。

尾翼上的空气动力载荷按其作用分为三类。第一是平衡载荷。平衡载荷是用以保证飞机纵向气动力矩平衡而作用在水平尾翼上的载荷。这时水平安定面上的载荷往往与升降舵的载荷相反，因而水平尾翼承受了较大扭矩。第二是机动载荷。机动载荷是在不平静气流或机动飞行时，偏转升降舵或方向舵产生的载荷，这是尾翼的主要受力情况。第三是不对称载荷。对水平尾翼来说，由侧滑或滚转引起的载荷是不对称载荷，它一般比机动载荷小得多。但这个不对称载荷引起的扭矩却较大，对机身结构有一定影响。除了滚转影响外，不对称的发动机也会引起垂直尾翼上的载荷。

尾翼一般也是由梁、肋、桁条和蒙皮组成的，构成的方法与机翼相似，如图 4-16 所示。尾翼承受的应力也与机翼相似，由气动载荷引起的弯矩、扭矩和剪力，从一个构件传到另一个构件。每个构件分担一部分应力，而把剩余的应力传给其他构件，最终传给翼梁，翼梁再把它传到机身结构上。

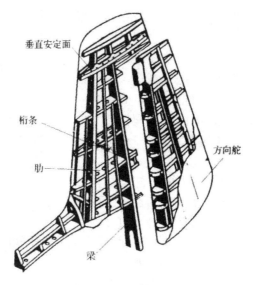

图 4-16　尾翼结构

4.3　机身及其载荷

4.3.1　机身载荷

机身是飞机的一个重要部件，它的主要功用是安置空勤人员、旅客，装载燃油、武器、设备和货物等。把机翼、尾翼和起落架(歼击机一般还有发动机)连接在一起，就构成一架完整的飞机。机翼、尾翼和起落架部件通过固定在机身上的接头，把作用在其上的载荷都传到机身上，和机身上的其他载荷一起达到受力平衡，因而机身是整架飞机的受力基础。机身上的主要载荷有以下四种：

(1) 空气动力载荷。由于机身基本上为对称流线体，因而机身上除局部位置外，气动载荷都较小，只有在机身头部和一些曲度较大的突出部位(如座舱盖)的局部气动载荷较大，因此,空气动力应作为这些部位的主要设计载荷之一。但是机身分布的气动力对机身的总体载荷基本没有影响,如图 4-17 所示。

(2) 装载加给机身的力。机身内的各种装载与机身结构本身都会产生质量力,其中尤以各种装载的质量力影响较大。质量力的大小与载荷因数成正比,而沿机身轴线各点上的装载大小与方向不一定相同,故也会影响到质量力的大小与方向。它们有的为集中力形式(如装载通过集中接头连接到机身结构上时),有的为分布力形式(如客舱、货舱内载重的质量力)。

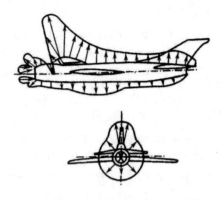

图 4-17　机身表面的压力分布(对称情况)

(3) 其他部件传来的力。其他部件传来的力主要指在飞行或起飞、着陆滑跑中,从机翼、尾翼或起落架上传来的力。若发动机安装在机身上,则还有发动机推力和陀螺效应产生的集中力。

(4) 增压载荷。增压载荷在机身增压舱部位,基本保持自身平衡,不影响机身的总体载荷,但它会在机身增压舱结构内产生轴向正应力和机身横截面内的环向正应力,对气密舱的前、后端框产生侧压力。对于旅客机的气密舱而言,这是一个重要的疲劳载荷。

机身的总体受力特点是机身上的全部载荷在与机翼连接处得到平衡,因此可把机身看成是支持在机翼上的双支点或多支点外伸梁。支点数以及支点提供的支反力性质,视机身、机翼的连接接头的具体情况而定。当机身受到各种情况下的载荷时,机身结构会产生在垂直对称面内和水平面内的弯曲,以及绕机身轴线的扭转。相应地,在机身结构中,也会引起两个平面内的剪力、弯矩和绕轴向直线的扭矩等内力,如图 4-18 所示。

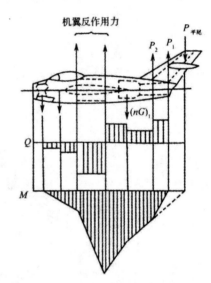

图 4-18　机身对称平面内的载荷及内力

综上所述,机身的受力一般与机翼很相似。但对机翼来说,水平载荷较其垂直载荷(如升力)小得多,而且机翼结构在水平方向的尺度较垂直方向大,因而在结构分析时,常略去水平载荷。对于机身来说,垂直方向和水平方向的载荷为同一数量级,且机身结构在这两个方向上的尺度相差不大,因此在机身结构分析时,两个方向上的载荷都要考虑。

4.3.2　机身受力构件的基本构造

现代飞机的机身是由纵向构件(沿机身纵轴方向)如长桁、桁梁,以及垂直于机身纵轴的横向构件如隔框、蒙皮组合而成的。机身结构各构件的功用,与机翼结构中相应的长桁、翼肋、蒙皮的功用基本相同。

1．隔框

作为横向构件的隔框分为普通框和加强框。

普通框主要用于维持机身的截面形状，承受蒙皮的局部载荷，一般沿机身周边的空气压力对称分布，这时空气动力在框上自身平衡，不再传到机身的其他结构上去。普通框一般都为环形框，如图 4-19 所示。当机身为圆截面时，普通框的内力为环向拉应力；当机身截面有局部是接近平直段时，普通框内就会产生弯曲内力。此外，普通框还受到因机身弯曲变形而引起的分布压力 p_1，　p_1 是自身平衡的力系，如图 4-20所示。普通框还对蒙皮和长桁起支持作用，且隔框的间距影响长桁的总体稳定性。

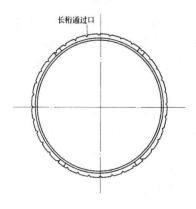

图 4-19　普通框的构造

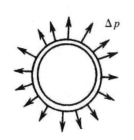

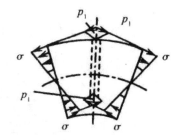

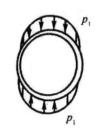

(a) 空气压力载荷　　　　　(b) 机身弯曲变形引起的压力 p_1　　　　(c) 压力 p_1 的分布

图 4-20　普通框的载荷

图 4-21 是加强框的构造图。加强框除了有普通框的作用外，其主要功用是将装载的质量力和其他部件(如机翼、尾翼等)上的载荷，经连接接头传递到机身结构上的集中力加以分散，然后以剪流的形式将力传给机身蒙皮。

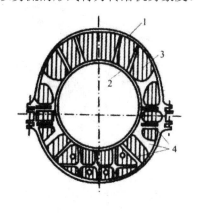

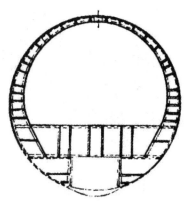

(a) 整体式刚框式加强框　　　　　　　　(b) 腹板式加强框

1—外缘条；2—内缘条；3—腹板；4—支柱

图 4-21　加强框的构造

2. 长桁与桁梁

长桁作为机身结构的纵向构件，在桁条式机身中主要承受机身弯曲时引起的轴向力。另外，长桁对蒙皮有支持作用，提高了蒙皮的受压、受剪失稳的临界应力，承受了部分作用在机身蒙皮上的空气动力并传给隔框。桁梁的作用与机翼的长桁相似，只是截面积比长桁大。

3. 蒙皮

机身蒙皮在构造上的功用是构成机身的气动外形，并保持表面光滑，承受局部空气动力。在增压密封座舱部位的蒙皮将承受内压载荷，并将其传递给机身骨架。蒙皮在机身总体受载中起着很重要的作用，承受了垂直和水平两个平面内的剪力和扭矩。同时，它和长桁等一起组成壁板，承受垂直和水平两个平面内的弯矩引起的轴向力。但是随构造形式的不同，机身承受弯矩时它的作用大小也不同。

4.3.3 机身结构的基本构造形式

根据蒙皮承受弯矩的程度不同，机身可分为桁梁式机身、桁条式机身和硬壳式机身三种构造形式，如图 4-22 所示。

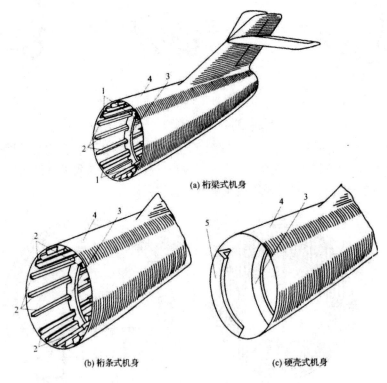

(a) 桁梁式机身

(b) 桁条式机身　　　　(c) 硬壳式机身

1—桁梁；2—长桁；3—普通隔框；4—蒙皮；5—加强隔框

图 4-22　机身的构造形式

1. 桁梁式机身

桁梁式机身(见图 4-22(a))的结构特点是有几根强度较强的桁梁，且桁梁的截面积较大，而机身结构上的长桁数量较少，强度较弱。长桁甚至可以不连续，且蒙皮较薄。这种结构的机身，由弯曲引起的拉、压轴向力主要由桁梁承受，蒙皮和长桁只承受很小一部分的轴向力，而剪力则全部由蒙皮承受。普通隔框的作用是维持机身外形，支持纵向构件。加强隔框除维持外形外，主要承受集中载荷，如机翼、尾翼和机身连接的接头等都安排有加强隔框。

从桁梁式机身的受力特点可以看出，在桁梁之间布置大开口不会显著降低机身的抗弯强度和刚度。虽然因大开口会减小结构的抗剪强度和刚度而必须补强，但相对桁条式机身和硬壳式机身的结构来说，同样的开口，桁梁式机身的补强引起的重量增加较少，因此桁梁式机身便于开较大的舱口。

2. 桁条式机身

桁条式机身(见图 4-22(b))的特点是没有桁梁，而长桁布置得较密、强度较强，蒙皮较厚。这时，机身弯曲引起的拉、压轴向力，将由许多长桁与较厚的蒙皮组成的壁板来承受，剪力则全部由蒙皮承受。普通隔框和加强隔框的作用与桁梁式机身相同。

从桁条式机身受力的特点可以看出，蒙皮上不宜开大口。但与桁梁式机身相比，它的弯、扭刚度(尤其是扭转刚度)较大。由于蒙皮较厚，在空气动力的作用下，蒙皮的局部变形也小，有利于改善空气动力性能。

3. 硬壳式机身

硬壳式机身(见图 4-22(c))由蒙皮与少数隔框组成，其特点是没有纵向构件。蒙皮较厚，由蒙皮承受机身的总体弯、剪、扭引起的全部轴向力和剪力。普通隔框和加强隔框用于维持机身的截面形状，支持蒙皮和承受、扩散隔框平面内的集中力。

硬壳式机身的优点是结构简单，气动外形光滑，内部空间可全部利用。但机身的相对载荷较小，而且机身不可避免地要大开口，这样会使蒙皮材料利用率不高。因为开口补强增重较大，所以硬壳式机身实际上用得很少，只在机身结构中某些气动载荷较大、要求蒙皮局部刚度较大的部位，如机身头部、机头罩、尾锥等处采用。

4.4 起 落 架

起落架是供飞机起飞、着陆时，在地面上滑跑、滑行和移动、停放用的。起落架是飞机的主要部件之一，其工作性能的好坏以及可靠性直接影响飞机的使用和安全。飞机上安装起落架要达到的两个目的：一是吸收并耗散飞机与地面的冲击能量和飞机的水平动能；二是保证飞机能够自如而又稳定地完成在地面上的各种动作。现代飞机大部分在陆上起飞、着陆，也有在水上或航空母舰上起飞、降落的。在陆上起飞、着陆时通常使用带机轮的起落架，在雪地上起飞、着陆时常采用雪橇。

现代飞机的起落架不单纯是一个机构，而且是一种相当复杂的机械装置，如图 4-23 所示。它包括缓冲系统、受力支柱(有时这两者合二为一)、撑杆、机轮、刹车装置和防滑控制系统、收放机构、电气系统、液压系统，以及其他一些系统和装置。因此，起落架结构比飞机其他结构要涉及更多的工程，涉及起落架的技术是一门跨学科的综合技术。

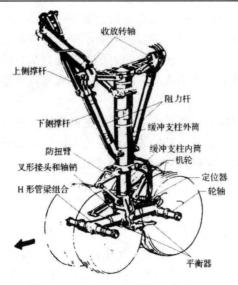

图 4-23　小车式主起落架(四机轮)

4.4.1　起落架的配置形式

在飞机出现的初期，曾采用过四点式起落架。后来的实践证明，只要有三个支点，飞机就可以在地面稳定地运动。起落架按机轮支点数目和位置来分，一般有后三点式起落架、前三点式起落架和自行车式起落架三种。

1. 后三点式起落架

图 4-24 为后三点式起落架的示意图。它的两个支点(主轮)对称地安置在飞机重心前面，第三个支点(尾轮)位于飞机机身的尾部。与前轮(主轮)相比，尾部受载小，结构简单，重量较轻，又短又小，容易布置和收藏。同时，着陆滑跑时迎角大，可利用较大的阻力来进行减速，缩短滑跑距离。小型低速装有活塞式发动机的飞机，一般采用后三点式起落架。

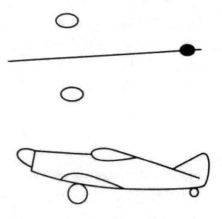

图 4-24　后三点式起落架

但是，采用后三点式起落架的飞机，在高速滑跑时，为了缩短滑跑距离，在机轮上安装了刹车装置，结果却增大了飞机向前倒立(俗称"拿大顶")的可能性。再者，起飞、着陆时操纵困难，滑行稳定性差。在停机、起落滑跑时，机身仰起，向下的视线也不好。

2. 前三点式起落架

图 4-25 为前三点式起落架的示意图。它的两个支点(主轮)对称地安置在飞机重心后面，第三个支点(前轮)位于飞机机身的前部。这样，飞机着陆时容易操纵，在地面运动的方向稳定性好。同时，飞机着陆时可猛烈刹车，不会使飞机发生倒立，从而可采用高效率刹车装置，以大大缩短着陆滑跑距离，这对高速飞机很有利。再者，飞机的纵向轴线接近水平

位置，因此乘员较舒适，驾驶员的前方视界好；飞机滑跑阻力小，起飞加速快，可避免喷气式发动机的喷流烧坏机场跑道。随着飞机速度的增大，为保证飞机的着陆安全，现代高速飞机广泛采用前三点式起落架。

但是，前三点式起落架承受的载荷较大，尺寸大，结构复杂，重量也较大，因而起飞时飞机抬头难一些。在飞机(特别是战斗机)头部常装有雷达、电气、无线电设备和武器，特别是当飞机头部装有发动机时，前三点式起落架的布置和收藏就更困难。另外，前轮在高速滑跑中还会出现摆动现象，因此需要有防止摆动的措施，这样，前三点式起落架的结构就更复杂了。

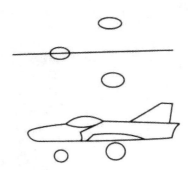

图 4-25　前三点式起落架

3．自行车式起落架

图 4-26 为自行车式起落架的示意图。它的两个机轮(前、主起落架)分别安置在机身下的飞机重心前后，并收藏在机身内。为防止飞机在滑行和停放时倾斜，另有两个辅助轮对称地安置在机翼(通常是在翼尖处)下面。

自行车式起落架常配置于机翼较薄而难于收藏起落架的飞机上。这种起落架也可用于上单翼的轰炸机上，以减小起落架的长度。这种起落架基本上具备前三点式起落架的优点，但由于前机轮比前三点式起落架更靠近重心，因此要承担约 40%的总载荷，起飞时抬头就困难一些。有时还要安装自动增大起飞迎角的装置，如采用起飞滑跑时

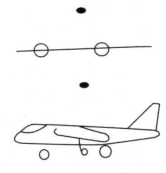

图 4-26　自行车式起落架

前起落架支柱伸长或后起落架支柱缩短的方法来增加迎角。另外，因其不能采用左、右轮刹车阻力不同的方式来帮助飞机转弯，所以要在前轮上安装转弯机构，使结构复杂，重量增加。为使前、主起落架都收藏在机身内，所需的开口一般会使结构增重较多(与其他形式的起落架相比)。这种形式的起落架仅在个别飞机上使用，如英国的"鹞"式垂直、短距起落战斗机。

4.4.2　起落架的结构形式

起落架(机轮起落架)主要由受力支柱、缓冲器(当受力支柱和缓冲器合成一个构件时则称为缓冲支柱)、扭力臂或摇臂、机轮和刹车装置等主要构件组成。常用的起落架结构有构架式、支柱式和摇臂式三种。

1．构架式起落架

构架式起落架的受力支柱和缓冲器合为缓冲支柱，既承受飞机重力，又起缓冲作用，如图 4-27 所示。承力构件中的缓冲支柱及其他杆件(如撑杆)都是互相铰接的，机轮通过承力构件与机身和机翼相连接(与机身的加强隔框或机翼的加强翼肋通过连接接头相连)。当机轮与地面撞击时，只承受拉伸或压缩的轴向力，不承受弯矩，因此构造较简单，重量也较轻。但这种起落架的外廓尺寸大，很难收入飞机内部，都是固定不能收放的。构架式起

落架主要用于轻型低速飞机，对于现代高速飞机来说，因难于收放已不再采用。

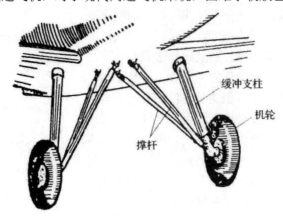

图 4-27　构架式起落架

2. 支柱式起落架

支柱式起落架的支柱就是由外筒和活塞杆套接起来的缓冲支柱，机轮直接装在支柱下端，支柱上端固定在机身骨架上。支柱套筒式起落架分单支柱套筒式起落架和双支柱套筒式起落架。双支柱套筒式起落架的重量和体积较大，而且两个缓冲支柱的动作很难做到完全一致，因此目前已很少采用。

单支柱套筒式起落架又可分为张臂式起落架和撑杆式起落架两种，如图 4-28 所示。张臂式起落架的支柱就像一根一端固定在机身骨架上的张臂梁(见图 4-28(a))。为了减小起落架支柱的受力，很多飞机采用了撑杆式起落架(见图 4-28(b))。这种起落架的支柱相当于一根双支点外伸梁，由于斜撑杆的支持作用，支柱所承受的侧向弯矩可大大减小。斜撑杆往往还作为起落架的收放连杆，或者斜撑杆本身就是收放作动筒。扭力臂的作用是制止缓冲支柱的外筒和内部活塞杆的相对运动，因而不影响机轮的滑跑方向。撑杆式起落架常用于起落架较长、使用跑道路面较好、前方撞击较小的飞机，并更多地在主起落架上采用。

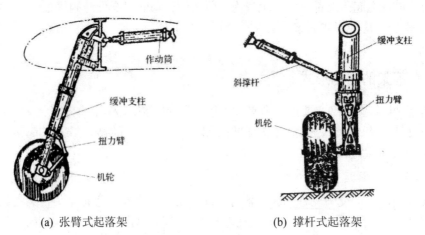

(a) 张臂式起落架　　　　　　　　(b) 撑杆式起落架

图 4-28　支柱式起落架

支柱式起落架的结构特点：其一，结构紧凑，重量较轻，容易收藏；其二，在飞机着陆和滑行过程中，起落架在承受水平撞击时，载荷通常不通过支柱轴线，起落架要承受较大的弯矩，缓冲支柱不能很好地起缓冲作用；其三，缓冲支柱要承受较大的弯矩，使活塞杆和支柱外筒接触的部位产生较大的摩擦力。这样，不仅容易磨损缓冲支柱的密封装置，而且也将影响其工作性能。由于密封性较差，缓冲器内部灌充的气体压力将受到限制，因而缓冲器行程较大，整个支柱较长，重量增加。

3．摇臂式起落架

摇臂式起落架的机轮不与缓冲支柱直接相连，而是通过一个摇臂悬挂在承力支柱和缓冲器下面，故叫摇臂式起落架。它有两种形式，如图 4-29 所示。一种是缓冲器与承力支柱分开的摇臂式起落架(见图 4-29(a))，大多用作主起落架；另一种是缓冲器与承力支柱合二为一的摇臂式起落架(见图 4-29(b))，往往用作前三点式起落架飞机的前起落架。另外，摇臂式起落架还适用于起落架高度较小，着陆速度较大或使用的跑道较差的飞机。

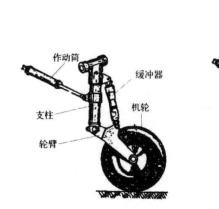 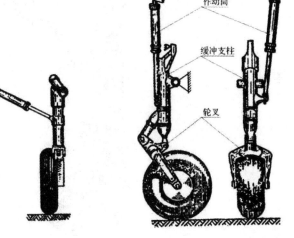

(a) 分开的摇臂式起落架　　　　　　　　(b) 合二为一的摇臂式起落架

图 4-29　摇臂式起落架

摇臂式起落架的特点如下。

(1) 摇臂式起落架不仅对垂直撞击有缓冲能力，而且对前方撞击(如在不平的跑道上颠簸)和刹车等均有不同的缓冲能力。机轮可随摇臂前支点上、下移动，提高了对不平跑道面的适应性，减小了过载，改善了起落架的受力性能。

(2) 缓冲器只承受轴向力，不承受弯矩，改善了受力性能，因而密封性较好，可提高缓冲器内部的充气压力。这样，缓冲器吸收同样的能量时，行程缩短，尺寸可做得比较小，与构架式起落架、支柱式起落架相比，摇臂式起落架的整个高度就可以减小。

(3) 由于摇臂受力大且复杂，交点多，协调关系也多，因此它的构造和工艺均较复杂，一般比较重，起落架前后方向的尺寸也将有所增大。

4.4.3　起落架的收放

早期飞机的起落架是不可以收放的。为了减小飞行阻力，提高飞行速度，增大航程和改善飞行性能，现代飞机的起落架一般都是可以收放的。起落架收放机构是一个复杂的空间机构，要满足各方面的要求有时相当困难。现在由于计算机辅助设计与制造的应用与发展，已能较方便地通过计算机计算协调，并直接用三维图像检查收放机构和起落架的运动轨迹，以及与机身的协调关系。起落架的收放，一般是对主起落架而言的，就是将起落架按预定的方式收藏于指定的飞机机身空间或起落架舱内，通常有以下几种收放形式：

(1) 沿机身轴线方向收放。前起落架多装于飞机的机头部位，一般沿机身轴线方向向前或向后收藏于机身内，如图 4-30 所示。前轮收放应与主起落架配合好，在前主轮收放过程中，应尽量使飞机重心前后移动不要太大。自行车式起落架的两个机轮(前、主起落架)收放，也是这种形式。

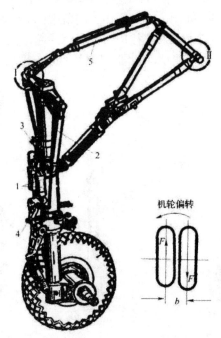

1—主减摆器；2—回轮杆；3—节流阀；4—传动摇臂；5—收放作动筒

图 4-30　前起落架

(2) 沿翼展方向收放。沿翼展方向收放是指主起落架沿翼展方向收入机翼，或将支柱收入机翼，而把尺寸较大的机轮直接或转一角度后收入机身侧边或下方，如图 4-31 所示。

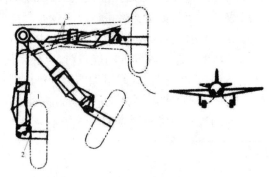

1—缓冲支柱；2—可转轮轴；3—收放作动筒

图 4-31　沿翼展方向收入起落架时，转动轮面的机构

(3) 沿翼弦方向收放。这种方式是指主起落架沿弦向收入机翼、专用短舱或发动机短舱内，如图 4-32 所示。但这时，机轮必须相对支柱转动一定角度，使机轮平面大致与机翼弦平面平行，这样有利于收入有限的空间内。

图 4-32　弦向收入起落架

4.4.4　起落架的缓冲系统

1. 缓冲原理

物体相撞，总要产生撞击力。不同的物体相撞时，撞击力的大小往往不一样。如果两个质量相等的钢球从同一高度自由落下，甲钢球掉在石块上，乙钢球掉在弹簧上，它们与石块和弹簧接触时的速度都相同，而且最终都要减小到零。但甲钢球与石块相撞，两者都很硬，不容易产生变形，甲钢球的速度势必在极短的时间内消失，负加速度很大；而乙钢球与弹簧相撞，弹簧较软，容易产生变形，乙钢球的速度是在这段变形的过程中逐渐消失的，时间较长，负加速度较小。

根据牛顿第二定律：物体产生的加速度与外力成正比，与物体质量成反比($\boldsymbol{F} = m\boldsymbol{a}$)。甲、乙两钢球的质量相等，但乙钢球的负加速度较小，则乙钢球受到的撞击力也较小。而且乙钢球所撞击的弹簧越软，受到的撞击力就越小。起落架缓冲装置减小撞击力的道理也是这样：轮胎和缓冲器像弹簧那样产生压缩变形，增长垂直分速度的消失时间，从而减小撞击力。

当然，起落架缓冲装置的缓冲原理并不仅仅是减小撞击力，而是起落架上的缓冲器设计有专门装置来增大消耗能量的能力。也就是说缓冲装置有很好的热耗作用，将撞击能量转换成热能而消耗掉，以减小飞机着陆接地后产生的强烈颠簸跳动。因而，缓冲原理的实质是：产生尽可能大的变形来吸收撞击动能，以减小物体受到的撞击力；尽快地消散能量，使物体碰撞后的颠簸跳动迅速停止。

2. 对缓冲系统的基本要求

飞机起落架的缓冲系统由缓冲器和轮胎组成。其中，缓冲器(旧称减震器)是所有现代飞机的起落架所必须具备的构件，也是最重要的构件。某些起落架可以没有机轮、刹车、收放系统等，但是它们都必须具备某些形式的缓冲器。当飞机以一定的下沉速度着陆时，起落架会受到很大的撞击，并来回颠簸跳动。缓冲装置的主要作用就是吸收飞机着陆和滑行时的撞击能量，以使作用到机身上的载荷减小到可以接受的程度，同时必须使飞机因撞击而引起的颠簸跳动很快衰减。一般的起落架缓冲装置在性能方面应满足以下要求。

(1) 缓冲装置在达到最大压缩量时，应能吸收完规定的最大能量，而载荷不超过规定的最大值。如果载荷超过规定值，飞机各部分受力就会过大；如果吸收不完规定的最大能量，则会产生刚性撞击，同样会使飞机各部分的受力增大。

(2) 缓冲装置要有尽可能大的热耗作用。缓冲装置的热耗作用越大，就越能减弱飞机的颠簸跳动，而使飞机迅速平稳下来。

(3) 缓冲装置要有连续接受撞击的能力，应有必要的能量和伸展压力使起落架恢复到伸出状态。伸展释放能量时要柔和，这样可消除回跳。缓冲装置完成一次压缩和伸张的时间(工作周期)不能太长，一般不能超过 0.8 s。

(4) 缓冲装置在压缩过程中承受的载荷，应随压缩量的增大而逐渐增大。如果在压缩量不大时就承受很大的载荷，则缓冲装置即使在吸收较小的撞击动能(如飞机在不平的地面上滑行)时，也会使各部分经常受到很大的力。若长期如此，飞机的某些结构就会因疲劳而提前损坏。

(5) 工作性能受外界因素(如大气温度)变化的影响小；密封装置应保证缓冲器不漏气、不漏油，不因摩擦力过大而妨碍缓冲器的正常压缩和伸张等。

3. 缓冲器的类型

(1) 橡胶缓冲器和钢质弹簧缓冲器，即由橡胶或钢制或的固体弹簧式缓冲器。其构造简单，工作可靠性高，维护要求低，价格低。但由于存在耗散能量小等缺点，只适用于轻型低速飞机，以及后三点式起落架的尾轮，在速度较高的飞机上基本不采用。

钢质弹簧缓冲器以钢质弹簧为介质，由弹性变形来吸收振动能量。其中，装有弹簧的摩擦垫圈通过与内筒的内壁摩擦，来增大耗能作用，如图 4-33 所示。但它吸收的能量少，转化为热能而消散的能量更少，所以回跳比较厉害。

橡胶缓冲器利用橡胶作介质，由弹性变形来吸收振动能量。它吸收动能的能力比钢质弹簧要大，但仍然不够。同时，低温时橡胶弹性减弱，且遇到滑油容易腐蚀。

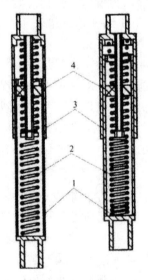

1—内筒；2—缓冲弹簧；3—外筒；4—摩擦垫圈

图 4-33　钢质弹簧缓冲器

(2) 全油液式缓冲器、气体式缓冲器和油气式缓冲器，即使用油液、气体或两者混合的流体"弹簧"式缓冲器。气体式缓冲器利用气体作介质，靠介质的变形来吸收振动能量，靠介质内的分子摩擦来消耗能量。它耗散能量小，可靠性也较差，目前已不再使用。

油气式缓冲器主要是依靠压缩空气受压时产生的变形来吸收撞击动能；并利用油液高速流过小孔时产生的摩擦发热来消耗动能，其吸收能量大而回跳小，是目前性能最好、使用最广泛的缓冲器，如图 4-34 所示。

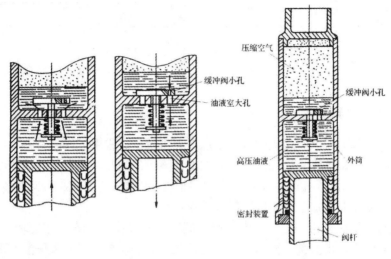

(a) 压缩行程　　(b) 伸展行程

图 4-34　油气式缓冲器的工作原理

这种缓冲器由外筒(上接飞机)、活塞杆(下接机轮)、换向阀和密封装置等组成，内充以空气(或氮气)及油液(甘油、酒精和水的混合液或矿物油)。当飞机着陆接触地面后，撞击载荷压缩缓冲器，活塞杆向上滑动，使气体的体积缩小，气压随之增大，吸收了撞击动能。同时，活塞杆迫使下室油液冲开阀门(见图 4-34(a))，由阀门座上的小孔流到上室，油液和小孔发生强烈摩擦，使部分撞击能量转变为热能消散掉。当活塞杆上升到一定位置时，飞机便停止下沉。接着，压缩气体要开始膨胀，体积增大，将飞机顶起，即活塞下行，上室油液迫使阀门关闭(见图 4-34(b))，油液以更高的速度经过阀门上更小的孔流向下室，这样就能消散更多的能量。这样一正一反两个行程，即为一个循环。经过若干个循环，就可以将全部的撞击动能转化为热能而消散掉，只要很短的时间，就可以使飞机平稳下来。

全油液式缓冲器的构造和油气式缓冲器的构造基本相同。在全伸展的状态下，筒腔内全部充满油液。缓冲器工作时，油液被来回挤压流过油孔而起到吸功散能、缓冲的作用。这种缓冲器对于油液压力要求较高，需要高压密封装置。目前，这类密封装置的摩擦系数比较高，维护不太理想，常会在密封盖处漏油，经久耐用性能也需要考虑，其重量比较大，并且在低温时液体溶剂的改变会影响缓冲器性能，因此它的使用受到限制。

(3) 自适应缓冲器。现代飞机的重量增加，起飞和着陆滑跑速度增大，跑道不平度引起的起落架和机身的动响应载荷等，已成为影响起落架承力结构寿命的主要因素。因而，研究起落架缓冲系统动响应载荷的理论计算方法，控制非线性振动系统中的主要参数，以求得最优动响应，从而提高起落架的寿命是当前起落架缓冲系统研究的一个重要方面。

但是在着陆撞击与地面滑跑这两种工作状态下，对起落架缓冲器的填充、阻尼系数的要求会出现矛盾，解决的方法是采用自适应技术。国外对此已进行了多年的研究。目前，这种自适应控制方法，基本上是在常规油气式缓冲器上增加一个或几个额外的油气室。将飞机在着陆和滑跑过程中测得的响应量作为反馈信息，由传感器反馈给控制系统作为系数调整的依据。然后，按事先设计的最优规律调整油、气流量，形成一个闭环系统，从而达到改善缓冲器性能的目的，如图 4-35 所示。

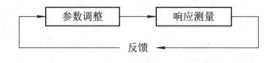

图 4-35　自适应控制原理

4.4.5　起落架的刹车装置

　　飞机着陆接地时，具有较大的水平分速度。但滑跑过程中，气动阻力与机轮滚动阻力对飞机的减速作用却比较小。如果不想办法增大飞机的阻力，使之迅速减速，则着陆滑跑的距离和滑跑时间势必很长，起落的跑道也将很长。因而，飞机的起落架都装有减速装置，机轮刹车装置就是其中最主要、应用最广泛的一种。

　　现代飞机不仅在主轮，有的甚至在前轮都装有刹车装置。刹车装置的功用是制动机轮，把飞机高速前进的动能大部分变为摩擦热能消耗掉，使飞机的速度很快慢下来，以减少滑跑距离和所需的跑道长度。另外，主轮单边刹车还可协助飞机滑行转弯，纠正滑行方向。飞机在起飞前开大车，以及地面试车和固定停放时均要使用刹车。

　　刹车装置一般装在机轮的轮毂内，通过静、动摩擦件的相互接触，起到刹车制动作用。刹车装置应能满足的要求有：正常着陆时的刹车作用；中止起飞时，猛烈的刹车不应起火或损坏；能满足多次连续起飞和着陆的要求；在整个使用期内应保证必要的效率；当发动机在最大状态(或额定状态)下工作时，在起飞线上基本能刹住机轮。

　　(1) 圆盘式刹车装置。图 4-36 是圆盘式刹车装置的结构示意图。目前大多数的飞机起落架都使用圆盘式刹车装置，分为单圆盘式刹车装置(见图 4-36(a))和多圆盘式刹车装置(见图 4-36(b))。它用冷气或液压动力驱使静、动两组刹车盘(也称散热片)挤紧，相互摩擦进行刹车，有时还在转动盘和固定盘的两侧装有摩擦垫片。圆盘式刹车装置的结构紧凑，工作平稳，刹车力矩大，效率高，径向尺寸小，因而获得了广泛的使用。但其结构重量较大，摩擦产生的热量不容易消散，容易引起刹车盘变形，产生裂纹，甚至热熔合。目前，正不断研究轻质的、热稳定性好的摩擦材料来弥补其不足。

　　(2) 弯块式刹车装置。弯块式刹车装置由刹车盘和刹车套组成，如图 4-37 所示。它用冷气或液压动力推动作动筒活塞，使弯块压住刹车套，利用弯块与刹车套之间的摩擦力形成刹车力矩。解除刹车时，压力消失，由恢复弹簧将弯块拉回到原来的位置。弯块式刹车装置的弯块表面很难与刹车盘同心，容易使摩擦面压力不均，因而效率不高。而且弯块与刹车盘的间隙需仔细检查、调整，维护困难。但因其结构简单、重量轻，目前仍用于轻型低速飞机上。

　　(3) 软管式刹车装置。软管式刹车装置用冷气或液压动力，将表面附有刹车块的软管鼓起，使其与刹车盘摩擦进行刹车。由于软管可调节各处的压力，故刹车柔和，摩擦面接触良好，各处的摩擦力较均匀，效率较高，重量也较轻。缺点是动作较慢，工作灵敏性稍差，刹车高温容易使软管老化变质，软管容易漏气、漏油，现在多用于中、轻型飞机上。

刹车

转轴

B　C　A

(a) 单圆盘式刹车装置

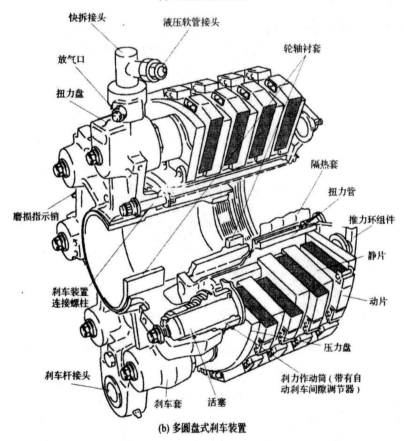

快拆接头　　　液压软管接头

放气口

扭力盘

磨损指示销

刹车装置
连接螺柱

刹车杆接头

刹车套　　活塞

轮轴衬套

隔热套

扭力管

推力环组件

静片

动片

压力盘

刹力作动筒（带有自
动刹车间隙调节器）

(b) 多圆盘式刹车装置

图 4-36　圆盘式刹车装置的结构示意

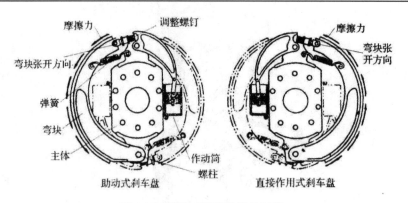

图 4-37　弯块式刹车装置的示意

4.5　直升机的基本构造

4.5.1　直升机的组成

图 4-38 是一架单旋翼带尾桨的直升机结构示意图。它的基本组成部分有旋翼和尾桨、动力装置、传动装置、操纵系统、起落装置、机身、仪表和特种设备等。

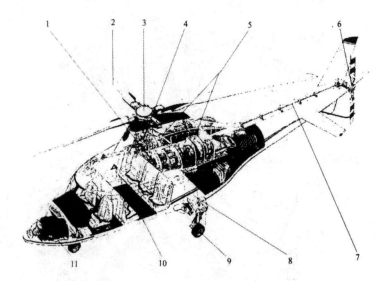

1—减速器；2—旋翼；3—桨毂；4—自动倾斜器；5—发动机；6—尾桨；

7—传动装置；8—机身；9—起落架；10—油箱；11—机载设备

图 4-38　单旋翼带尾桨的直升机结构示意

(1) 旋翼。旋翼是产生升力的部件，安装在机身上方的铅垂轴上，由动力装置驱动。当升力沿铅垂方向向上时，直升机作垂直升降运动(上升、下降或悬停)；当旋翼倾斜时，升力产生某一方向的水平分量，使直升机前进、后退、左飞或右飞。有的直升机还装有辅助机翼，直升机前飞时，可以提供部分升力。

(2) 尾桨。尾桨是安装在直升机尾端的小螺旋桨。它产生拉力，用以平衡旋翼旋转时给直升机的反作用扭矩，使直升机保持预定的飞行方向；通过改变尾桨的安装角，可以改变拉力，实现方向操纵。尾桨也起飞机安定面的作用，保证飞行过程中的航向稳定性。有的直升机用反向旋转的旋翼平衡反作用扭矩，这类直升机有共轴式双旋翼(两副旋翼安装在同一根轴上)直升机，串列式双旋翼(前后各有一副旋翼)直升机，并列式双旋翼(左右各有一副旋翼)直升机等。

(3) 动力装置。动力装置包括发动机和有关的附件，发动机的功用是驱动旋翼并带动尾桨转动。现代直升机通常采用涡轮轴发动机，而轻型直升机则常用活塞式发动机。

(4) 传动装置。传动装置的功用是将发动机产生的动力传给旋翼和尾桨，并且保证它们具有适宜的转速。例如，活塞式发动机主轴的转速为 2400 r / min，经过主减速器传到旋翼后降为约 200 r / min；尾桨离发动机很远，要通过尾传动轴、换向器和尾减速器传动，其转速约为 1000 r / min。

(5) 操纵系统。操纵系统的功用是将飞行员对驾驶杆和脚蹬的操纵传到有关的操纵机构，用以改变直升机的飞行姿态和方向。操纵系统主要由驾驶杆、脚蹬、油门变距杆、自动倾斜器、液压助力器、加载机构、卸载机构、旋翼刹车、连杆、摇臂等组成。它可以分为三部分，即：油门变距系统，用来操纵直升机的升降；脚操纵系统，用来操纵航向；驾驶杆操纵系统，使直升机朝所希望的方向飞行。

(6) 起落装置。起落装置主要用于地面滑行和停放，同时在着陆时起缓冲作用。起落装置常见的形式是轮式起落架；在水面上降落的直升机采用浮筒式起落架；有的小型直升机采用滑橇式起落装置，它可以在泥泞的土地和松软的雪地上起降。另外，有的直升机还设有尾橇，以防止尾桨触地。由于直升机的飞行速度不高，常用固定式起落架，在飞行中不收起。当然，为了减小阻力，提高飞行速度，有的直升机也采用可收放式起落架。

(7) 机身、仪表和特种设备。机身的功用是装载人员、货物、设备和燃油等，同时将各个部分连接成一个整体。仪表和特种设备包括各种指示仪表、电气系统、防水和加温系统、灭火系统以及与直升机用途相配合的特种设备，如武装直升机就必须有火控系统等。

4.5.2　旋翼的构造

旋翼是由桨毂和桨叶组成的。发动机工作时，通过减速器和旋翼轴，使桨毂和桨叶一起旋转。根据桨毂的构造形式，可以将旋翼分为全铰接式旋翼、无铰接式旋翼、半铰接式旋翼(跷跷板式旋翼)和无轴承式旋翼四种，其中全铰接式旋翼目前使用得最多。

1. 全铰接式旋翼的基本结构

图 4-39 为全铰接式三桨叶旋翼的构造示意图。它的桨毂上有三个双耳片，分别通过铰接构件与三片桨叶相连接。当桨毂绕旋翼转轴转动时，带动桨叶一起旋转。同时，桨叶还可以绕三个铰(轴向铰、垂直铰和水平铰)的轴线，相对于桨毂在一定范围内作相对运动。

(1) 水平铰的作用。发动机工作时，旋翼以一定的转速转动。在飞行过程中(如前飞)，由于飞行速度的存在，旋翼前行桨叶的相对气流速度大于后行桨叶的相对气流速度，从而使前行桨叶产生的升力大于后行桨叶产生的升力。若没有水平铰，则两侧桨叶升力大小不等所构成的滚转力矩将使直升机倾斜。有水平铰时，情况则不同。前行桨叶升力大，便绕水平铰向上挥舞；后行桨叶升力小，便绕水平铰向下挥舞。这样，横侧不平衡的滚转力矩就不会传到机身，从而避免了直升机在前飞中产生倾斜。

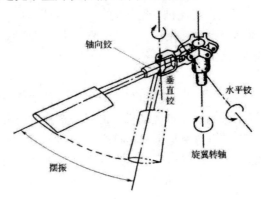

图 4-39　全铰接式旋翼的构造示意

(2) 垂直铰的作用。直升机前飞时，桨叶在绕旋翼轴转动的同时还要绕水平铰挥舞。桨叶作挥舞运动时，桨叶重心距旋翼轴的距离不断变化。由理论力学可知，旋转着的质量对旋转轴沿径向有相对运动时，会受到哥氏力的作用，而挥舞运动引起的哥氏力是周期交变力。有关直升机空气动力的资料表明，一片桨叶的哥氏力的最大幅值可以高达桨叶自重的 7 倍以上。这样大的哥氏力会在旋转平面内造成很大的交变弯矩，在没有垂直铰的条件下，容易使桨叶根部因材料疲劳而提前损坏；如果传到机身，还会导致机身振动加剧。有垂直铰时，就可以使桨叶绕垂直铰前后摆动一个角度，从而使桨叶根部承受的沿旋转方向的交变弯矩大为减小。

(3) 轴向铰的作用。通过操纵机构，可以使桨叶绕轴向铰偏转，以改变桨叶角(或称桨距角)的大小，从而改变桨叶的拉力。桨叶角增大，拉力增大；桨叶角减小，则拉力减小。

2. 桨叶的构造

桨叶的结构与大展弦比直机翼类似，早期常由钢管梁、木质骨架和蒙布制成，后来发展为以铝合金压制梁为基础，蒙皮参与受力的金属结构。到了 20 世纪 70 年代，开始采用玻璃钢结构、夹芯结构、整体结构等。由于在旋转运动中，桨叶会承受周期变化的载荷，所以疲劳强度十分重要，可以使用疲劳强度较高的复合材料和钛合金。

桨叶也存在弯扭颤振问题，其机理与大展弦比直机翼完全相同。防止颤振的积极方法是合理设计桨叶的构造，尽可能使质心轴处于刚心轴之前，或尽量靠近，同时从构造形式和选材上提高桨叶本身的抗扭刚度。

3. 其他形式的旋翼

(1) 无铰接式旋翼。与全铰接式旋翼相比，无铰接式旋翼留有轴向铰，用来操纵桨叶角，取消了水平铰和垂直铰。桨叶的挥舞与摆振通过桨叶及桨毂有关部位的弹性变形来实现，如图 4-40 所示。由于材料问题，无铰接式旋翼目前仅在少量的中、小型直升机上采用。

(2) 半铰接式旋翼。半铰接式(跷跷板式)旋翼是用由上环、下环和桨毂组成的万向支架充当水平铰，两片桨叶装在下环上，如图 4-41 所示。由于没有垂直铰，桨叶承受的负荷较大，两片桨叶同连一环，不能按各自的规律挥舞，因而这种旋翼只在某些小型直升机上采用。

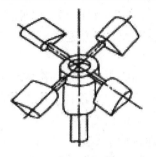

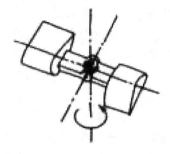

图 4-40　无铰接式旋翼的示意　　　图 4-41　半铰接式旋翼的示意

（3）无轴承式旋翼。无轴承式旋翼取消了三个铰，桨叶变距依靠其根部的扭转变形来实现，另外两种运动则依靠其根部的弯曲变形来实现，如图 4-42 所示。桨叶相对于桨毂成为完全的固定支点悬臂梁，构造大为简化，但要求桨叶根部的材料具有很高的抗弯强度和较低的抗扭强度。随着新材料的开发与应用，无轴承式旋翼的研究目前已经有了一定的进展。

图 4-42　无轴承式旋翼的示意

4.5.3　自动倾斜器

直升机的控制是通过旋翼实现的，而旋翼控制系统中最重要的部件就是自动倾斜器。通过自动倾斜器可以改变旋翼所有桨叶的桨距或周期性地改变每个桨叶的桨距，从而改变升力的大小和旋翼的倾斜方向，控制直升机的飞行。

自动倾斜器的主要零件及其功用为：旋转环连接桨叶拉杆，旋转环通过滚珠轴承连接在不旋转环上，不旋转环压在套环上，套环带有横向操纵拉杆和纵向操纵拉杆，滑筒操纵总桨距，如图 4-43 所示。

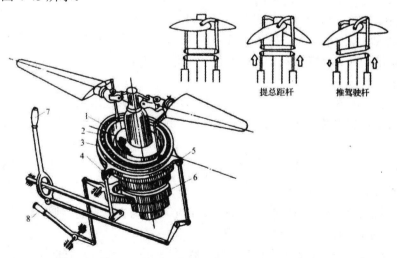

1—旋转环；2—不旋转环；3—套环；4、5—操纵拉杆；6—滑筒；7—驾驶杆；8—油门变距杆

图 4-43　自动倾斜器的构造及工作原理

旋翼转动时，通过与桨毂相连接的拔杆带动旋转环及变距传动杆一起转动，而自动倾

斜器的其他部件则不随旋翼转动。上提总距杆时，旋转环和不旋转环向上抬起，通过变距传动杆使桨距变大，旋翼拉力增大，直升机上升；相反，下放总距杆时，桨距变小，旋翼拉力减小，直升机下降。

桨距的改变，不仅改变了旋翼拉力的的大小，同时也要求发动机的功率相应改变。因此，在构造上常将油门杆与变距杆连接在一起，称为油门变距杆。这样，在上提油门变距杆增大桨距的同时，发动机的功率也相应增加；下放油门变距杆减小桨距的同时，发动机的功率也相应减小，从而在改变桨距时使旋翼转速接近于常数。油门变距杆上有一旋转手柄，通过它可以在桨距不变的情况下，单独调节油门，改变发动机的功率。

旋转环通过变距拉杆同桨叶连接，当向前推直升机的驾驶杆时，旋转环和不旋转环随同套环一起向前倾斜，通过变距传动杆周期性地改变桨叶的桨距，使每片桨叶的桨距发生周期性变化。这样，迫使桨叶挥舞，使旋翼锥体及气动力方向前倾，从而使直升机机头下俯，向前飞行。同理，若向其他方向操纵驾驶杆，通过自动倾斜器，将会使旋翼锥体及气动力向驾驶杆的操纵方向倾斜，使直升机向驾驶杆操纵方向运动。

思考题与习题

一、选择题

1. 要保证构件正常工作，构件必须具有足够的_____。

A. 应力　　　　　　B. 强度　　　　　　C. 稳定性　　　　　　D. 刚度

2. 在各种外载荷作用下，机翼的各截面要承受_____。

A. 空气动力　　　　B. 剪力　　　　　　C. 扭矩　　　　　　D. 弯矩

3. 现代飞机的机翼一般都采用腹板式金属翼梁，由_____铆接而成。

A. 缘条　　　　　　B. 翼肋　　　　　　C. 腹板　　　　　　D. 桁条

4. 根据蒙皮参加承受弯矩的程度不同，机身可分为_____三种。

A. 桁梁式机身　　　B. 桁条式机身　　　C. 薄蒙皮梁式机身　　D. 硬壳式机身

5. 飞机的起落架按机轮支点数目和位置来分，一般有_____三种。

A. 四点式起落架　　　　　　　　　　B. 后三点式起落架

C. 前三点式起落架　　　　　　　　　D. 自行车式起落架

6. 直升机旋翼的桨叶还可以绕_____三个铰的轴线，相对于桨毂在一定范围内作相对运动。

A. 横向铰　　　　　B. 轴向铰　　　　　C. 垂直铰　　　　　D. 水平铰

二、填空题

1. 与飞机相比，直升机的(　　)、(　　)和(　　)与飞机上的相似，而(　　)在飞机上没有，(　　)的工作原理与飞机完全不同。

2. 任何结构和结构中的各个构件，在工作过程中都会受到其他物体对它的作用力，这种作用力通常称为(　　)。

3. 机翼结构的受力构件主要分为(　　)和(　　)。(　　)中，纵向构件有(　　)、(　　)和(　　)，横向构件有(　　)。

4．传统机翼的受力形式有(　　)、(　　)和(　　)等，此外还有(　　)构造的机翼。

5．一般飞机的尾翼包括(　　)和(　　)，通常低速飞机的尾翼都是分为可动的(　　)和固定的(　　)两个部分。

6．常用的飞机起落架结构，有(　　)、(　　)和(　　)三种。

7．起落架的收放，一般是对主起落架而言的，就是将起落架按预定的方式收藏于指定的飞机机身空间或起落架舱内，通常有(　　)、(　　)和(　　)三种收放形式。

8．飞机起落架的刹车装置有(　　)刹车装置、(　　)刹车装置和(　　)刹车装置三种。

9．直升机的旋翼是由桨毂和桨叶组成的，根据桨毂的构造形式，可以分为(　　)、(　　)、(　　)和(　　)四种。

10．直升机的控制是通过(　　)实现的，而(　　)控制系统中最重要的部件就是(　　)。

三、问答题

1．飞机主要由哪些部分组成？各部分的主要功能是什么？

2．飞机都要承受哪些主要应力？这些应力的作用是什么？

3．对飞机结构的基本要求有哪些？为什么要提出这些基本要求？

4．飞机机身上主要承受有哪些载荷？机身的总体受力特点是什么？

5．为什么说起落架结构比飞机其他结构要涉及更多的工程，涉及起落架的技术是一门跨学科的综合技术？

6．飞机起落架缓冲装置的缓冲原理的实质是什么？

第 5 章　机载设备、机场和空中交通管理

5.1　航 空 仪 表

飞机上的飞行员需要不断地了解飞机的飞行状态、发动机的工作状态和其他自动控制系统的工作状况，以便按飞行计划操纵飞机完成飞行任务。各类自动控制系统需要检测控制信息，以便实现自动控制。而航空仪表就是用来完成测量或调整飞机的运动状态和发动机的工作状态，或者自动计算飞机飞行参数的任务的。航空仪表是飞机感知外部情况和控制飞行状态的核心，相当于飞机的耳目、大脑和神经系统，对于保障飞行安全、改善飞行性能起着关键的作用。

航空仪表的发展，历经了"机械仪表""机电型仪表"，以及"综合自动仪表"三个阶段。按功能的不同，航空仪表可以分为飞行状态参数测量仪表、发动机工作状态参数测量仪表、自动驾驶和控制仪表，以及导航仪表和其他仪表。

5.1.1　飞机飞行状态参数测量

飞行状态参数是指飞机飞行时的线运动参数和角运动参数，一般说来有飞行高度、飞行速度和加速度，姿态角(俯仰角、滚转角、航向角)和姿态角速度。

1. 飞行高度和飞行速度测量

(1) 全静压管。气压式高度表、空速表、升降速度表和马赫数表，都属于全静压系统仪表，均需依靠全静压管(又叫空速管、皮托管或动静压管)所收集的大气全压(又叫总压)和静压来工作。

全静压管是一根细而长的管子，如图 5-1 所示。它安装在机头外侧或机翼前缘受气流干扰最小的部位，以免收集的气压受到影响。用于超声速飞机的全静压管头部较尖，这样可以减小头部激波的强度。正对气流的小口叫全压口，后面是全压室，这里感受到的是迎面气流的全压(即总压，是动压与静压之和)。离全静压管头部一定距离处，沿管周开的几个小孔叫静压孔，与静压室相通，在静压室中感受到的是大气的静压。与全压室相连的一根小管，叫全压管；与静压室相连的一根小管，叫静压管；这两根管子再经过管子与仪表相连接。在全静压管中还装有加温电阻，以免因结冰而影响工作。全压管和静压管把感受到的大气压力通往飞机内部，再加上应急全压管、应急静压孔、转换开关和导管，就组成了全静压系统。

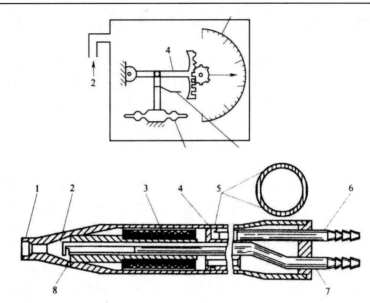

1—全压口；2—全压室；3—加温电阻；4—静压室；5—静压孔；

6—静压管接头；7—全压管接头；8—排水孔

图 5-1　全静压管的构造

(2) 飞行高度测量。飞行高度是指飞机重心在空中相对于某一基准平面的垂直距离。由于所选的基准平面不同，飞行高度分为绝对高度(选实际海平面为基准平面的高度)，相对高度(选某一指定参考面为基准平面的高度，如起飞或着陆机场的地平面)，真实高度(选飞机正下方的地面目标的最高点，且与地平面平行的平面为基准平面的高度)，标准气压高度(选标准海平面为基准平面的高度。标准海平面是人为设定的，不随温度和湿度的变化而变化，和真实的海平面高度是不完全一致的。国际民航组织规定：当飞机进入航线后，一律使用标准气压高度)。飞机在起飞、着陆时，需要相对高度；在执行搜索、轰炸、照相和救援等任务时，需要真实高度；空中交通管制分层飞行时，需要标准气压高度。

　　飞机上最常用的测量飞行高度的方法，就是气压测高。在重力场内，大气压力随高度增加而减小，且有确定的函数关系。用气压式高度表，通过测量气压来间接测量飞行高度，如图 5-2 所示。它的感受部分是一个真空膜盒，作用在真空膜盒上的气压为零时，真空膜盒处于自然状态。受大气压力作用后，真空膜盒收缩并产生弹性力。当真空膜盒产生的弹性力与大气作用在真空膜盒上的总压力平衡时，真空膜盒的变形程度一定，指针就指出相应的高度。

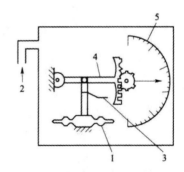

1—真空膜盒；2—静压管接口；3—连杆；

4—扇形齿轮；5—指示器

图 5-2　气压式高度表的工作原理

　　飞行高度增大时，大气压力减小，真空膜盒膨胀；飞行高度减小时，大气压力增大，真空膜盒收缩。真空膜盒通过曲柄、连杆、齿轮传动放大机构带动指针，使之在刻度盘上指出相应的标准气压高度。为了提高读数分辨率，常采用双针、三针或指针、数码轮组合指示仪表的方法来测量飞行高度。此外，还有无线电测高、激光测高、同位素测高和垂直加速度积分测高等方法。

当选择的基准平面不同时，测量出的飞行高度也不同。例如，以标准气压平面为基准平面，则仪表指示出的是标准气压高度；如以某一机场的场面气压平面为基准平面，则仪表指示出的是对该机场的相对高度；如以修正的气压海平面为基准平面，则仪表指示出的是绝对高度。

(3) 飞行速度测量。飞行速度是指飞机重心运动轨迹切线方向的速度。所选的坐标系不同，就会有不同的飞行速度。

飞机相对于地球的运动速度，有升、降速度和地速。升、降速度(也称高度变化率)是指飞机重心沿地垂线方向运动的速度分量，测量这个速度是为了保证飞机水平飞行；地速是指飞机重心沿地平面运动的速度分量，测量这个速度是为了执行导航、轰炸、照相等任务。

飞机相对于空气的运动速度，有侧滑速度和空速。侧滑速度是指飞机在垂直截面内横轴相对于气流的速度；空速是指飞机在纵轴对称平面内相对于气流的运动速度。在无风的情况下，空速与地速相等；有风时，地速是空速和风速的矢量和。空速主要用压力法测量，地速可以用线加速度积分法和无线电多普勒效应测量。

① 空速测量。空速又分真实空速和指示空速。飞机的真实空速是空气动压和空气密度的函数；而指示空速仅是空气动压的函数，只要测得了动压就可以得到指示空速。在标准海平面状态下，指示空速等于真实空速；而在非标准海平面状态下或海平面以上，指示空速将偏离真实空速，高度愈高，偏离愈大。迎角一定时，升力和阻力的大小直接取决于动压。因此，指示空速对保证飞行安全、防止失速有重大意义，尤其在起飞和着陆阶段。

空速表通过测量全静压管传来的动压来测量飞机的指示空速，如图 5-3 所示。全静压管中的全压管和静压管分别通过导管连接到空速表的开口膜盒内、外，飞行中，膜盒内、外的压力差等于气流的动压。膜盒在动压作用下膨胀，通过传动机构，使指针指出相应的速度值。空气密度一定时，飞行速度越大，动压也越大，膜盒膨胀得越厉害，指针指出的速度值就越大。这种根据相对气流由动压测出的速度就是指示空速，或叫表速。

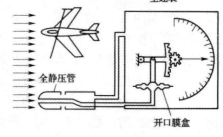

图 5-3　空速表

为了使飞行员了解真实空速，在空速表中装有空气密度补偿机构，并另用一根细指示针来指示真实空速值，构成一种组合式空速表，如图 5-4 所示。因为空气密度与空气静压、空气静温有关，所以在飞机上要直接测量空气静温是很困难的。通常，是通过测量空气总温来得到空气静温的测量值，但是用这种方法设计的真实空速表结构很复杂。另一种方法是将空气静温的测量转换为空气静压的测量，由此得到的真实空速是空气动压与空气静压的函数。用这种方法设计的真实空速表称为有局部温度修正的真实空速表(见图 5-4)，在非标准大气压下测得的是真实空速的近似值。

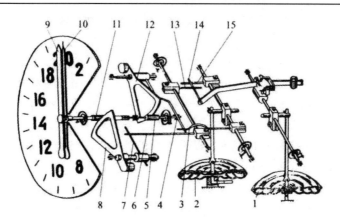

1—真空膜盒；2—开口膜盒；3、6、7、13、15—拨杆；4—轴承；5、11—轴齿轮；
8、12—扇形齿轮；9—指示空速指针；10—真实空速指针；14—垫杆

图 5-4　组合式空速表的构造

　　在跨声速和超声速飞行时，飞行员要正确地操纵飞机，不仅要了解指示空速和真实空速，还要了解飞行马赫数的大小(马赫数是真实空速与飞机所在高度上的声速之比)。马赫数表的工作原理与真实空速表相似，也是通过测量气流的动压和所在高度上的大气压力来指示的。

　　② 升、降速度测量。升、降速度是飞机在单位时间内变化的高度。升、降速度表主要用来测量飞机的升、降率，也可以用来辅助地平仪反映飞机是否在平飞。

　　飞行高度变化时，大气压随之变化，因此只要测量出气压变化的快慢，就能测量出飞机上升或下降的垂直速度，升、降速度表就是根据这个原理制成的，如图 5-5 所示。在密封的仪表壳内有一开口膜盒，膜盒内腔通过粗管与大气静压相连通，膜盒外部通过一根内径很小的毛细管也与静压相连通。飞机上升或下降时，膜盒内腔的气压会很快随着高度的变化而改变；膜盒外部的气压由于毛细管的阻滞作用而变化较慢，于是膜盒内、外产生压力差。高度变化越快，压力差越大。在这个压差作用下，膜盒膨胀或收缩，通过传动机构使指针指出相应的升、降速度值。升、降速度表的指示很灵敏，能够反映微小的高度变化。因此，飞行员还可以根据它的指示，比较正确地保持飞机的平飞、上升或下降。

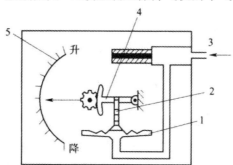

1—真空膜盒；2—连杆；3—通静压管；4—扇形齿轮；5—指示器

图 5-5　气压式高度表测量升、降速度的工作原理

(4) 大气数据系统。飞机的飞行控制系统、发动机控制系统、导航系统、火控系统、空中交通管制系统和仪表显示系统等，需要准确的静压、动压、温度、高度、高度变化率、高度偏差、指示空速、真实空速、马赫数、马赫数变化率、空气密度等信息。这些信息只是空气总压、静压、总温的函数，如果靠分立的传感器和测量系统各自提供这些信息，不仅增加了体积、质量、成本，而且不便于维护，也不利于提高这些信息的测量精度。

由于大气数据信息可以由静压、动压和总温三个参数计算出来，所以由静压、动压和总温传感器提供的原始信息，再加上一些修正用的传感器(如迎角、侧滑角)信息，经解算装置或计算机的运算而得到大量大气数据信息的系统就叫大气数据系统，也叫大气数据计算机系统。目前，高性能飞机均采用数字式大气数据系统，由总温传感器、总压和静压传感器、迎角传感器、输入接口、数字计算机、输出接口和显示器几部分组成，如图 5-6 所示。为了提高可靠性，在飞机上装有多套大气数据系统，而气压式高度表、空速表、马赫数表只是作为应急仪表。

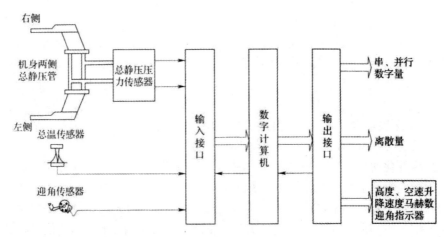

图 5-6　数字式大气数据系统

2. 载荷因数(加速度)测量

飞机和人体所能承受的最大载荷是有限度的，飞行过程中必须注意这一限度。否则，将产生不良后果。目前，一般歼击机所能允许的最大载荷因数约为 8，人保持坐姿所能允许的最大载荷因数一般为-4～+8。超过最大载荷因数后，飞机的某些部分受力过大，会产生永久变形，甚至断裂；人体的血液循环系统和神经系统会受到不良影响或产生失调现象。

载荷因数表的用途是测量飞机的加速度和载荷因数(过载)，以便飞行员了解操纵动作是否恰当。测得的加速度还可通过计算，得出飞行速度和飞行距离。它的感受元件是一个重锤，重锤和它的转轴所处的平面与飞机的立轴垂直。平飞时，飞机的升力等于本身的重力，沿立轴方向没有加速度。这时，重锤的重力向下形成的力矩，正好同弹簧弹力所形成的力矩相等(平衡)。经过传动机构如扇形齿轮等，使指针在刻度盘上指出的载荷因数等于"+1"，表示飞机是平飞状态，如图 5-7 所示。当飞机作机动飞行时，飞机升力不等于重力，沿立轴产生了加速度，破坏了重锤重力向下形成的力矩和弹簧弹力所形成的力矩的平衡，重锤便绕转轴转动，使指针在刻度盘上指出相应的载荷因数。

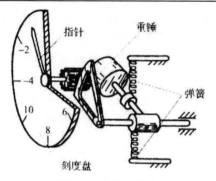

图 5-7　载荷因数表

3. 飞行姿态与方向测量

测量飞行姿态角(俯仰角、滚转角)和航向角的仪器，包括陀螺地平仪、陀螺方向仪、转弯侧滑仪、磁罗盘等。其中，陀螺是测量的重要感受元件。

(1) 陀螺仪。陀螺仪由转子和内、外框及基座组成，如图 5-8 所示。高速旋转的转子通过轴承安装在内框上，内框通过轴承与外框相连接，外框又通过轴承与基座相连接。转子相对于基座具有三个角运动自由度，因此称为三自由度陀螺仪。但是，转子实际上只能绕内框轴和外框轴转动，因而近代又称之为双自由度陀螺仪；又因为转子可以自由转向任意方向，而被称为自由转子陀螺仪。

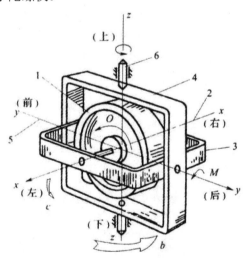

1—陀螺转子；2—自转轴；3—内框；4—外框；5—内框轴；6—外框轴

图 5-8　陀螺仪结构示意

由高速旋转的刚体转子组成的陀螺仪，属于经典陀螺仪。现代陀螺仪这一名称已推广到没有刚体转子而功能与经典陀螺仪等同的仪表，例如激光陀螺仪、光导纤维陀螺仪、核子共振陀螺仪等。

陀螺仪有定轴性和进动性两个重要特性。定轴性是指高速旋转的转子，具有力图保持其转子轴在惯性空间内的方向稳定不变的特性。"地转子"玩具也是一种陀螺，如图 5-9 所示。当它在地面高速旋转时，就能以本身的"自转轴"为中心，稳定地立在地面上；转得越快，其惯量越大，就越稳定；如不旋转，就倒下来了。这就是"地转子"陀螺的定轴性。利用陀螺仪的定轴性，可以测量飞机飞行的姿态角。

进动性是指陀螺仪在外力矩作用下，高速旋转的转子力图使其转子轴沿最短的路径趋向外力矩的作用方向。例如，陀螺仪转子在重力 G 产生的外力矩 M 的作用下，不从支点掉下来，而以角速度 ω 绕垂线不断转动，这就是进动性，角速度 ω 称为进动角速度，如图 5-10 所示。干扰力矩引起的转子的进动角速度称为陀螺的漂移率，是衡量陀螺仪性能的主要指标。

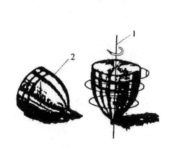

1—自转轴；2—地转子

图 5-9　"地转子"的旋转和静止

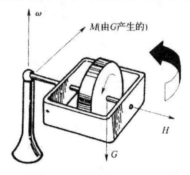

图 5-10　陀螺仪的进动现象

由于陀螺仪具有进动性，当内、外框轴上有摩擦力矩作用时，就会破坏陀螺仪的定轴性，使转子轴稳定在惯性空间内的方向发生改变。同样，利用陀螺仪的进动性，可以在内、外框轴上加外力矩以约束或修正陀螺仪，使陀螺仪的转子轴稳定在惯性空间内的方向不变。

(2) 陀螺地平仪。陀螺地平仪是利用陀螺仪特性，测量飞机俯仰和倾侧姿态角的飞行仪表，由双自由度陀螺仪、修正器、随动机构、力矩电动机和指示器等部分组成，如图 5-11 所示。

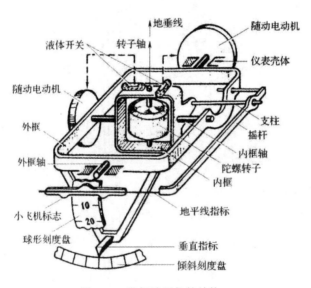

图 5-11　陀螺地平仪的结构

飞机作水平飞行时，陀螺的外框轴与飞机的横轴平行。外框轴不直接装在仪表壳体上，而是装在随动托架上，随动托架的轴则与飞机的纵轴相一致。随动托架由随动电动机带着左右转动，以便保持外框轴处于水平位置，使陀螺的三根轴总是互相垂直。因此，陀螺的稳定性(定轴性)就可以不受飞机倾斜角度的影响。陀螺的内框上装有球形刻度盘,其上刻有"子午线""地平线"(又叫水平线)以及同"地平线"平行的水平刻度。在仪表壳体前面,还装有一只小飞机标志(指针)和倾斜刻度盘。

由于陀螺具有定轴性,陀螺的自转轴经常和地平面垂直,而球形刻度盘上的地平面总是保持和地面平行。同时,小飞机标志的中心到球形刻度盘中心之间的连线,总是同飞机的纵轴相一致。飞行时的真实俯仰角和倾斜角,由仪表上小飞机标志与球形刻度盘的"地平线"及"子午线"的相对位置指示出来。

如果飞机作俯仰动作,小飞机标志就在表壳内上、下移动。当小飞机标志处在刻度盘地平线的下面,表示机头上仰,飞机可能在爬升,也可能在作接地前的大迎角着陆。当小飞机标志在地平线的上面,则表示飞机在下滑。飞机如果从水平位置开始倾斜,小飞机标志与水平线之间的夹角就表示飞机的真实倾斜角。

(3) 航向角测量。飞机一般以地理坐标系计算航向,飞机的航向角就是其纵轴与地球北极之间的夹角,又称真航向角。地球相当于一个大磁铁,但地磁南北极与地理南北极并不重合,而是有一个偏差角,叫磁偏角(简称磁差)。在专用的导航地图上,标注有各地的磁偏角。

① 用磁罗盘测量航向角。测量航向角的方法有很多,利用磁罗盘测量航向角就是其中之一。磁罗盘用地磁场水平分量作为航向基准来测量飞机的航向角,所测得的航向角称为磁航向角。真航向角是磁航向角和磁偏角的代数和,如图 5-12 所示。

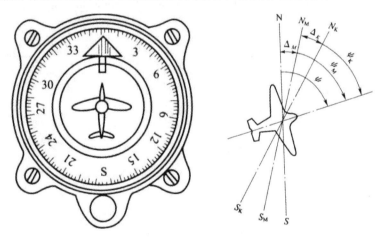

N、S—地理北方、南方;NS—地理子午线;ψ—真航向;N_M、S_M—地磁北极、南极;$N_M S_M$—地磁子午线;

ψ_M—磁航向;N_K、S_K—罗盘北极、南极;$N_K S_K$—罗盘子午线;ψ_K—罗航向;Δ_M—磁差;Δ_K—罗差

图 5-12　真航向角、磁航向角与磁偏角

磁罗盘的感受元件是磁棒,它容易受到座舱中带有磁性的钢铁构件的干扰,可以把它制成传感器装在驾驶舱外离磁性构件很远的地方,如翼尖或尾翼上。再通过电线等传送元件,把磁棒与装在驾驶舱内的指示器连接起来,这就是远读磁罗盘。

磁罗盘由永久磁棒、浮球、宝石轴承和航向刻度盘等组成,如图 5-13 所示。一对永久磁棒吊挂在浮球下,航向刻度盘装在浮球上,整个活动组件呈下摆式结构,使永久磁棒能保持水平;而浮球由轴尖支承在宝石碗座上,并悬浮在液体(罗盘油)中,以减少支承摩擦,并对活动组件起阻尼作用。

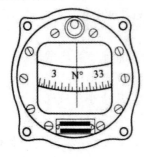 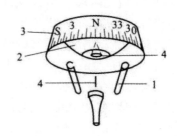

1—永久磁棒；2—浮球；3—航向刻度盘；4—宝石轴承

图 5-13　磁罗盘的结构

当飞机作水平直线等速飞行时，磁罗盘能准确地指示磁航向；但当飞机非等速、转弯或机动飞行时，由于加速度作用在活动组件上，而使磁棒偏离水平面，因而受到地磁场垂直分量的作用，会产生较大的加速度误差和转弯误差；同时，飞机航向改变时，由于罗盘液的阻尼作用也会产生滞后误差。另外，磁罗盘不适宜在磁性异常地区和高纬度地区(地磁场垂直分量大)使用。

② 用陀螺方向仪(或称陀螺半罗盘)测量航向角。陀螺方向仪是利用陀螺的"定轴性"来工作的一种仪表，可以准确而迅速地指示飞机转弯的角度，经过校准还可以指出飞行的方向。但它不能主动地指出南、北方向，在飞行时还会逐渐产生误差，必须定时调整，因而不是一个独立的罗盘。

如果把远读磁罗盘和陀螺方向仪结合起来，就可以制成陀螺磁罗盘，如图 5-14 所示。它兼有二者的优点，既能准确地指出飞行方向(利用磁棒来校正陀螺在飞行中产生的误差)，又能在转弯时迅速地指出飞机的转弯角度(利用陀螺的"定轴性")，所以获得了广泛的应用。另外，指示飞行方向的还有无线电磁罗盘和天文罗盘等。

以陀螺磁罗盘为基础，加上其他航向测量仪器(如天文磁罗盘)，就构成了飞机的航向系统。它的基本测量构件是

图 5-14　陀螺磁罗盘的指示器

陀螺方向仪，用地磁或天文航向传感器校正其输出信息，以获得准确的磁航向或真航向。当飞机进入长时间盘旋或作机动飞行时，可以不用磁修正或天文修正，而单独使用陀螺方向仪测量航向。当飞机进入南、北极飞行时，可以采用天文修正或单独使用陀螺方向仪。航向系统采用能指示各种航向与方位角的综合指示器，便于统一指示和判读，向自动驾驶仪、自动领航仪与电子综合显示器等输送航向信息。

(4) 航向姿态系统。航向姿态系统由全姿态陀螺仪、磁航向传感器或天文罗盘和全姿态指示器组成，能综合测量、显示飞机的姿态角和航向角。全姿态陀螺仪主要由航向陀螺和垂直陀螺(一种陀螺地平仪)组成，在飞机作机动飞行时，既能使航向陀螺的外框轴始终保持在地垂线方向上，又能使垂直陀螺的转子轴和外框轴始终保持正交，因而能提供正确的航向、俯仰和侧倾姿态信息。

全姿态指示器是航向姿态系统的显示器，综合显示飞机的姿态角和航向角。显示部分

主要由球形刻度盘、小飞机标志和刻度指标
等组成，如图 5-15 所示。球形刻度盘上有经
线和纬线，经线上有航向刻度，纬线上有俯
仰刻度。球形刻度盘上半部分涂成浅色，表
示天空；下半部分涂成深色，表示地面；上、
下半球之间的分界线是人工地平线。小飞机
标志固定在表壳上。

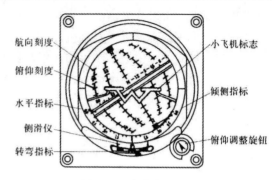

图 5-15　全姿态显示器

全姿态陀螺仪输出的航向角和姿态角
信号，通过全姿态指示器内的三套伺服系统
使球形刻度盘和倾侧指标转动。飞机全姿态
指示器以小飞机标志的中点作为判读点，由相对于球形刻度盘经线的位置读取航向角；由
相对于球形刻度盘纬线的位置读取俯仰角；根据倾侧指标相对于壳体面板上倾侧刻度的位
置读取侧倾角。此外，全姿态指示器还接收速率陀螺输出的飞机转弯速率信号，根据转弯
指标相对于转弯刻度的位置判读飞机有无转弯、读取转弯方向和速率大小，并根据侧滑仪
判读飞机有无侧滑。通过面板上的俯仰调整旋钮，可以适当调整球形刻度盘相对小飞机标
志的俯仰角度。

5.1.2　发动机状态参数测量

发动机状态参数测量仪表的作用是测量发动机的工作状态参数，并指示出发动机的工
作状态，进行必要的控制。发动机工作状态参数指的是发动机的压力、温度、转速、功率、
燃油量和流量、振动等。

(1) 转速表。转速表是用来指示发动机的涡轮轴或曲轴的每分钟转数的。图 5-16 是一
种电动转速表的原理图。它的传感器是一个三相发电机，其转子由发动机的涡轮轴或曲轴
经传动机构带动。指示器中装有同步电动机、磁铁、涡流片和指针等，磁铁由同步电动机
带动，指针则由涡流片带动。

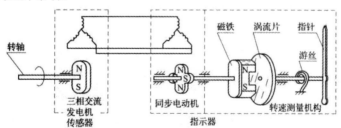

图 5-16　转速表

发动机工作时，带动传感器的转子转动，传感器发出三相交流电并输入指示器，使同
步电动机带着磁铁旋转。于是，涡流片切割磁力线，产生涡流。在涡流磁场与磁铁磁场的
相互作用下，涡流片受到旋转力矩，带着指针指示发动机的转速。发动机的转速越大，传
感器发出的三相交流电的频率就越高，同步电动机和磁铁的转速也就越大，这时涡流片受
到的转矩也越大，因而指针指示的转速就越大。

(2) 温度表。温度表包括喷气温度表、汽缸头温度表、冷却液温度表和滑油温度表等。

根据工作原理，可以分为热电偶式温度表和电阻式温度表两种。

喷气温度表用于喷气式发动机，汽缸头温度表则用于气冷活塞式发动机，这两种温度表都是热电偶式的。由电工学可知，用两种不同金属的导线焊接而成的环路，当两焊接端的温度不同时，会产生热电动势，这对金属导线就叫热电偶。喷气温度表和汽缸头温度表就是通过测量热电偶中热电动势的大小，来指示所感受的温度的，如图 5-17 所示。

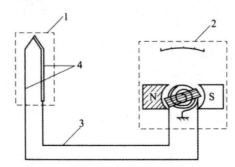

1—热电偶；2—电压表；3—导线；4—两种不同的金属导线

图 5-17　热电偶温度表的工作原理

喷气温度表的热电偶由镍钴合金(正极)和镍锰铝合金(负极)两种导线组成。靠近热端处嵌在绝缘瓷管内，瓷管再装在耐热钢管内。热端露在瓷管外面，直接与喷管中的燃气接触；另一端接在仪表的指示器上。

滑油温度表一般是电阻式温度表。电阻式温度表利用传感器中金属电阻丝的电阻随温度而变化的特性，来改变通过指示器中线圈的电流大小，从而指示出相应的温度值。

(3) 压力表。压力表用来测量滑油或燃油的压力，如图 5-18 所示。由电源正极经电阻 R_1、R_2 流过线圈 I、II 的电流，决定于 a、b 两点的电位。这两点的电位，又决定于电刷在电阻上的位置。油压改变时，膜盒膨胀或收缩，带动电刷在电阻上滑动，改变两个线圈中电流的比值，使两个线圈合成磁场的方向随之改变。于是，线圈中的活动磁铁在合成磁场作用下，带动指针指出相应的压力值。

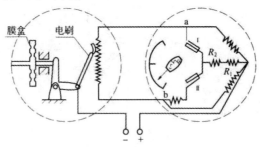

图 5-18　电动式压力表

(4) 油量表。油量表用来指示油箱的储油量。常用的油量表是电动式的，它的基本工作原理与电动式压力表相似，如图 5-19 所示。油箱中油平面升降时，传感器的浮子随之上、下移动，带动电刷在电阻上滑动，改变指示器中两个线圈电流的比值，使两个线圈合成磁场的方向相应改变，于是线圈在固定磁铁作用下转动，带动指针指出相应的油量。在储油量较大的飞机上，往往装有若干组油箱，为了测出全系统总的储油量，还装有总油量表。

它的工作原理与油量表相似，其中，各油箱中油量传感器的电阻是串联的。

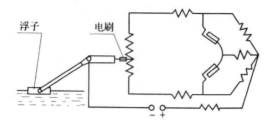

图 5-19　油量表

5.1.3　电子综合显示器

测量得到的关于飞行状态和发动机状态的信息，要以定量或定性的形式在显示器上显示出来。显示器所显示的信息必须准确、可靠、清晰、形象、直观和容易判读，符合人机工效学的要求，方便飞行员观察和判读。

机械式仪表的显示方式是利用显示部件间的相对运动来显示被测参数值，如指针-刻度盘、指标-刻度带、标记、图形显示、机械式计数器等。这种显示方式的优点是结构相对简单、显示清晰。指针-刻度盘和指标-刻度带的显示，还能反映被测参数的变化趋势。它的缺点是部件间存在的摩擦会影响显示精度，而且寿命短，容易受振动、冲击的影响，在低亮度环境中需要照明。最主要的缺点还是不容易实现综合显示，因而大多数的仪表都是单一功能仪表。

20 世纪 70 年代后期，出现了电子综合显示器。它把被测信号转换成显示器上的光信号，显示的信息可以是数字、符号、图形以及组合形式，具有显示方式灵活、易于实现综合显示、显示精度高、寿命长、可靠性高等优点，并且符合机载设备数字化的发展方向。

以计算机为核心的电子综合显示器，实质上是一个机载计算机的终端数据图形显示设备。通过变更软件可以实现显示信息的组合和搭配，使不同的飞行阶段中，飞行员所需观察的一组信息，能同时显示在电子显示器上。

对于战斗机，可以采用头盔显示器。飞行员向任何方向转动头部，信息都能显示在飞行员眼睛前方的视线中。甚至可以采用大屏幕全景显示仪，将整个仪表板作为一个大显示屏，并采用触敏屏幕。飞行员只要触及屏幕某一位置，就可以相应地改变显示格式，调出更多的数据或更详细的情况，也可以发出控制指令使系统执行指定的任务。对于显示的内容，飞行员可以用语言指令来控制，也可以用语言来播报，以调动飞行员的听觉，减轻飞行员的视觉负担。这样，就构成了一个全景座舱控制和显示系统。

5.2　飞机导航技术

5.2.1　飞机导航技术的一般概念

导航是指飞机在飞行过程中确定其位置和方向的方法或过程，包括地面人员和机上人员为确定飞机位置和方向所做的全部工作。飞机导航根据工作原理，可以分为目视导航、无线电导航、惯性导航、天文导航、图像匹配导航和复合导航。导航的关键在于确定飞机的瞬时位置,确定飞机位置有目视定位、航位推算和几何定位三种方法。

(1) 目视定位。目视定位是由飞行员观察地面标志来判定飞机的位置,这在起飞和着陆的过程中,是特别重要的。

(2) 航位推算。航位推算是根据已知的前一时刻飞机的位置和测得的导航参数,来推算当时飞机的位置。例如,根据测出的真实空速和飞机的航向,在给定风速和风向的条件下,利用航行速度三角形计算出地速,再将地速对时间进行积分,代入起始条件,即可得到当时的飞行位置。

多普勒雷达能直接测出地速,经过积分可以得到飞机的位置。惯性导航,在实质上也是进行航位推算:由惯性元件测得加速度,经过两次积分后得到位置信息。航位推算是近代导航的主要方法,采用这种方法的导航系统,只依靠飞机上的仪器而与外界无关,且不容易受无线电干扰,可进行全球导航。

(3) 几何定位。几何定位是以某导航点为基准来确定飞机相对于导航点的位置,从而定出飞机的位置线(即某些几何参数,如距离、角度保持不变的航迹)。然后,再确定飞机相对于另一导航点的位置,又定出另一条位置线。这两条位置线的交点,就是飞机所在的位置。图 5-20 表示出了三种位置线:一是相对方位角为恒值的位置线,是一条通过导航点的直线;二是距离为恒值的位置线,是以导航点为中心的圆周;三是到两个导航点的距离差为恒值的位置线,准定是双曲线。

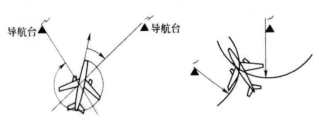
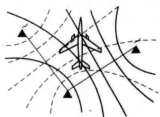

(a) 相对方位角为恒值　　　　(b) 距离为恒值　　　　(c) 到两个导航点的距离差为恒值

图 5-20　三种位置线

5.2.2　仪表导航

仪表导航是利用导航仪表进行飞机的定位和导航。用磁罗盘、空速表、高度表、导航时钟等仪表获得空速、航向角和风速、风向,根据航行速度三角形关系(见图 5-21)即可以计算地速和偏流角。地速对时间积分即得到距离,也就是得到了当时飞机的位置,是航位推算方法的应用。这种导航技术是 20 世纪 20 年代发展起来的,精度差,工作量大。

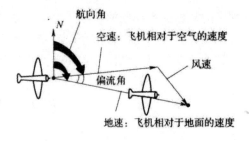

图 5-21　空速、风速和地速偏流角的
关系(航行速度三角形)

5.2.3　无线电导航

通信、广播、电视等利用无线电波传递信息的技术,已在人们的日常生活中得到了广泛的应用。利用无线电技术远距离传递信息的过程,如图 5-22 所示。

图 5-22　无线电通信原理示意

需要传递的信息(如声音、图像等)通过信息变换器(如话筒、摄像机等)变换成低频的电信号，然后在调制器内使高频振荡器产生的被称为载波(频率在 $10^4 \sim 10^{13}$ Hz)电流的电参量(如振幅、频率、相位等)随低频电信号的变化而变化。经过调制的已调高频电流加在发射天线上，在天线的周围激励出同一频率的交变电磁场，并不断向空间扩散，从而形成无线电(磁)波。无线电波传播到接收天线时，因接收天线为金属导体，在交变电磁场中将产生感应电动势，从而产生与发射的无线电波参量相一致的微弱的高频交流电流。这个高频电流经过接收机放大、解调(制)后，恢复成低频电信号，再经终端设备将其变换成人们需要的声、光等信息。

无线电导航是借助地面无线电导航台和飞机上的无线电导航设备，利用无线电波对飞机进行定位和引导。无线电导航很少受气候条件的限制，不论昼夜都能准确无误、简便可靠地确定出飞机的位置坐标及其航行参数(速度、加速度等)。它的作用距离远、精度高、设备简单可靠，是飞机导航的主要技术手段之一。尤其在夜间或复杂气象条件下，要保证飞机安全着陆，无线电导航设备是必不可少的导航工具。

(1) 伏尔导航系统。这是一种近程无线电导航系统，全名为甚高频全向方位导航系统。它由地面导航台向飞机提供以导航台所在点北向子午线为基准的飞机方位信息，以便航路上的飞机可以确定其相对于导航台的方位；或者在空中给飞机提供一条"空中道路"，引导飞机沿着预定的航道飞行。

1950 年，伏尔导航系统被规定为国际民航标准导航系统，由机载甚高频全向信标接收机、显示器和地面甚高频全向方位导航台组成。它采用几何定位的方法，将机载接收机接收到的导航台发出的两个不同相位的正弦波信号进行比较，即可得到飞机相对导航台的方位角，再与测距器配合使用，即可得到飞机到导航台的距离，从而得到飞机在空间的位置。

(2) 多普勒导航系统。在声学中，当发出声波的波动源与声波的接收者之间存在相对运动时，接收到的声波频率与发射的声波频率之间就存在差异。这一频率差称为多普勒频率，这一效应就称为多普勒效应。

多普勒效应不仅存在于声波中，也存在于无线电波中。多普勒导航系统就是利用多普勒效应实现无线电导航的机载系统，由脉冲多普勒雷达、航向姿态系统、导航计算机和控制显示器等组成。飞机向地面发射几束不同方向的波束，利用回波频率的差异(即多普勒效应)测出地速和偏流角，再用航位推算的方法，通过航行速度三角形计算，从而确定飞机的方向和位置，如图 5-23 所示。20 世纪 70 年代以后，多普勒导航系统已和飞行控制系统、发动机控制系统、火力控制系统等组成综合航空电子系统，统一显示，综合控制。

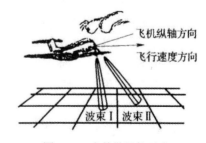

图 5-23　多普勒导航示意

(3) 罗兰 C 导航系统。当飞机作远距离飞行，如越洋飞行时，不可能通过不断更换近距离的导航台完成导航定位任务，而需要远程导航设备提供导航定位服务。罗兰 C 导航系统就是远程双曲线无线电导航系统，简称远程导航。它的作用距离为 2000 km，采用测距差方式工作。

罗兰 C 导航系统由设在地面的一个主台与 2～3 个副台合成的台链，以及飞机上的接收设备组成。测定主台与其中一个副台脉冲信号的时间差和相位差，再用几何定位的方法进行计算，即可获得飞机到两台的距离差，保持距离差不变的航迹是一条双曲线。再测定主台与另一副台的距离差又得到一条双曲线，两条双曲线的交点就是飞机在空中的位置，如图 5-24 所示。

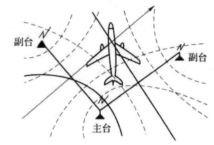

图 5-24　双曲线定位示意

(4) 塔康导航系统。这是一种近程极坐标式无线电导航系统，作用距离为 400～500 km，由飞机上的发射与接收设备、显示器和地面导航台组成。它也是采用几何定位的方法，测向原理与伏尔导航系统相似，也是测量地面相对飞机的方位角和距离。塔康导航系统属于军用设备，如果将塔康导航系统与伏尔导航系统组合在一起，组成伏尔塔康导航系统，则军、民均可以使用。

(5) 欧米加导航系统。这是一种超远程双曲线无线电导航系统，作用距离可以达到 1 万多千米，在远程测距差系统中得到了广泛的应用。只要设置 8 个地面导航台，就可以覆盖全球。它由飞机上的接收装置、显示器和地面发射台组成，其原理与罗兰 C 导航系统相似，也是采用双曲线几何定位的方法。

5.2.4　惯性导航系统

惯性导航是通过测量飞机的加速度，然后经运算处理，以获得飞机当时的速度和位置的一门飞机定位的综合性技术。作为飞机上的惯性导航设备，它除了能提供飞机的即时速度和位置外，还能提供飞机的俯仰、滚转、航向角等多种飞行运动参数。

飞机的惯性导航系统有两种工作状态：一种是提供飞机的即时速度、位置以及飞行运动等多种信息，并在驾驶舱里显示出主要的参数，飞行员根据这些信息引导飞机沿着规定的航线飞行，从而到达目的地；另一种是提供的信息进入飞行自动控制系统，并与规定的飞行航线进行比较，一旦发现飞机偏离要求的航线，就会形成误差控制指令进入自动驾驶仪，操纵相应的气动舵面偏转，使飞机自动地转入规定的航线上飞行。

惯性导航需要测量飞机的加速度，因此它的力学基础是牛顿第二定律。惯性导航中使用的一种加速度计仪表，能测量飞机在发动机推力作用下的加速度。

飞机惯性导航系统由惯性测量组件(陀螺仪和加速度计)、惯性导航平台、计算机和显示器组成。利用安装在惯性导航平台上的三个加速度计，测量出飞机沿互相垂直的三个方向上的加速度，再由计算机积分得出三个方向上的速度和位移，从而连续得到飞机的空间位置。

在一般情况下，飞机的俯仰、滚转运动会使加速度计的测量轴也随之俯仰、倾斜，即使飞机在地面不动，飞机不水平也会发生这种情况。这样，在重力作用下，加速度计会有错误信号输出。为了解决这个问题，惯性导航系统中的加速度计就安装在惯性导航平台上。不管飞机作什么转动，惯性导航平台应该一直处于水平面内并有确定的指向，这样，加速度计就可以不受飞机的俯仰、滚转运动的影响，而始终保持水平，这就是平台式惯性导航系统。

如果不用惯性导航平台，而是将测量组件(陀螺仪和加速度计)直接安装在飞机上。它们的测量轴与三条机体轴一致，那么两个测量组件测量到的就是沿飞机机体轴的直线加速度和转动角速度。为了获得导航参数，各测量值要经过转换后再输入计算机，进行速度、位置和俯仰、滚转、航向角等计算。没有惯性导航平台的惯性导航系统，就是捷联式惯性导航系统。

5.2.5 全球定位系统(GPS)

利用无线电波实现全球定位的系统有两种。一种是欧米加导航系统，由于其导航台设置在地面，为了保证它的工作区域能覆盖全球，采用了甚低频的地波传播。但相位的变化及测量受种种因素的影响，波长很长时定位精度不够高。另一种则是"导航星"全球定位系统。人造卫星的出现，使导航台可以设置在远离地面的高空，采用甚高频的空间波传播，即可以覆盖很大的空间区域。因此，从 20 世纪 60 年代开始，出现了以子午仪系统(Transit System)和全球定位系统(Global Positioning System，GPS)为代表的卫星导航系统。

GPS 从 20 世纪 70 年代开始研制，至 1993 年底正式投入使用，由导航卫星、地面台站和用户定位设备三个部分组成。导航卫星是系统的空间部分，由多颗导航卫星构成空间导航网。"导航星"全球定位系统就是由 18 颗导航卫星组成的导航网，如图 5-25 所示。地面台站的任务是跟踪、测量和预报卫星轨道，并对卫星上的设备工作进行控制管理，包括跟踪站、遥测站、计算中心、注入站及时间统一等部分。用户定位设备由接收机、定时器、数据预处理器、计算机和显示器组成，负责接收卫星的轨道参数和定时信息，同时测量

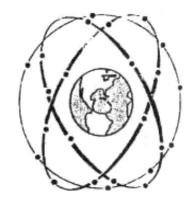

图 5-25 18 颗导航卫星构成的导航网示意

出距离、距离差等导航参数，经过计算机计算出用户的位置三维坐标和速度矢量。

"导航星"全球定位系统采用时间测距导航定位的方法。通过用户接收设备的精确测量、由"导航星"全球定位系统中的四颗卫星发来信号的传播时间，完成一组包括四个方程式的数学模型运算，就可以计算出用户位置的三维坐标(经度、纬度和高度)。

GPS 是一种高精度的导航定位系统，其定位精度一般可达 10～100 m。如果通过其他技术，如在一些已知的地点设置 GPS 接收机，根据 GPS 测量的结果与已知地点坐标的误差，对这个地点附近使用同类 GPS 接收机的用户的测量结果进行修正(差分 GPS 技术)，可以使精度提高到几米，可应用于飞机的自动着陆。如果不仅在时间上进行测量，在载频的相位上也进行测量，则可在很短的距离上测量出相对位置的变化(如在机翼上或机身上)，从而确定航姿的变化，其测量精度可达零点几度。

在军用航空中，GPS 为保证轰炸机和巡航导弹攻击的准确性，为特种航空的侦察、通

信、搜索、救援以及指挥控制方面的准确定位,提供了有效手段。GPS 作为近期投入使用的新型导航系统,已在包括航空、航天的各个领域发挥着重要的作用,并可预期在不久的将来,其应用范围不断扩展,成为最重要的无线电导航系统之一。

5.2.6　北斗导航系统(BDS)

中国北斗卫星导航系统(BeiDou Navigation Satellite System,BDS)是中国自行研制的全球卫星导航系统,是继美国全球定位系统(GPS)、俄罗斯格洛纳斯卫星导航系统(GLONASS)、欧洲伽利略卫星导航系统(Galileo Satellite Navigation System)之后第四个成熟的卫星导航系统。北斗卫星导航系统由空间段、地面段和用户段三部分组成,可在全球范围内全天候、全天时为各类用户提供高精度、高可靠定位、导航、授时服务,并具短报文通信能力,已经初步具备区域导航、定位和授时能力,定位精度 10 m,测速精度 0.2 m/s,授时精度 10 ns。2017 年 11 月 5 日,中国第三代导航卫星顺利升空,标志着中国正式开始建造"北斗"全球卫星导航系统。2018 年 11 月,我国已成功完成北斗三号基本系统星座部署。

北斗系统具有以下特点:一是空间段采用三种轨道卫星组成的混合星座,与其他卫星导航系统相比高轨卫星更多,抗遮挡能力力强,尤其低纬度地区性能特点更为明显;二是提供多个频点的导航信号,能够通过多频信号组合使用等方式提高服务精度;三是创新融合了导航与通信能力,具有实时导航、快速定位、精确授时、位置报告和短报文通信服务五大功能。

5.3　飞机自动控制技术

5.3.1　飞机的自动驾驶和自动驾驶仪

用自动驾驶仪操纵飞机的过程和飞行员操纵飞机的程序是相似的。以俯仰操纵为例,飞行员如果想保持飞机水平飞行,就要保持飞机以一个给定的俯仰角 θ_0 飞行,这时他操纵升降舵转一个角度,在这个角度下,机翼有一定的迎角使升力与重力平衡。如果飞机向上仰 $\Delta\theta$,飞机的飞行仰角就增大到 θ,飞行员就会从姿态地平仪上看到迎角增加,通过大脑发出命令,于是他的手向前推驾驶杆使方向舵下偏,使飞机产生低头力矩,从而使飞机回到原来的位置。飞行员从地平线上看到仰角的新变化,就把驾驶杆拉回到原来的位置。这样,飞行员和飞机就组成了一个闭环系统。飞行员在操纵飞机并维持飞机的平直飞行状态时,要不断地察看陀螺地平仪的变化,依据它的变化,操纵驾驶杆,不断地调整升降舵面。

当用自动驾驶仪代替飞行员操纵飞机时,它可以模仿飞行员操纵飞机的过程,如图5-26 所示。自动驾驶仪有一个对飞机俯仰角变化很敏感的装置,它可以对其传感器输出与俯仰角成比例的电信号,进行功率放大后,使之能驱动升降舵面转动;舵面偏转角的大小与飞机的俯仰角大小成一定的比例。据此,可以利用自动驾驶仪稳定控制飞机的平直飞行。

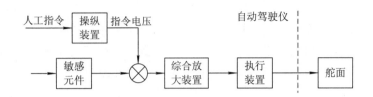

图 5-26 用自动驾驶仪控制飞机

自动驾驶仪由传感元件、变化放大装置和执行装置三部分组成，它代替了飞行员。一是传感元件取代了人眼的功能，可以感受飞机的姿态和参数变化，如陀螺仪、大气数据传感器等，给出姿态发生变化的信号。二是变化放大装置取代了人脑的作用，在这里首先把来自传感元件的信号放大，然后和给定值进行比较，再把差值变成执行的命令信号输送到执行装置上去。早期的自动驾驶仪的变化放大装置是机、电模拟式的，现在大部分都使用电子放大器和集成电路的处理器。三是执行装置取代了人手的工作，也称舵机。一般是一个伺服电动机，或相应的液压或气压机械，根据来自变化放大装置的命令改变舵面的位置。

自动驾驶仪的三个部分取代了飞行员的功能，组成了飞机和自动驾驶仪的闭环回路。在姿态达到指定状态之前，自动驾驶仪一直随着偏差的大小发出指令；在姿态达到规定状态后，偏差为零，自动驾驶仪便不再发出指令。

5.3.2 飞机的飞行轨迹控制

飞行轨迹控制，是要求飞机的重心以足够的准确度保持或跟踪给定的飞行轨迹。许多飞机的飞行任务都要求轨迹控制，如空中加油机进行加油作业时、飞机编队飞行时、轰炸机在轰炸时，都要保持在预定的高度上飞行。飞机着陆时要沿着一定的下滑道飞行，也属于飞行轨迹控制。

1. 高度稳定与控制

高度稳定与控制，是在纵向自动驾驶仪稳定和控制飞机俯仰角运动的基础上，加上高度传感器形成的。图 5-27 表示的是利用控制升降舵面的方法，来稳定和控制飞机的飞行高度。

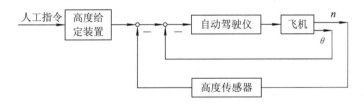

图 5-27 飞机飞行高度稳定与控制过程

高度传感器包括高度差传感器(给定飞行高度和实际飞行高度之差的传感器)和高度差变化率传感器(飞机上升、下降速度传感器)，是敏感高度和高度变化的传感器。在现代飞行控制系统中，飞行高度和相应的变化率信号由大气数据计算机或无线电高度表提供；在低空或近地飞行时，需要的高度信号可由无线电小高度表提供。高度给定装置是设定预选飞行高度的输入装置，通过它可以预先设置飞行高度。飞行高度控制系统，具有高度保持的稳定状态和飞行高度预选的控制状态。

高度的稳定状态，是要求高度控制系统自动保持飞机在给定的高度上飞行。当飞机受到外界干扰，例如上升气流的干扰时，飞机会上升到高于预定的高度，这时高度和高度差传感器就会感测到这种改变，从而输送给综合装置一个相应的电信号，经自动驾驶仪操纵升降舵面后缘向下偏转，形成低头力矩，使飞机下降，返回到预定的高度。相反，飞机受到向下气流作用而降低高度时，则操纵飞机爬升，返回到预定的高度。

高度的控制状态，是要求高度控制系统能自动地改变飞机飞行高度，当达到预定高度后，再保持定高飞行。当飞行员将期望的飞行高度输入到高度控制系统后，它输出的电信号经自动驾驶仪操纵升降舵面的后缘使飞机作相应的向上(向下)偏转，飞机就自动进入爬升(下降)飞行，接近期望高度后就自动拉平，并保持在这一高度上飞行。

2．自动着陆控制

着陆是飞机飞行的一个重要阶段。在着陆时，飞行员必须在很短的时间内完成许多高难度的操作，仅靠目视着陆，是难以保证安全飞行的。为了保证飞机能在不良气候条件下和夜间安全着陆，必须对着陆阶段的飞行轨迹进行控制。为此，必须有导航系统向飞行员提供飞机所在的航道与正确的下滑航道之间偏离程度的高精度指示。

为了实现着陆轨迹的控制，目前使用仪表着陆系统(ILS)和微波着陆系统(MLS)来引导飞机进入正确的下滑航道。当飞机处于正确的下滑航道上时，接收机输出的信号为零；若飞机偏离下滑航道，则接收机输出相应极性和幅值的信号，如图5-28所示。接收机输出的电信号通过自动驾驶仪操纵舵面(方向舵和升降舵)，使飞机进入下滑航道。例如，飞机处于下滑航道上方时，接收机将输出反映下滑航道上方极性的信号，通过自动驾驶仪使升降舵面后缘向下，产生低头力矩，使飞机飞向下滑航道，接收机的输出逐渐减小，直到飞机进入下滑航道，升降舵面恢复原来的位置，飞机保持在下滑航道上逐渐降低高度，实现自动着陆。

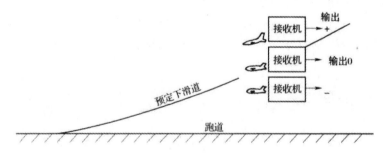

图 5-28 预定下滑航道

5.3.3 电传操纵

一般情况下，飞行员都是操纵驾驶杆，通过钢索(或杆件)操纵气动舵面偏转来驾驶飞机的。而电传操纵则是飞行员操纵微型操纵杆，经杆上的传感器发出电指令信号，通过电缆传输到信号处理器后再控制舵机(执行机构)，推动气动舵面偏转来驾驶飞机。电传操纵去掉了传统的机械操纵装置，以及与舵机之间相当复杂的机械联动装置，是一种新型的操纵系统。

通过多种飞机的使用，电传操纵显示出了优越性，新一代的战斗机也都采用了这种操纵系统，新型的民航飞机也在逐步采用这种操纵系统。与机械操纵装置相比，电传操纵的优点有：第一，结构简单，体积小，质量轻，便于安装和维修；第二，因为取消了摇臂、连杆、滑轮和钢索等机械装置，消除了传动中的摩擦，提高了操纵性能；第三，由于使用电缆传送电信号，方便与飞机上的其他系统相互沟通和进行综合处理。因此，电传操纵可以把飞机的操纵与实现高性能的飞行控制结合起来，从而使飞机达到更高的飞行性能。

5.3.4　现代飞机的综合飞行管理系统

　　20 世纪 70 年代末期，计算机和控制技术的迅速发展，使自动驾驶仪的功能迅速扩展，在现代化的大、中型民航飞机，如波音 757 等飞机上，所有仪表都更新换代，组成了综合飞行管理系统。它包括以下四个部分。

　　(1) 自动驾驶仪导引系统(AFDS)。这是自动飞行控制系统的核心部分，它把过去的飞行导引仪和自动驾驶仪两套设备的功能综合起来，飞行导引仪只向飞行员提供姿态的信息和指令，没有执行机构。自动驾驶仪只能按照原输入的程序去控制飞机，飞行员还要用驾驶杆操纵或者通过改变自动驾驶仪的各种模式去操纵飞机。自动驾驶仪导引系统把两者的功能结合起来，不需要飞行员的参与。

　　(2) 推力控制系统。飞机在变速飞行时，飞行员需要操纵油门杆控制发动机来控制推力。推力控制系统使自动驾驶仪和发动机自动控制系统结合起来，使飞机实现姿态、推力控制自动化，不仅减轻了飞行员的劳动强度，而且使推力最优化，节省了燃油。

　　(3) 偏航阻尼系统。飞机在高亚声速范围内飞行时，一般都采用比较大的后掠角，侧倾稳定性很好。但垂直尾翼不能增加太大，否则航向稳定性不够好，导致飞机一遇到干扰就会不断地发生侧滑和方向摆动。偏航阻尼系统的作用，就是在不改变结构(如增加垂尾)的情况下，抑制航向摆动。

　　(4) 自动安定面配平系统。由于飞机速度增加而使气动中心后移，从而改变了飞机的俯仰稳定状态。对于低速飞机来说，这个影响可以忽略。但是，对速度变化大的飞机则会带来问题：一是，飞行员要随着飞机速度的变化不断调整升降舵或水平安定面的倾角，否则飞机就会产生向下的(速度增大时)或向上的(速度减小时)力矩；二是，升降舵的迎角增大会使飞机的阻力增大，升力减小，从而增加燃油消耗。自动安定面配平系统，就是为了解决这两个问题而设置的。现代大型飞机，为解决在控制飞机俯仰时出现的升降舵阻力增大的问题，把水平尾翼安装角设计成可以调整的。这样，水平安定面和升降舵一起动作，使飞机配平，从而减小阻力。配平系统由安定面配平、升降舵不对称组件(SAM)和安定面控制配平组件(STCM)组成。

　　偏航阻尼系统和自动安定面配平系统，都是为保证飞机的稳定性而设计的辅助飞行操纵系统，它们和自动控制系统一起控制飞机的飞行。这类系统统称为飞机的增稳系统，偏航阻尼系统是垂直增稳系统，而自动安定面配平系统是俯仰增稳系统。由于稳定性和操纵性是有矛盾的，因而在飞机的操纵系统内，稳定系统的操作权限不能过大，只能占人工操纵权限的十分之一到三分之一，并且设置有切断开关，一旦有了故障，飞行员便切断增稳系统而直接手动操纵。

5.4　其他机载设备

5.4.1　通信设备

　　飞机需要和地面进行信息交流,而要进行这种交流必须借助于无线电通信设备。从图5-22 中,可以了解无线电技术远距离传递信息的基本知识,而其具体构成则因其信息内容及数量、信息格式、作用距离、使用的频率、功能等各种技术战术指标的不同而有很大的差异。以民航飞机为例,除了具有某些导航设备(如微波着陆系统和空中交通管理雷达应答器)来担负范围有限的通信任务外,还装备有一套或多套的高频无线电通信电台和甚高频无线电通信电台。

　　当地面通信电台在其服务区域内有多架飞机时,为减少飞机机组人员连续监听的工作负担,可采用类似电话号码的选择呼叫系统。以民航飞机为例,每架飞机在起飞前便规定一个四个字符组成的代码,并在相应的设备上装定。当地面通信电台需要与某一架飞机通话时,首先发射与这架飞机代码相一致的代码信号。飞机上的通信电台收到呼叫信号后与事先装定的代码比较(译码),两者一致时,就会用声、光信号提醒机组人员及时与地面进行通信联络。

　　在飞机上通话,多用喉头送话器进行。它贴在飞行员的喉头两侧,说话时,喉头送话器受到声带振动的作用而输出一个电信号加到发射机上,经过发射机的调制后,便从天线发射出去。在通信电台接收时,从地面指挥台或其他飞机上发来的信号经天线到达接收机,经接收机检波后到达飞行员的耳机上,飞行员即能听到声音。

5.4.2　雷达设备

　　雷达是无线电检测与定位的简称,是利用无线电超短波或微波的反射作用来探测目标的方向和位置的无线电设备。雷达所用的无线电超短波波长一般为 1～10 m,频率为 30～300 MHz;微波波长在 1 m 以下,频率高于 300 MHz.。无线电波以直线前进,遇到金属导体能产生强烈的反射波,遇到非导体(如房屋和山峰)也有较弱的反射波被反射回来,遇到航路上的云雨、雷电也能有反射波被反射回来。波长越短,天线的方向性越强。

　　以最简单的脉冲雷达为例,雷达由定时器、发射机、接收机、天线及馈电设备和终端设备组成,如图 5-29 所示。其中,定时器是雷达的时间控制部分。它产生重复频率一定的脉冲序列,分别触发发射机和终端设备中的距离测量部分,目标的回波则由接收机接收。天线收发开关起隔离发射机和接收机的作用,在发射电波期间,使天线与接收机断开,而与发射机接通;在发射机不发射信号时,则将天线与发射机断开,而与接收机接通。这样,收发可以共用一副天线(某些小型雷达也可用两副天线,如雷达高度表)。

　　一般的地面雷达工作时,发送机发出频率很高的无线电超短波。电波先经过天线转换开关送到定向天线,再由天线向某一方向发送出去,遇到目标(如飞机或山峰)就被反射回来。接收机再通过天线接收,并将微弱的电磁波放大和检波,送到显示器,在荧光屏上显示。另外,还有计时机构记录时间。由于雷达天线具有定向性,因而为了能在一定的空域范围内发现目标，雷达天线必须不停地运动。因此，不同方位和距离上的目标都可以"同时"在显示器上显示。

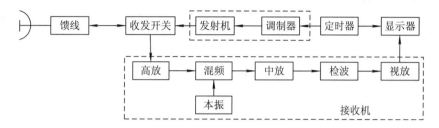

图 5-29　雷达的基本组成

由于电波的运动速度是一定的，因而可以计算出目标的距离。当两个目标距离很近时，回波脉冲有可能出现首尾相接的情况，难以分辨。出现这一情况的距离，称为距离分辨力。分辨力的大小，在简单的脉冲雷达中取决于脉冲宽度。雷达天线的方向也是一定的，因而也可以知道目标的方向。显示器可以根据不同的目标，显示出明暗不同的影像，这是因为不同的目标对无线电波反射的强弱有所不同。

雷达是保障飞行安全的重要工具。机载气象雷达可以探测飞机前方的气象状况，从而使飞机作出相应的机动飞行。设置在地面空中管理中心的场面监视雷达，可以监视空中管理区域内的飞机数量及分布状况。而二次雷达及相应的机载应答器，则可提供航班号、机型、飞行高度等相关信息，并在飞机出现故障等特殊情况时，及时通知空中管理中心组织救援。在某些军用野战机场，由于机场条件及机动性方面的限制，难以安装 ILS 或 MLS 着陆系统，也可以使用精密进近雷达(Precision Approach Radar，PAR)引导和指挥飞机在不良的气候条件下安全着陆。

5.4.3　电气设备

飞机电气设备包括供电设备和各种用电设备，要求尺寸小、重量轻。飞机电气设备在特殊的环境条件下工作，工作高度、温度和大气湿度变化幅度大。飞机在作机动飞行、着陆等动作时，电气设备所受的冲击大。

供电设备包括发电机和蓄电池。此外，还有电源保护设备，如电压调节器、反流割断器、升压器和变流器等。早期的飞机和现代大多数飞机常采用 28 V 的低压直流发电机，现代民航飞机多用电压为 115/200 V，频率为 400 Hz 的三相交流恒频发电机。

发电机是飞机的基本电源，通常由飞机发动机或专用的内燃机带动，除向用电设备供电外，还可以给蓄电池充电。可以用直流发电机与蓄电池并联工作，也可用几台直流发电机并联工作，以加强电源，提高供电的可靠性。交流发电机的构造比较简单，容易变压，更容易适应现代飞机的许多用电设备。有的发电机与发动机的起动机合并成一个"起动发电机"，减少了飞机的附件。蓄电池是飞机的辅助电源，当发电机不向外供电时，蓄电池则代替发电机供电。

现代飞机上的用电设备有：发动机起动、点火和控制系统；飞机舵机操纵、起落架收放和防滑系统；武器及火力系统；生命保障、火警探测和保护系统；照明与信号、防冰加温和旅客生活服务系统；机载多种电子系统与电动设备，如航空仪表、导航设备、雷达、飞行控制等。

5.4.4　高空防护设备

(1) 氧气设备。当高度达到 4000 m 以上时，由于氧气压力降低到生理需要的最小允许值，这时飞机上的人员会发生缺氧症(如困倦、头晕、心脏跳动减弱等)。在 7000 m 高空处，人员在没有防护设备的情况下暴露 4～5 min，便会丧失意识。氧气设备用以增加吸气中的氧浓度，以便在周围大气压力降低时，使吸入的气体中保持必须的氧分压。

图 5-30 是一种飞机氧气设备的构成图。它由氧气瓶、减压器、氧气仪表和氧气面罩等组成。当飞机上升到 4000 m 以上需要使用氧气时，可以打开氧气使用开关，高压氧气经减压器减压后通过调节器进入氧气面罩。调节器前装有应急供氧开关，当飞行人员感觉到氧气不足或调节器的进气阀门不通畅时，可以打开应急供氧开关，使经过减压器减压后的氧气由另一条管路直接从喷嘴进入调节器。

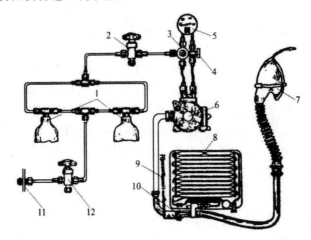

1—氧气瓶；2—使用开关；3—减压器；4—应急供氧开关；5—压力表；6—调节器；7—氧气面罩；
8—降落伞氧气设备；9—链条；10—钢丝插销；11—充氧开关；12—充氧接头

图 5-30　氧气设备的构成

采用高压氧气、液氧或化学氧作为气源时，飞机的最大航程将受所携带的氧气量的限制。采用分子筛的吸附、解吸作用从周围大气中提取呼吸用氧的技术，将使飞机不受携氧数量的限制。自 20 世纪 80 年代以来，这项技术已在大多数飞机上采用。

飞行人员高空跳伞时，由降落伞氧气设备供给氧气。降落伞氧气设备放在伞包内，通过转换开关与飞机氧气设备的管路连接。跳伞时，降落伞氧气设备与调节器出口的导管脱离，转换为由降落伞氧气设备向氧气面罩输氧。普通氧气设备只能在 12 000 m 高度以下保障飞机上人员的安全。飞行高度升到 12 000 m 以上时，大气压力已经很低，普通氧气设备即使供给纯氧，飞行人员的肺泡内氧气分压也难以达到最小值。这时，必须采用能增大人体外部气压的气密座舱，或密闭飞行衣(代偿服)。

(2) 气密座舱。气密座舱用来增大座舱压力，以保证机上人员体内仍具有必需的氧气分压，避免机上人员由于周围气压过低而发生高空病(关节痛、胃痛等)。此外，气密座舱还便于加温和冷却，使座舱保持人体适宜的温度。

采用气密座舱的飞机,在设计时要考虑座舱内、外压力差的作用。像一般的受压容器那样,四壁尽量采用曲面以减轻重量;对于铆接结构,通常在铆缝处安装密封胶带和密封腻子;在飞机的操纵系统,通过密封座舱处安装密封盒;活动座舱盖的周边上安放气密带,在关上座舱盖时,气密带内充气,消除座舱内、外可能发生漏气的间隙。抵抗疲劳破坏的能力,也是气密座舱必须重点考虑的。

(3) 高过载防护设备。战斗机在作机动飞行时,产生的正过载(惯性力方向从头到脚,眼球向下移动)可达 8～9,超过了飞行员忍受的能力(一般过载可为 4.5～5)。穿戴对腹部施加抗压力的抗过载裤,可提高耐过载 1.5～2.0。20 世纪 70 年代,用改善抗过载裤的加压效果,并辅以代偿加压呼吸来解决高过载(+9)、高持续性(15s)和高过载增长率情况下出现的过载诱发的意识丧失问题。如要进一步提高飞机的机动性,则需要提高飞行员选拔标准和体能训练,同时采用后倾座椅,再加上代偿加压呼吸和穿戴抗过载裤等综合措施来解决。

5.4.5 救生设备

(1) 弹射救生设备。当飞机失事或在战争中被击坏时,拯救飞行人员便是一项极为重要的任务。在喷气式飞机出现以前,飞行速度一般不超过 500 km/h,飞行人员在空中应急离机时,完全依靠自己的体力离开座舱,然后打开降落伞降落。但在喷气式飞机出现以后,飞机速度增加,飞行人员在被迫跳伞时会遇到高速气流的很大阻力,依靠体力爬出座舱跳伞很困难,即使爬出座舱也会被高速气流吹到尾翼上,与尾翼相撞而造成伤亡。

在高速飞机上,弹射座椅跳伞装置得到了广泛的应用,它由抛盖装置、座椅弹射装置、座椅自动解脱装置和自动开伞器等组成。弹射座椅跳伞装置的弹射救生的一般过程,如图 5-31 所示。飞行人员决定跳伞时,首先操纵抛盖装置,把座椅上的活动盖抛掉;然后弹射火箭打火,火药燃爆产生的高压气体,把弹射座椅连同飞行员一起弹射出去。弹射离开座舱后的座椅和飞行人员在相对气流的作用下,会很快减速而落后于飞机,由于座椅能迅速上升到一定高度,因而能保证飞行人员不与尾翼相撞。当座椅弹出一定时间后,自动解脱装置解开座椅上的安全带,飞行人员即可与座椅分离,带着伞包下降。下降到一定高度时,由自动开伞器打开降落伞,飞行人员就能安全着陆。飞机经常在海洋上空飞行,为了保证跳伞降落后的安全性,飞行人员应穿救生衣或气囊背心,必要时伞包内还应带有橡皮救生船,以及应急用品,如电台、信号弹、食品等。

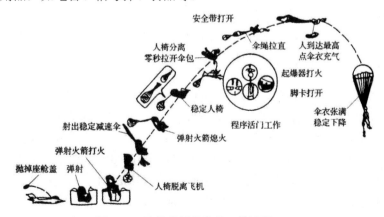

图 5-31 飞机弹射救生的一般过程

在超声速飞机上弹射救生时，飞行人员前方会产生直激波，导致作用在人体上的压力过大，容易使飞行人员脸部和肺部受伤。因此，一些超声速飞机能使弹射座椅与活动盖一起离开座舱，并使活动盖罩在飞行员和座椅的前面。当座椅的运动速度大大减小后，再使活动盖与座椅脱离。当飞行速度更大时($Ma > 3$)，减速载荷也更大，高速气流对人体的危害也更大。这样，弹射时可将座椅转平，使座椅与座舱盖组成一个封闭体弹出，飞行人员在封闭体内，不会受到气流的吹袭。封闭体呈流线型，大大减小了高速气流对它的减速作用，使飞行人员不致受到较大的减速载荷。

(2) 海上救生设备。在海洋上空作长途飞行时，飞机上还应有海上救生设备，以便飞机在海上发生事故而作强迫降落时使用。海上救生设备包括个人穿的救生衣和集体使用的救生艇。供个人穿的救生衣自带充气小瓶，以便在使用时向救生衣内充气，还附有哨子、电池和灯泡，作为呼救和夜间被救者的标志。救生艇能容纳 10 多人至 20 多人，艇上有食品(如压缩饼干和糖)、海水过滤器、应急电台等。

(3) 特种飞行衣。在高空飞行时，气密座舱因故障或在战斗中被击坏而突然失密时，座舱内就会突然减压，这叫爆炸减压。爆炸减压对人体危害很大，会使飞行员失去知觉甚至死亡。因此，为解决这一问题而设计出了特殊的飞行服。这种飞行服可以在座舱失密减压时，立即充上一定压力的气体，可以起到一个小气密座舱的作用。这种特殊的飞行服叫高空补偿服或代偿服，如图 5-32 所示。

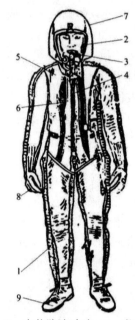

1—胶囊；2—电热防冰玻璃；3—喉头送话器；
4—输氧软管；5—工作服；6—调节绳带；
7—气密面罩；8—气密手套；9—气密鞋

图 5-32　高空补偿服

5.4.6　防冰设备

在云层和降雨区域中，有些水滴虽然温度低于 0℃，但只要没有强烈的扰动，仍然不会结冰，这种水滴叫过冷水滴。当过冷水滴受到飞机的飞行扰动时，便会在机翼和尾翼前缘，或螺旋桨前缘、进气道前缘以及驾驶舱风挡玻璃上结冰。严重时会使飞机飞行发生危险，如机翼和尾翼前缘结冰可能改变翼剖面形状，使升力降低，阻力加大，甚至使飞行操纵困难和飞行不稳定，其他部位结冰也都会带来各种各样的困难。为此，在容易结冰的部位应安装防冰设备。

飞机防冰设备主要有三类：一是利用热空气设备来防冰；二是用冰点很低的防冰液(多为酒精和甘油的混合物)喷洒在易于结冰的部位来防冰，或把冰溶掉；三是用电能来防冰，即在易于结冰的部位粘贴电阻丝，如螺旋桨前缘、风挡玻璃上，电流通过电阻丝时发出热量来把冰溶化掉。此外，还有少数飞机使用机械式防冰装置。它是一条双层的富有弹性的橡皮带，其中有冷气通道安装在机翼、尾翼的前缘。结冰时，周期性地通入冷气，使橡皮带交替膨胀和收缩，便可使机翼、尾翼上的结冰因开裂而脱落。现代大、中型民用旅客飞机均用热空气(来源于涡轮喷气发动机的压气机)对机翼、尾翼的前缘进行防冰，而只有部位面积较小的(如空速管、风挡玻璃等)才用电加热防冰。

5.5 机场和空中交通管理

5.5.1 机场

机场是用于飞机起飞、着陆、停放、维护和组织安全飞行的场所，分军用机场和民用机场两大类，大型民用机场又称为航空港。按跑道和其他设施条件以及使用特点，机场可分为永久性机场和临时机场。根据使用的飞机型别、跑道承载能力和设施的完善程度，机场又可分为若干个等级。我国将机场分为一、二、三、四级，其中四级机场只供初级教练机和小型运输机等轻型飞机使用。

飞机最初出现的时候，尚无机场的概念，当时只要能找到一块平坦的土地或草地，能够承受不大的飞机，就可以让飞机在上面起飞、降落了。1910年，德国出现了第一个机场。这个机场只是一片有专人管理的草地，以及有简易的帐篷存放飞机。

1919年后，欧洲开始建立最初的民用航线。随着民用航空和军用航空的发展，机场大量建设起来。特别是在1920—1939年间，欧美国家的航线大量开通，同时为了和殖民地联系，开辟了跨洲的国际航线，如英国开通了到印度和南非的航线，荷兰开通了由阿姆斯特丹到雅加达的航线。航空技术对机场的要求也越来越高，如航空管理、通信联络的要求，跑道强度的要求，旅客数量对民用机场的要求等。20世纪50年代中期，国际民航组织为全世界的机场和航空港制定了统一的标准和推荐要求。

20世纪60年代末，随着大型喷气运输飞机的投入使用，飞机日益成为大众化的交通工具，航空运输成为地方经济发展的一个不可缺少的组成部分，民用机场成为城市发展的一个重要标志。跑道、滑行道和停机坪都要加固或延长，候机楼、停车场、进出机场的道路设置，飞机噪声对居民的干扰等问题，使机场的建设成为了一个系统工程，都纳入了城市发展的总体规划之中。

机场区域包括地面和空中两部分，即机场本身和为其划定的包括各种飞行空域的空间。地面部分主要由飞行场地、技术和生活服务区等组成，空中部分包括起落航线和其他飞行空域。其中，飞行场地由跑道、保险道、滑行道、迫降场和停机坪等组成。机场一般有数条跑道，保证飞机至少能从相反的两个方向起飞和着陆。主跑道一般沿常年的风向修筑设置，跑道长度一般为1000～5000 m，宽度为45～100 m。

多数机场采用硬式道面，即水泥跑道。轻、小型飞机可使用非硬式道面，即土质、草皮、碎石、沥青等道面。跑道的两端和两侧有土质坚实并经平础、辗压的保险道，用以防止飞机在起降时由于某种原因而冲出跑道、提前接地或偏离跑道而造成事故。滑行道用以连接跑道与停机坪。主跑道的一侧设有迫降场，是经过夯压的土质场地，长度与跑道相同，在应急情况下使用。停机坪是停放、维护飞机和进行地勤技术准备的场所。

技术服务区包括空中交通管制塔台、引导飞机昼夜着陆和起飞用的目视助航设备、进场导航设备、精密仪表着陆系统以及飞机修理厂、机库、储油库、航空器材库、气象站等。为旅客服务的设施则有候机楼，能与飞机直接相连的登机桥和登机车，以及行李分拣和传送系统等，大型的民用机场还设有机场旅馆、航空食品公司等。图 5-33 是一般机场的地面布置示意图。

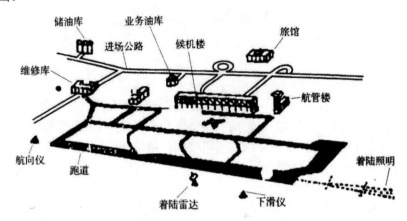

图 5-33　机场的地面布置示意

5.5.2　地面保障

地面保障设备包括机械的、电气的、液压的以及特种气体的设备等。为了给飞机添加燃油，有加油线固定的加油装置和机动加油车以及为飞机液压系统补充液压油和对液压系统进行地面试验的液压油车。所谓地面液压试验，是指收放起落架、襟翼和减速板等。机场还设有制冷站、制氧站，冷气和氧气分别由机动的冷气车、氧气车向飞机填充。为了处理可能发生的意外事故，机场还配有消防车、抢救车、救护车和便携式消防器材等。

5.5.3　空中交通管理

在航空活动的初期，飞机数量少，没有空中交通的概念。随着飞机数量的增多和商业航空运输越来越频繁，人们希望飞行活动能按一定的规则进行，空中交通管理便应运而生。空中交通管理是利用通信、导航技术和监控手段，对飞机的飞行活动进行监视和控制，以保证飞机飞行安全和有秩序飞行的技术措施。同时，它是航空运输的重要组成部分，也是适应飞行安全需要和航空运输发展、空间飞机数量大增的需要而发展起来的技术。空中交通管理也叫航空管理，有时也称航空管制。

空中交通管理的主要任务：一是保证飞机的一切飞行活动随时受地面指挥调度的管理，能够按照原来预定的起飞时间和到场时间飞行，严格按照飞行航路和高度飞行；二是有效地利用空间，保证空中交通有秩序地进行，防止飞机相撞；三是提供飞行安全的有效信息，提供迷航遇险飞机的情报，识别进入航管区域飞机的有关数据，及时采取必要的措施。

空中交通管理有两个显著的特点：一是空中交通一旦开始实施或运行，飞机就不可能无限制地在航路上消磨或延误，中止的方式只能是使飞机降落；二是国际性强，涉及的地区和领域广。

空中交通管理由空中交通服务(ATS)、空域管理(ASM)和空中交通流量管理(ATFM)三部分组成，其中空中交通服务是最主要的一部分。图 5-34 是空中交通管理系统环境中飞机的飞行示意图。

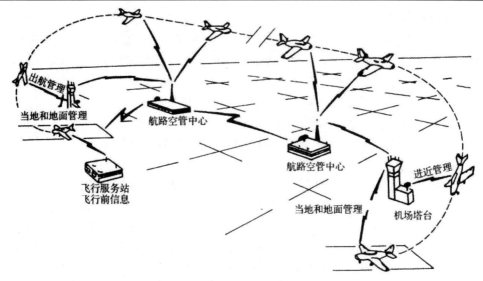

图 5-34　空中交通管理系统环境中飞机的飞行示意

1. 空中交通服务(ATS)

空中交通服务由空中交通管制服务(ATC)、飞行情报服务(FIS)、告警服务(AS)三部分组成。空中交通服务强调"服务"二字，在分配航路和采取行动时，服务于大多数的空中交通使用者。这样，对一部分使用者可能带来不方便，但最终的结果对大家都有利。

空中交通服务的目的有三个。第一，采用一切可用的间隔，发布指令，防止空中的飞机相撞；防止飞机和障碍物(可以是地面停放的飞机等)在起飞、降落及其相关区域出现相撞等事故或事件。第二，准确地掌握飞行动态，确定飞机之间的相互关系，找出事关飞行冲突调配的主要飞机，实现增加空中交通流量、维持良好运行秩序的目的。第三，为了飞机安全、有序地飞行，提供各种建议、情报、信息来避开危险天气及各种限制性空域；提供迷航遇险飞机的情报。

空中交通管制服务是空中交通服务的主要部分，包括区域管制服务(在航路上的管制)、进近管制服务(在飞机离场或到场时的管制)和机场管制服务三个部分。它的任务是：为每架飞机提供其他飞机的即时信息和动态(它们将要运动的方向和变化)；由这些信息确定各架飞机之间的相对位置；发出管制许可，使用许可信息防止飞机相撞，保证空中交通通畅；用管制许可来保证在控制空域内各航班的间隔，从而保证飞行安全；从飞机的飞行运动和发出许可的记录来分析空中交通状况，从而对管制的方法和间隔的使用进行改进，使空中交通的流量提高。

飞行情报服务通常由区域管制服务单位代替完成，但在有些地区，考虑到飞行量大、飞行组成情况复杂等现实情况，可成立专门的机构，由专门的人员从事这项工作，最常见的情报提供方式是航路终端自动情报通播(ATIS)。

告警服务是当飞机处于搜寻和救援状态时，涉及向有关单位发出通知，并给予协助的服务。它不是一项孤立的空中交通服务，也不是某一专门机构的业务，而是当飞机发生紧急状况，如飞机的发动机发生故障、无线电通信系统失效、座舱失压或遭遇空中非法劫持时，由当事的管制单位直接提供的一项服务。

2．空域管理(ASM)

空中交通服务没有考虑对整个空域的利用，以及如何使空中交通更为通畅有效地运行。空域管理是将空中交通作为一个整体来考虑，以有效地利用空域空间。空域管理模式应符合本国国情，在和平建设时期，空域的使用应主要保证民航飞机的飞行，同时也可以为军用飞机飞行专设某些空域(远离经济发达地区，避开经济繁忙区)。

空域管理的目标有三个。第一，在给定的空域结构内，通过"实时性"，有时根据不同空域使用者(民用航空、军用航空等)的短时要求，将空域分隔开(划分成不同块)，以实现对可用空域的最大利用。第二，空域的各使用方在地位上是平等的，建立的空域要有灵活性。若军用航空申请利用某一划定范围的空域进行临时性的训练，国家级的独立空域管理机构在与有关各方协商后，可以批准，在这项任务完成后，各方对这个空域仍有共同的使用权。第三，由于空中管理具有国际性特点，各国在建立航线(路)网络时应立足于国际或地区范围内的高度，进行通盘考虑，建立起能够与周边国家航线(路)网络相衔接的航线(路)布局。

国际上，根据是否对在空域中飞行的飞机提供空中交通管制服务，将空域分为管制空域和非管制空域两种。我国的空域体制尚未和国际接轨，原则上是民用航空管制空域只包括机场区和主要航线(路)区。在这些空域之外，全部是军事管制空域，而且是绝对管制空域。

国际民航组织把管制区域分为 A、B、C、D、E 类，对其中提供的服务等级、飞机速度、飞机之间的距离及无线电通信的要求各有不同；把非管制空域分为 F、G 两大类。非管制空域是指民用航空或军事当局需要控制的区域以外的空域，但并不意味着这些空域中不需要控制或没有控制，只是因为这些区域的空中交通不多，所以把它留给通用航空使用。

3．空中交通流量管理(ATFM)

空中交通流量管理的目标是在某一划定的空域内，当飞行量超过或即将超过空中交通管理系统的可用容量(含机场)时，支持现有的空中交通管理系统以实现最大(佳)的空中交通流通量。

思考题与习题

一、选择题

1．导航的关键在于确定飞机的瞬时位置，确定飞机位置有_____等三种方法。

A．仪表导航　　　B．目视定位　　　C．航位推算　　　D．几何定位

2．现代飞机的高空防护设备包括_____。

A．救生设备　　　B．氧气设备　　　C．气密座舱　　　D．高过载防护设备

3．1910 年，_____出现了第一个机场，这个机场只是一片有专人管理的草地，以及有简易的帐篷存放飞机。

A．德国　　　　　B．英国　　　　　C．美国　　　　　D．法国

4．空中交通管理是利用_____，对飞机的飞行活动进行监视和控制，以保证飞机飞行安全和有秩序飞行的技术措施。

A．通信　　　　　B．导航技术　　　C．监控手段　　　D．航空管制

5．空中交通管理由_____三部分组成，其中空中交通服务是最主要的一部分。

A．空中交通管制服务　　　　　　　B．空中交通服务

C．空域管理　　　　　　　　　　　D．空中交通流量管理

6．空中交通服务由_____三部分组成，强调"服务"二字。

A．空中交通管制服务　　B．飞行情报服务　　C．告警服务　　D．区域管制服务

7．空中交通管制服务是空中交通服务的主要部分，包括_____三个部分。

A．进近管制服务　　　　　B．机场管制服务　　C．告警服务　　D．区域管制服务

8．国际上，根据是否对在空域中飞行的飞机提供空中交通管制服务，将空域分为_____两种。

A．管制空域　　　B．非管制空域　　　C．军事管制空域　　　D．绝对管制空域

二、填空题

1．飞行状态参数是指飞机飞行时的(　　)和(　　)，一般说来有飞行高度、飞行速度和加速度，姿态角和姿态角速度。

2．(　　)是指飞机重心沿地平面运动的速度分量，测量这个速度是为了执行导航、轰炸、照相等任务。(　　)是指飞机在纵轴对称平面内相对于气流的运动速度。在无风的情况下，(　　)与(　　)相等；有风时，(　　)是(　　)和风速的矢量和。

3．飞机的(　　)是空气动压和空气密度的函数，而(　　)仅是空气动压的函数，只要测得了动压就可以得到(　　)。

4．为了提高可靠性，在飞机上装有多套(　　)，而气压式高度表、空速表、马赫数表只是作为应急仪表。

5．现代飞机的综合飞行管理系统包括(　　)、(　　)、(　　)和(　　)四个部分。

6．机场是用于飞机起飞、着陆、停放、维护和组织安全飞行的场所，分(　　)和(　　)两大类，大型民用机场又称为(　　)。

三、问答题

1．气压式高度表如何测量绝对高度和相对高度？

2．陀螺地平仪和陀螺方向仪是如何利用陀螺仪的"定轴性"来测量飞行姿态角的？

3．发动机状态参数测量仪表的作用是什么？

4．飞机有哪些导航技术？其中无线电导航有哪些导航系统？

5．自动驾驶仪由哪几部分组成？它的功能是什么？

6．飞机上为什么要有防冰设备？飞机防冰的设备有哪些？

第6章　飞行器的发展概况

6.1　飞机和直升机

6.1.1　军用飞机

1. 战斗机

第四代战斗机是正在发展中的新一代战斗机，具有超声速巡航能力、过失速机动能力、隐身能力、多目标跟踪和攻击能力、良好的维护性和短距起落能力。目前，世界上最典型的第四代战斗机是美国的 F/A-22"猛禽"飞机。它性能优越，可以以 $Ma=1.5$ 巡航，具有较强的超视距作战能力和近距格斗能力、良好的隐身能力、先进的相控阵雷达和先进中距空空导弹。可以说，F-22 飞机的出现，拉大了美国与世界的差距。

2. 轰炸机

在第二次世界大战中，采用轰炸机轰炸一直是从空中进攻的主要手段。当时轰炸机的升限约为 10 000 m，航程不到 8000 km。20 世纪 50 年代以后，高亚声速喷气式轰炸机开始服役。20 世纪 50 年代末到 60 年代初，又有了超声速中程轰炸机。这个时期的轰炸机在战术使用上没有根本性的变化，但是在速度、高度和载弹量方面都有很大的提高。

20 世纪 60 年代以后，各种地空导弹和空空导弹日益完善，防空能力提高很快，战术轰炸任务更多地由歼击轰炸机来完成，自卫能力差的轻型轰炸机已不再发展。由于歼击轰炸机航程和载弹量不断增大，中型轰炸机的任务也可以由它来完成。

自从出现中、远程弹道式导弹以后，战略打击力量的重点已转移到弹道式导弹上来，战略轰炸机的地位明显下降。但是，远距离超声速轰炸机易于分散隐蔽，不容易受到敌方的核导弹摧毁。同时，远距离超声速轰炸机使用灵活，当战略轰炸机已起飞去执行轰炸任务时，中途一旦情况有变，可以立即下令返航，不至于造成无法挽回的后果；如果原定目标已被摧毁，还可以改为攻击其他的目标；并且便于发现和攻击机动目标等。所以，战略轰炸机已成为战略弹道导弹的重要补充打击力量。

20 世纪 70 年代以后，只有美国和苏联两个国家尚在继续研制远程超声速轰炸机。例如，美国的 B-1B、苏联的图-160 轰炸机，两者都是变后掠翼飞机，最大飞行速度分别为 $Ma=1.25$ 和 $Ma=1.88$，最大起飞质量分别为 206.9 t 和 275 t，最大载弹量分别为 16.9 t 和 22.5 t，最大航程分别为 10 180 km 和 12 300 km。而且，两者都装有先进的自动导航系统、地形跟踪系统和电子对抗设备，攻击武器以空地导弹和巡航导弹为主，能够在复杂的气象条件下隐蔽地进行超低空突防，对目标进行远距离攻击。

1989 年 7 月，美国的 B-2 隐身轰炸机首次试飞，这是一种比 B-1B 轰炸机更先进的远程战略轰炸机。B-2 轰炸机是机翼和机身完全融为一体的飞翼，如图 6-1 所示。这种布局十分有利于隐身设计，在气动力和结构效率上均比常规布局的优势大。B-2 轰炸机除了采用与 F-22 战斗机相同的隐身措施以外，还具有其他一些不同的特点。例如，没有垂直尾翼，这很有利于减小总的雷达反射面积；飞翼的平面外形由 12 条直线组成，分别平行于左、右机翼前缘，这样能够把雷达波从机翼后缘上沿两个方向反射出去，使其偏离飞机的尾后区域；大部分蒙皮采用蜂窝型雷达吸波复合材料结构，这样，B-2 轰炸机的雷达反射截面比B-1B 轰炸机要小一个数量级，可以达到 0.1 m^2，而 B-52 轰炸机是 100 m^2。

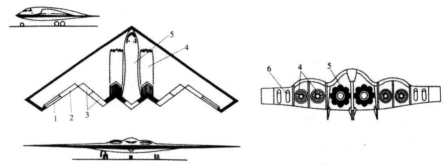

1—分裂式阻力板兼方向舵；2—主升降副翼；3—副升降副翼；

4—发动机舱；5—炸弹舱；6—主轮舱

图 6-1　B-2 隐身远程战略轰炸机的外形示意

B-2 轰炸机没有专门设置方向舵，而是依靠外翼外侧的分裂式阻力板兼方向舵 1 来产生偏航力矩。这个方向舵可以上、下分裂张开约 90°，可以作为辅助滚转操纵和俯仰操纵之用，还可以作为减速板用。飞机的俯仰操纵和滚转操纵依靠外翼内侧的主升降副翼 2 进行，低速飞行时内翼的副升降副翼 3 参与工作。机身的最后端有一片近似三角形的"海狸尾巴"，上、下偏转时可以产生一定的俯仰力矩，主要用于减弱阵风颠簸效应。两个机内炸弹舱 5 并列设置于两个发动机舱 4 之间，其内可以装由石墨纤维、环氧树脂复合材料制成的转筒式挂弹架，每个转筒式挂弹架可以挂 8 枚核弹或各种不同组合形式的炸弹和导弹。驾驶舱风挡为四片巨大的夹层丙烯玻璃，涂有防反光和增加透光度的涂层，遇到核爆炸时，风挡能够自动瞬时变黑。

3. 预警机

图 6-2 是预警机与舰载雷达探测范围的示意图。从图中可以看出，由于地球表面曲率的影响，飞机上的雷达探测距离要比军舰上的雷达探测距离大得多。

美国的 E-3A 预警指挥机，是在波音 707-320B 旅客飞机的基础上改制而成的，它最大的特征就是在机背上驮着一个大圆盘。这就是远距离大型搜索雷达旋转天线罩，直径为9.1 m，厚度为 1.8 m。机舱内装有大量电子设备，主要有脉冲多普勒雷达、敌我识别器、计算机、惯导系统、导航设备等。E-3A 飞机能够在 9140 m 巡航高度上连续飞行 11.5 h，对中、高空目标的探测距离为 600 km，对低空目标的探测距离为 350 km，可以探测、跟踪 600 个目标，同时可以引导 100 架飞机对来袭目标进行拦截。

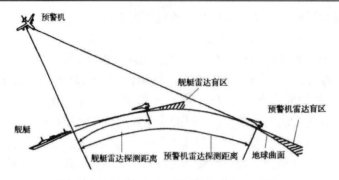

图 6-2　预警机与舰载雷达探测范围的示意

6.1.2　民用飞机

民用飞机是指非军事用途的飞机，包括用于商业飞行的运输机和通用航空中使用的各种飞机。运输机包括旅客机、货机和客货混装的飞机；通用航空中使用的飞机在性能、重量方面的差异很大，应用领域广泛，包括公务飞机、通勤飞机、农业飞机、体育运动机、多用途轻型飞机、娱乐用的超轻型飞机等。

1．高亚声速旅客机

美国的波音 747 飞机是世界上第一款宽体远程旅客机，如图 6-3 所示。它的机翼下吊装有四台大推力的涡轮风扇发动机，机翼为下单翼，其四分之一弦线后掠角为 37.5°，展弦比为 7。为了缩短起降滑跑距离，机翼有高效率的增升装置，即每侧机翼前缘有十段前缘襟翼和三段克鲁格襟翼，后缘有 2 个三缝襟翼。另外，在机翼后缘还装有外侧低速副翼和内侧高速副翼。在机翼和机身内共装有 7 个整体油箱，机身内有很大的密封客舱，其最大宽度 6.13 m，最大高度 2.54 m，长度 59.39 m。机身为普通半硬壳式铝合金结构，地

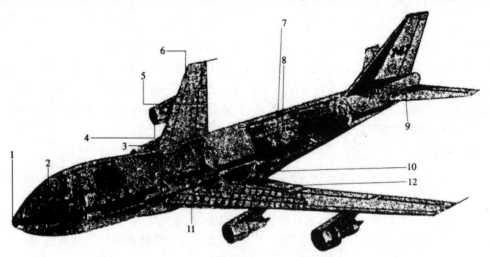

1—机头；2—驾驶舱；3—机翼前缘内侧三段克鲁格襟翼；4—翼吊涡轮风扇发动机；

5—机翼后缘三缝襟翼；6—机翼前缘外侧十段变弯度襟翼；7—主客舱；8—舱内增压器；

9—可调安装角水平安定面；10—起落架液压收放驱动装置；11—扰流片；12—加油连接口

图 6-3　波音 747 旅客机的宽机身结构

板为铝合金面板泡沫塑料夹层结构。机翼和尾翼都为铝合金梁式结构，而舵面和副翼为铝合金骨架和玻璃钢蜂窝蒙皮，三缝襟翼为铝合金蜂窝蒙皮骨架结构。五支柱收放式起落架，即前起落架为两轮，主起落架为 4 个四轮小车，两个并列在机身下，另外两个装在机翼下，为油气式减震器，全部 18 个机轮都是无内胎型。

波音 747 飞机有 747-200M 客货混合型、747-200B 改进型、747-200F 货运型(由 747-200B 改装)等。波音 747-400 飞机是波音 747 飞机的最新改进型，每个机翼翼尖加长 1.83 m，并加装了 1.83 m 长的翼梢小翼，使航程增加了 3%，发动机油耗降低了 12%；在水平安定面内增装燃油 11 356 L，机翼上使用波音 767 飞机上的先进铝合金材料，使其结构质量减轻 2721 kg；用碳-碳复合材料刹车片代替钢制刹车片，以及使用新的宽机轮，又使起落架减轻 816 kg。结果使它的航程增加到 12 970 km，最大起飞质量为 385 t，可以载运 412 名乘客。

欧洲的空客 A380 飞机是迄今为止世界上最大的宽体客机，拥有双层客舱，与现有最大机型相比，载客量多出 40%。A380 长 72.73 m，翼展 79.15 m，高 24.07 m，起飞重量可达 560 t，飞行距离可达 15 000 km，是名副其实的空中巨无霸。空中客车 A380 采用了更多的复合材料，改进了气动性能，使用新一代的发动机、先进的机翼、起落架，减轻了飞机的结构重量，减少了油耗和排放，每千米油耗及二氧化碳排放量更低，同时也降低了营运成本。A380 飞机舱内的环境更接近自然。客机起飞时的噪声比当前噪声控制标准(ICAO)的规定还要低得多。A380 是首架每乘客(座)/百千米油耗不到 3 L 的远程飞机，这一比例相当于一辆经济型家用汽车的油耗。

2．超声速民航机

第一代超声速民航机是 20 世纪 70 年代中期投入使用的英国和法国联合研制的"协和"号旅客机，以及苏联研制的"图-114"旅客机。它们的外形和技术性能都很接近，在飞机的机翼下共装有四台涡轮喷气发动机，最大载重量为 12.7 t，最大起飞质量为 185 t，载客 128 人，最大巡航速度 $Ma=2.04$，航程 5110 km。由于耗油率过高，票价是通常机票的 4 倍(只够燃料费)，每年亏损 4000 万美元至 5000 万美元；其次，噪声水平超过标准，30 个国家决定限制使用，致使许多民航公司纷纷取消了订货；另外，航程不足，不能跨越太平洋，只能勉强飞越大西洋。因此，"协和"号旅客机只生产了 16 架，于 1979 年停止生产；图-114 旅客机也由于同样的原因只生产了 13 架，已于 1980 年停止生产。

根据美国对 2000 年后世界的空运及高速民用机市场的调研估计，未来的高速民用机应载 250～300 人，巡航速度 Ma 为 2～2.5，航程为 9000～11 000 km。为了使第二代超声速民航飞机具有竞争实力，必须克服"协和"号旅客机的缺点。在空气动力方面要求比"协和"号旅客机的效率至少提高 35%～45%；由于声爆限制，在陆地上空只能以 Ma 为 0.9～0.95 的速度飞行，在起飞和着陆时又以低速飞行，因此要求飞机还要具有良好的高亚声速及低速飞行性能；飞机的飞行高度约 18 000 m，紧靠臭氧层，必须严格限制破坏臭氧层的 NO_2 的排放量，研究表明，利用近期技术很可能将 NO_2 的排放量降低 88%。此外，还应降低起降阶段的噪声水平；在结构方面需要不断降低结构质量，机身需比"协和"号旅客机轻 30%；结构材料主要是先进的复合材料和钛合金，蒙皮壁板为复合材料夹层结构或钛合金蜂窝结构。

6.1.3　特殊飞机

1．垂直起落飞机

垂直起落飞机是能垂直或者接近垂直起飞和着陆的飞机。垂直起落飞机通常也可以短距(在很短的距离内)起落，这时飞机的起飞质量可以增加，因而通常称它为垂直、短距起落飞机。常规作战飞机有一个很致命的弱点，即机场跑道如果被敌方破坏，飞机将无法升空作战；而一旦战争爆发，机场是最容易受到攻击的。垂直起落飞机却没有这一顾虑，它既可以像直升机那样起飞和着陆，又具有固定翼飞机的速度和攻击能力，特别适合渡海登陆作战。

图 6-4 是英国的"鹞"式战斗机的工作原理图。它是世界上第一种可以垂直起落的战斗机，它装备的涡轮风扇发动机有两对带叶栅的旋转喷口，分别设置在机身两侧的飞机重心前后。前喷口喷出风扇气流，后喷口喷出燃气流，每个喷口都可以转 0°～98.5°。飞机垂直起降时，喷口转向下方，发动机向下喷气，产生向上的升力；正常飞行时，喷口转向后方，发动机向后排气，为飞机提供向前的推力。由于垂直起落时飞机的前进速度接近零，舵面无法对飞机的姿态进行控制，因此在机翼翼尖、机尾和机头均装有喷气反作用喷嘴，用于控制飞机的姿态和改进飞机失速性能。

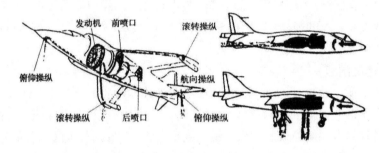

图 6-4　"鹞"式战斗机的工作原理

"鹞"式战斗机是 1969 年装备英国空军部队的，其空载质量为 5782 kg，垂直起飞的最大起飞质量是 8165 kg，短距起飞的最大起飞质量是 10 433 kg，载弹量为 1.36～2.27 t，最大平飞速度是 1186 km/h，垂直起飞的最大作战半径为 92 km，短距起飞的最大作战半径为 600 km。

2．无人驾驶飞机

随着科学技术的不断发展，无人机的用途越来越广泛，并不断采用新技术。例如，美国已制造出一种反弹道导弹无人机，并进行了飞行验证，主要用于把敌方战区弹道导弹击毁于助推阶段。不少无人机都在不同程度地采用隐身技术，如美国已研制出"暗星"隐身无人驾驶侦察机。

3．地效飞机

地效飞机是利用地面效应提供支承力而飞行的飞机，又称地效翼机或冲翼艇。地效飞机与气垫船不同，它必须在有前进速度时才能产生地效作用，所以是动升类地效飞行器。地面效应能够增加升力，这是因为机翼后缘接近地面时，机翼下面的气流被逐渐壅塞，流动缓慢，其压力接近于滞止值，并作用于机翼的整个下表面上，使升力增加。另外，在地面效应的作用下，不存在下洗气流，使诱导阻力变得很小。因此，地面效应大大地提高了飞机的升阻比，使飞行所需要的功率减小，承载质量或航程增大。据说，大型地效飞机所消耗的燃料只是一般旅客机的五分之一。

苏联在地效飞机的研制和使用方面，一直处于世界的领先地位。图 6-5 是苏联已交付海军使用的一种大型地效飞机。这种飞机的体积硕大，起飞质量为 313 t，有效载荷为 94 t，可以装载 900 名士兵。在巨大的机身中部装有翼展为 38 m 的矩形机翼，在机翼的两端带一对浮筒，可以减少下翼面的高压气流外溢，以提高升阻比。在机身的前部装有可以偏转的前翼，其上并排对称地安装有 8 台喷气发动机。

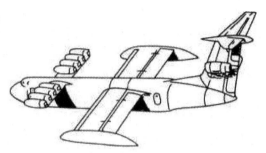

图 6-5 "阿塔卡"级地效飞机的示意

发动机安装在比较高的位置，可以减少海水水花的喷溅。发动机可以随前翼俯仰偏转，当喷口向后下方偏转时，不但可以提供升力、推力，而且还可以将空气吹入翼下空间，起到加强地面效应的作用，正确地应用了动力冲压技术。水平尾翼位置较高，可以减小地面效应对气动平衡和操纵的影响，同时可以避开机翼后面的遮蔽区。这种地效飞机可以在距水面 3.5～14 m 的高度上，以 556 km/h 的速度飞行。

4. 太阳能飞机

太阳能飞机是以太阳辐射作为推进能源的飞机。图 6-6 是"开拓者"号太阳能飞机。这种飞机动力装置的工作原理是通过太阳能电池，将太阳能转变为电能，带动装有螺旋桨的直流电动机产生拉(推)力，使飞机前进。由于太阳辐射的能量密度小，为了获得足够的能量，飞机上应有较大的摄取阳光的表面积，以便铺设较多的太阳能电池。

美国新近研制的一种"探险者"号太阳能飞机，是一种"飞翼"式太阳能无人机。其平均飞行速度 145 km/h，整架飞机就像一块长

图 6-6 "开拓者"号太阳能飞机

30 m、宽 2.6 m 的长方形板块，8 个电动机和螺旋桨均匀分散安置于机翼前缘。由于机翼各段局部的重量和气动载荷相互接近平衡，机翼不需要很强的梁去抵抗弯曲和扭转，再加上采用轻而强的复合材料，使结构大大减轻。目前试飞的"探险者"号太阳能飞机，翼展加到 60 m，起飞总质量为 500～755 kg，有效载荷为 45～68 kg，实用升限 19 800～21 000 m，续航时间为 3000～4000 h。

在机翼的上表面铺设有轻而高效的硅太阳能电池板。飞机在白天飞行时，太阳能电池将太阳能转变为电能，一部分电能直接供电动机和机载设备使用，另一部分输入电解池，将其中的水电解成氧气和氢气，分别贮存起来；飞机在夜间飞行时，又将氢气和氧气输入

燃料电池，进行化学反应，由化学能直接转变为电能，供电动机工作。这种氢氧再生燃料电池的能量密度可以达到 300 Wh/kg，比先进的锌电池还大 2 倍。同时，采用了没有齿轮箱的新颖电动机。这些所有措施，再加上推进系统中的电路损失及机械摩擦损失，最多可以使收集到的太阳能的 7%转化成为飞机飞行的拉力。

飞机上没有方向舵，偏航姿态的控制是通过电动机的拉力差实现的。例如，需要右转弯时，最左的一个螺旋桨高速旋转，顺次向右转速逐渐减小，最右的螺旋桨转速最小，甚至停转。在飞行中，机翼在受到载荷的情况下，会向上弯曲，形成一个上翘的弧形，犹如一个很大的上反角，足够维持其侧滑和滚转的稳定性。

这种太阳能飞机在军事上不仅可以插入敌军后方纵深上空来回盘旋侦察，还准备用它来发现射中的飞毛腿导弹，在其飞行上升阶段，用 23 kg 的高速火箭弹将其摧毁。在民用方面，它可以巡逻国界；在发生地震或森林火灾时，替代中断的通信，保持当地与外界的联络畅通；也可以在台风上空飞行，跟踪暴风雨，对台风登陆进行预警。这种太阳能飞机没有吸气式发动机，适合穿越腐蚀性极强的火山灰飞扬空域和到核电站出事故后有大量放射性物质泄漏的大气中采样。

5. 扑翼机

扑翼机是指机翼能像鸟和昆虫的翅膀那样上下扑动的重于空气的航空器，又称振翼机。扑动的机翼不仅产生升力，还产生向前的推动力。中国春秋时期就有人试图制造能飞的木鸟；15 世纪意大利的达·芬奇绘制过扑翼机的草图；1991 年加拿大多伦多大学对"Flapper"扑翼机模型进行了试飞，成功实现了可控制的持续飞行；2013 年，德国 Festo 公司以海鸥为原型，研制出了可以自主起飞、盘旋和降落的"SmartBird"扑翼机。此外，国内外以其他昆虫为原型而研制的扑翼机还有许多，如美国 AeroViroment 公司研制的"NanoHummingbird"蜂鸟扑翼机、荷兰戴夫科技大学研制的仿苍蝇和蜻蜓飞行原理的"Delfly"扑翼机、日本东京大学仿蝴蝶扑翼机"BTO"、国内北航等高校研制的仿生扑翼机等等，如图 6-7 所示。

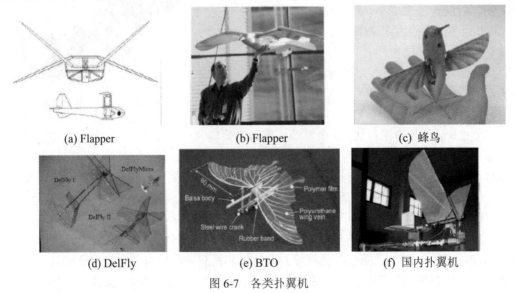

|(a) Flapper|(b) Flapper|(c) 蜂鸟|
|(d) DelFly|(e) BTO|(f) 国内扑翼机|

图 6-7　各类扑翼机

6.1.4　直升机

从反装甲实战经验中可以看到,武装直升机是反坦克最有效的武器。美国研制的 AH-64 "阿帕奇"直升机是当今世界上技术最先进的具有全天候、昼夜作战能力的攻击直升机,被称为"坦克杀手"。这种直升机为单旋翼带翼式直升机,空载质量为 4.8 t,最大起飞质量为 8 t,最大平飞速度为 296 km/h,实用升限为 6400 m,最大航程为 482 km。它的火力很强,机上装有一门 30 mm 口径的航炮,备弹 1200 发;短翼下有四个挂点,可以挂载 16 枚"海尔法"(又称"狱火")激光制导反坦克导弹;四个挂点上也可以挂载四个火箭发射筒,共载 76 枚 70 mm 折叠翼航空火箭。

这种直升机的生存能力也很强,采取了一系列抗毁措施,如座舱选用防弹玻璃;地板上铺有防弹装甲;操纵、燃油、液压、动力和传动系统等均装有防护层;旋翼上的四根桨叶被打断两根或打伤三根仍能短期飞行。据试验和测算,这种直升机的旋翼和机身能抗 12.7 mm 的穿甲弹打击,主要部位能抗 23 mm 的爆破弹打击。当它被击中以 2.8 m/s 的速度坠落时,飞行员生存率仍可以达到 95%。在作战中,采用依靠地形隐蔽,使用超低空(贴地)、低速和与地面部队保持密切联系的战术。飞行员可以在距目标 12 km 时搜索发现目标,在约 7 km 的距离上识别目标,当距离目标 3～6 km 时发射导弹,攻击完毕后,急速下降高度脱离。

随着直升机在战场上的频繁出现,为了夺取超低空制空权,必须设法打击敌方的武装直升机,而打击敌方直升机最有效的手段依然是直升机,于是出现了专门用于空战的直升机,较有代表性的机型有美国的 RAH-66"科曼奇"直升机、德国和法国联合研制的 PAH-2 直升机、苏联的米-28 直升机和卡-41 直升机、英国的"山猫"-3 直升机等。其中,RAH-66 "科曼奇"直升机是世界上第一种先进的隐身武装直升机,它的外形采用消散雷达反射波设计,并广泛采用了复合材料(占 51%);采用内藏式导弹和可收放式起落架;加装雷达干扰机;运用红外线抑制技术,使其成为世界上第一种"冷"直升机;座舱用平板玻璃;机体表面涂暗色的无反光涂料等。

1992 年首次亮相的俄罗斯研制的 K-50 武装直升机,被称为"武装直升机之王"。它一亮相就创下了三项世界第一:第一种采用弹射救生系统,并投入现役使用的直升机;第一种单座武装直升机;第一种共轴式双旋翼武装直升机。K-50 武装直升机的弹射救生系统,可以在零高度、零速度条件下进行弹射救生。其过程是:当直升机无法挽救时,飞行员起爆 6 片旋翼桨叶叶根处的爆炸螺栓,使桨叶脱离桨毂飞散;座舱盖飞离座舱;弹射座椅的弹射火箭点火,飞行员连同座椅一起被弹出座舱。K-50 武装直升机的最大飞行速度为 350 km/h,作战半径为 250 km。

对单旋翼直升机来说,为了平衡旋翼产生的反扭矩和实现方向操纵,必须安装尾桨。但是,由于尾桨暴露在外面,很不安全,容易造成事故。据美国陆军统计,尾桨造成的事故占直升机事故总数的 15%左右。直升机在地面试车时,地面工作人员稍微疏忽大意,就有可能被它伤害。此外,直升机在起飞、着陆和贴地飞行时,尾桨也容易与高压线、树木或其他障碍物相撞,造成严重的事故。

针对上述问题,目前有两种处理办法。一是将尾桨包覆起来,称为涵道尾桨,也就是将有 10 多个叶片的尾桨装在圆筒形的涵道内，如图 6-8 所示。在法国的"小羚羊"直升机、"海豚"直升机上，以及苏联的卡-62 直升机上都成功地安装了涵道尾桨。但是，它的缺点是悬停时消耗的功率比普通尾桨大。二是将尾桨取消，称为环量控制，是利用机翼产生升力的原理设计的。也就是在尾梁里面靠前的位置装有一台风扇，可以向后不断鼓气。再在尾梁后部的一侧开 1～2 条缝隙，风扇鼓气产生的压缩空气就会从缝隙中喷出，与旋翼下洗气流相结合，从而使气流速度增大，压力减小。尾梁另一侧的气流速度小而压力大，从而产生推动尾梁的侧向力，去平衡旋翼产生的反作用力矩。另外，在尾梁末端左、右两侧各开几个喷口，其内装有可以控制的使气流从左侧或右侧喷出的装置，这样就可以对直升机的方向进行操纵。这种利用喷气流取代尾桨的方法，安全性好、振动小、噪声低、操纵效率高，有很大的发展前途。

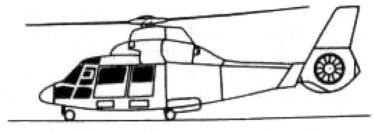

图 6-8　涵道尾桨

6.2　导　弹

6.2.1　有翼导弹

　　与炮弹相比，有翼导弹的射程远、威力大、准确度高，对目标的摧毁概率要高得多。它的飞行原理与构造形式都和飞机比较接近，某些巡航导弹与飞机相差无几，不同之处在于导弹是一次性使用的、无人驾驶的武器。

　　有翼导弹有四个特点。其一，有复杂的制导系统，而气动外形和构造比较简单。由于弹上无人，所以不需要生命保障和生活服务等设施；又由于一次性使用，所以不需要降落装置。其二，武器系统概念较强。导弹必须与发射装置、制导站等组成完整的武器系统，才能发挥战斗威力。其三，可以充分发挥高速度、大迎角和大机动的潜力。目前，战斗机的最大 Ma 为 2.5～3，使用过载不大于 9(飞行员限制)。而导弹没有这些限制，格斗导弹的法向过载可以达到 30～50。其四，导弹是一次性使用武器，但要长期保存，保存期间不能像飞机那样开车检查，因而对保存环境和检测手段有特殊要求。

1. 空空导弹

　　从飞机上发射打击空中目标的导弹，称为空空导弹。按射程分为近距(<20 km)、中距(20～50 km)和远距(>50 km)空空导弹。到目前为止，空空导弹的发展大体上经历了三个阶段。第一代空空导弹可以在轰炸机自卫武器的射程以外，从歼击机上发射将敌方轰炸机击毁。这一代空空导弹的最大射程为 3.5～8 km，最大飞行 Ma 为 2.5，最大使用高度为 15 km。

基本上都是采用尾追攻击，制导方式有雷达驾束式、红外被动式和雷达半主动式；发动机都采用单级推力固体火箭发动机；战斗部为破片式，装红外或无线电近炸引信和触发引信。

超声速轰炸机的出现，使得从尾后攻击的空空导弹失去作用，于是出现了第二代空空导弹。这一代空空导弹采用了双推力固体火箭发动机，最大射程为 22 km，最大飞行 Ma 为 3，最大使用高度为 25 km。大都采用比例导引方法，制导方式主要有红外被动式和雷达半主动式。红外被动制导可以在较远处探测发动机尾流的热辐射，雷达半主动制导能够在中距拦射和全天候使用。

1967 年以后，为了适应近距空战和夺取制空权，便出现了第三代空空导弹。这一代空空导弹包括先进的中距导弹、远距拦射导弹和近距格斗导弹。中距导弹大多采用雷达半主动制导，使导弹具有下视下射能力，在制导系统中大量应用固体化和微型化技术，射程成倍增加，横向过载可以达到30。远距拦射导弹一般都采用复合制导，具有全高度、全方向和全天候的作战能力。近距格斗导弹采用红外被动制导，最小发射距离短，一般在 300～500 m；机动能力大，具有离轴截获和跟踪能力。

图 6-9 是美国先进的中程空空导弹部位安排图。它是第三代空空导弹，发射质量为 156.5 kg，采用中段惯性制导和末段主动雷达制导；具有"发射后不管"的能力，下射、上射、迎头和尾追攻击能力，可以识别攻击多个目标的能力。

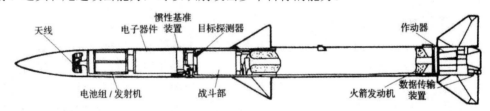

图 6-9　美国先进的中程空空导弹(AIM-120)部位安排

2．地空导弹

从地面发射攻击空中飞行目标的导弹，称为地空导弹。按攻击目标的高度分为中高空(10～30 km)、低空(3～10 km)、超低空(3 km 以下)地空导弹。它的发展也经历了三个时期，一共研制了三代地空导弹。20 世纪 50 年代发展的第一代地空导弹，大多属于高空、中空远程导弹，是针对高空远程轰炸机的，一般机动性差，较笨重，地面设备庞大，目前大都退役。

20 世纪 60 年代至 70 年代初是地空导弹的大发展时期，研制出的第二代地空导弹共 40 多种。雷达技术的发展，迫使空袭方式从高空向低空转变，促进了中低空和超低空导弹的发展。这个时期的导弹采用无线电、红外、激光等多种制导方式，提高了抗干扰能力。通过推行固体化(固体和固、冲火箭发动机，固体电子元件)、小型化(缩小导弹尺寸)和地面设备简化等三化措施，提高了导弹系统的自动化程度和可靠性，缩短了反应时间(最短可达 4～5 s)。其中，不少导弹采用了更先进的单室双推力固体火箭发动机。

从 20 世纪 70 年代中期发展的第三代地空导弹，以多种制导手段并用的方式，提高了抗干扰能力、全天候作战能力和对不同目标(飞机、空地导弹、弹道式战术导弹等)的适应能力；采用了相控阵雷达体制，提高了对付多目标和抗饱和攻击的能力；导弹的型号向标准化、系列化和模块化发展，提高了三军兼用程度。

图 6-10 是苏联研制的 SA-6 "根弗"地空导弹示意图。它是一种机动式、全天候、中近程、中低空地空导弹，采用了固体火箭冲压组合式发动机(简称固、冲发动机)。发射导弹时，先点燃助推器药柱，将导弹加速到 $Ma=1.5$，然后固、冲发动机工作，使导弹的飞行速度增加到 $Ma=2.8$，进行续航飞行。由于采用了固、冲这种新型发动机，使得导弹的发射质量(550 kg)比同样性能的导弹大大减小。

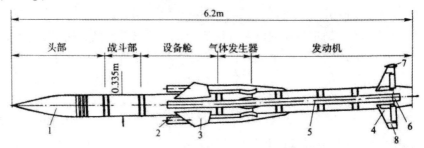

1—天线罩；2—进气道(四个)；3—旋转弹翼(四个)；4—稳定尾翼(四个)；5—整流罩(两个)；
6—副翼舵机与尾锥抛射机构；7—信标机发射天线；8—无线电指令接收天线

图 6-10　苏联研制的 SA-6 "根弗"地空导弹示意

3. 战术空地导弹

战术空地导弹是指装备战斗轰炸机或直升机，攻击各种地面目标，完成各种战术使命的导弹，包括反辐射导弹、空地反坦克导弹、一般空地导弹和制导炸弹等。反辐射导弹专门用来攻击地面和舰载各种雷达，以及配备雷达的导弹和高炮阵地等。目前，世界各国的反辐射导弹均采用被动雷达寻的制导，并且不断改进导引头，采用捷联式惯导系统记忆目标位置，提高抗雷达关机能力。一般的空地导弹，执行战场压制、遮断以及攻击纵深高价值目标的任务。

早期的战术空地导弹采用目视瞄准，有线或无线电传输指令，三点法导引。这种制导方式的命中精度低，载机的机动性受到严重的限制。后来实现了半自动指令制导，提高了命中精度和载机的机动性。20 世纪 70 年代初发展的第三代战术空地导弹，采用电视、红外成像和激光制导，使得导弹具有"发射后不管"的能力，命中精度有了显著的提高。第四代战术空地导弹的发展重点是从防空区域以外攻击严密设防的机场目标，以及第二、第三梯队的集群目标，能够携带各种子弹头。

图 6-11 是"幼畜"战术空地导弹的外形结构图。它是美国的第三代战术空地导弹，机动性好、发射距离远、制导精度高、使用维护简便，获得了广泛的应用，主要用于攻击坦克、装甲车、导弹发射场、炮兵阵地、钢筋混凝土掩体和工事，以及通信中心等目标。这种导弹共有 A～G 型七个型别陆续投产问世，各型的主要区别在于使用了三种不同的导引头和两种不同的战斗部。三种导引头包括电视导引头、激光半主动导引头和红外成像导引头，两种战斗部包括聚能爆破型战斗部和半穿甲爆破杀伤型战斗部。可以根据不同的目标特点，选择不同的导引头和战斗部的搭配。

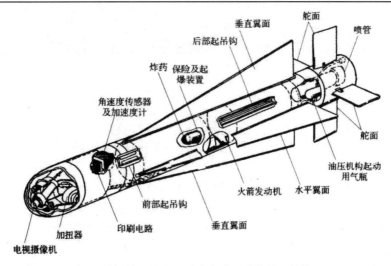

图 6-11　美国的"幼畜"战术空地导弹的外形结构

4．反舰导弹

反舰导弹是用于打击水面舰艇的导弹，可以从舰艇上、空中、岸上、水下等不同的场合发射，目前已发展到第四代。第一代反舰导弹的速度低、尺寸大、设备笨重，导弹发射后发射舰艇或飞机不能退出。第二代反舰导弹采用火箭发动机推进，自主式制导体制，掠海式弹道飞行和半穿甲爆破型战斗部。法国的"飞鱼"导弹是比较典型的第二代反舰导弹。它采用惯性加主动雷达末制导，具有"发射后不管"的作战能力。导弹在距离海面 15 m 的高度上水平巡航飞行，当接近目标时，能降下至 2～8 m，实现掠海面飞行。这种导弹的质量轻，可以装在小型快艇上，但是射程较近，速度较低。第三代反舰导弹从 20 世纪 70 年代初开始发展的，多为中、远程导弹。它采用小型化涡喷发动机，使射程增加到几百公里，增强了电子对抗能力，采用了一弹多用和模式化的设计方法。但是涡喷发动机仅在 Ma 为 0.7～0.8 时效率最好，因而它的飞行速度仍和第二代相近。

随着反导弹导弹的发展，亚声速反舰导弹遇到了严重的突防问题，20 世纪 80 年代初开始发展的第四代反舰导弹就是为了解决突防问题的。这一代导弹采用冲压发动机(包括整体式火箭冲压发动机)推进和超低空飞行航迹，冲压发动机最适于 Ma 在 2～4 的条件下工作，中国的 C101 反舰导弹(舰载或机载)和 C301 反舰导弹(海岸防御)均属于这类导弹。它们的飞行速度为 $Ma = 2$ 左右。图 6-12 是舰载型 C101 反舰导弹的外形结构图。它的发射质量为 1850 kg，采用程序控制加主动雷达寻的制导，巡航飞行高度为 50 m，接近目标时能够以 5 m 的高度掠海飞行。

5．现代巡航导弹

大部分航迹处于"巡航"状态的导弹称为巡航导弹，早期称为飞航式导弹。它的外形与飞机很相像，一般采用空气喷气发动机，航迹大部分是水平飞行段。现有的反舰导弹和大部分战术空地导弹均属于巡航导弹，但这里主要是指战略巡航导弹和部分远程战术巡航导弹。早期的巡航导弹结构笨重、精度低、容易遭遇拦截，1958 年前后即有大部分退役。20 世纪 70 年代初，美国和苏联又都开始加紧研制现代巡航导弹，并于 20 世纪 80 年代装备军队。

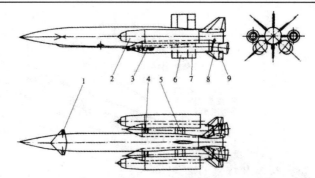

1—鸭翼；2—冲压发动机；3—助推器；4—前弹翼；5—后弹翼；6—垂直尾翼；

7—差动舵面；8—稳定尾翼；9—后缘副翼

图 6-12　中国的舰载型 C101 反舰导弹的外形结构

现代巡航导弹有五个特点。其一，起飞质量小，约为 20 世纪 50 年代同样导弹的十分之一。这是由于采用了新型发动机、高能燃料、小型核弹头和新型常规弹头，以及复合材料等。其二，命中精度高，采用了主动雷达、红外成像以及景像匹配末制导，使命中精度达到 10 m 级。目前，利用 GPS 定位导航，可以实施手术刀式的战斗。其三，突防能力强。导弹的尺寸小，采用吸波的复合材料，缩小了雷达反射截面，能够在超低空飞行；可以进行 360° 的全方位转弯飞行，避开防空武器拦击。其四，通用性好，能够攻击多种目标。其五，成本低廉，可以大量部署。

当前巡航导弹的弱点是飞行速度低，如射程为 2000～3000 km 的导弹要飞行几个小时；地形匹配定位技术尚有限制，在海洋、平原地区难以使用；数字式景像匹配区域相关器的制导精度虽然很高，但却受到夜间、烟雾和恶劣气候条件的限制，不能全天候作战；重新锁定临时发现的目标，并予以攻击的能力差。

图 6-13 是美国的"战斧"巡航导弹的部位安排图。它的弹体为模块式设计，除战斗部、发动机和制导系统因作战使命不同而改变外，各种导弹的外形尺寸和内部舱段的位置安排均相同。这种导弹为一字形正常式中弹翼平面布局，尾段后串接一无翼式固体助推器，弹身中部装有一对窄梯形可折叠式直弹翼，弹身腹部装有一台涡扇发动机及收放式进气斗，尾部装有十字形可折叠尾翼。

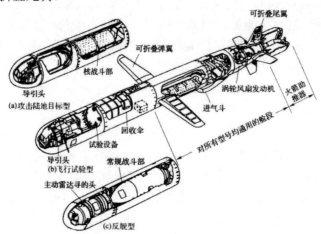

图 6-13　美国的"战斧"巡航导弹的部位安排

平时，弹翼折叠在弹身纵向贮翼槽中，尾翼从根部折叠，进气斗收在弹身内。这样，不仅可以减小所占舰艇的空间，还可以减小助推器工作时的气动阻力。导弹发射后，尾翼依靠弹簧机构展开并进行滚动控制；助推器熄火后，弹翼由烟火作动器打开，抛掉助推器；进气斗也是依靠弹簧机构弹出，涡扇发动机起动工作。这种导弹的发射质量为 1500 kg，射程为 1112～1297 km，巡航速度为 $Ma=0.7$ 左右。

6. 反坦克导弹

反坦克导弹可以从地面或空中直升机上发射，攻击坦克、装甲车辆、地面防御工事等。反坦克导弹能够穿透很厚的钢甲，这是由于在导弹上装有聚能破甲战斗部，如图 6-14 所示。战斗部撞击钢甲，引信工作，引爆辅助药柱，从而使主药柱爆炸；爆炸生成物急速地将金属药型罩沿锥形药槽表面的法线方向压向轴线，汇聚碰撞形成一股高温高速的

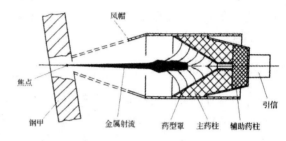

图 6-14　聚能破甲的原理

聚能射流和金属射流，射流头部的速度为 7000～9000 m/s。金属射流的密度大，对钢甲目标的穿透作用更强，比不用金属药型罩的大 4 倍左右。聚能流的最小截面处为焦点，焦点处爆炸产物的密度和速度最大，穿甲效果最好。在战斗部的头部装有一个风帽，它的作用除了保证导弹具有良好的气动外形以外，还会在使战斗部碰到目标钢甲后，使钢甲正好处在聚能流的焦点上。

反坦克导弹目前已发展到第三代。第一代反坦克导弹采用目视瞄准与跟踪，三点导引，手动操纵，导线传输指令，因而结构简单，质量轻，适用于单兵或兵组作战。但飞行速度低(约为 100 m/s)，操作困难，命中率约为 70%。第二代反坦克导弹采用光学瞄准与跟踪，三点导引，红外半自动制导，导线传输指令。这一代导弹中的轻型导弹约为 14 kg，射程约为 2 km，适合单兵和兵组作战使用；重型导弹质量超过 20 kg，射程超过 4 km，可以在机动车辆和直升机上发射。20 世纪 70 年代以来，第三代坦克采用了新型装甲。为此，导弹作了增加战斗部威力的改型。例如，增加战斗部质量，更换高性能炸药；或头部增添前伸杆，增大炸高等。有的导弹将战斗部斜置在头部壳体中，使装药的锥孔轴线与弹体轴线成 30° 的下倾角。这样，可以使聚能流与坦克斜置的前装甲之间的角度接近 90°。这一代导弹的飞行速度较高(有 200～360 m/s)，操作简单，多采用筒式发射，命中率在 90% 以上。但在导弹命中目标前，射手仍必须瞄准跟踪目标。由于仍依靠导线传输指令，因而限制了导弹飞行速度的提高。第三代反坦克导弹为"发射后不管"的导弹，多采用自主制导系统，制导方式有红外热成像制导，激光半主动制导和主、被动复合毫米波制导等。这一代反坦克导弹威力大，射程较远，命中精度高，有的导弹还能同时攻击多个目标。

图 6-15 是美国研制的"海尔法"(狱火，AGM-114A)第三代反坦克导弹的结构示意图。它是一种半主动激光制导空地导弹，采用模块式结构设计。导弹的发射质量为 44.9 kg，装有一台固体发动机，可以使导弹的最大射程达到 7.5 km，最大速度为 $Ma=1.17$。导弹采用双锥串列式聚能破甲战斗部，约为 9 kg，穿甲厚度可以达到 0.5 m。导弹的制导过程

是：飞行员根据收到的目标位置信息，用机载(或地面或其他飞机)激光照射器照射目标，当导弹导引头探测到从目标反射回来的激光能量时，就锁定目标，飞行员立即发射导弹；导弹发射后，激光照射器在导弹飞行过程中始终照射目

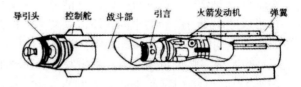

图 6-15　美国研制的"海尔法"反坦克导弹的结构示意

标，直到导弹命中目标。若载机不带有激光照射器，导弹发射后它就可以机动飞行。这种导弹的单发导弹杀伤概率可以达到 95%，主要用于攻击地面坦克、装甲车、雷达站、火炮阵地等目标。

6.2.2　弹道导弹

弹道导弹的飞行轨迹如同炮弹一样，在发动机关机后，按惯性沿着一条椭圆形弹道飞向目标，因此而得名。按作战使命有战术弹道导弹和战略弹道导弹之分：战术弹道导弹的射程小于 1000 km；战略弹道导弹按射程的不同可以分为近程、中程、远程和洲际四类弹道导弹。近程弹道导弹的射程为 1000～2000 km，中程弹道导弹的射程为 2000～5000 km，远程弹道导弹的射程为 5000～8000 km，洲际弹道导弹的射程为 8000～16 000 km。

"V-2"导弹是第二次世界大战末期，德国设计和制造的世界上最早的一种弹道式导弹，如图 6-16 所示。它的射程为 296 km，战斗部的质量为 1 t，发射质量为 12.9 t，空载约为 4 t，主动段终点(即发动机停止工作之点)速度为 1600～1700 m/s，弹径为 1.65 m，弹长 14 m，制导方式为方案自动控制。

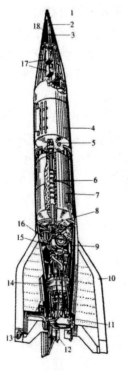

1—引信；2—电缆导管；

3—中央信管；4—燃烧剂贮箱；

5、8—加注口；6—燃烧剂导管；

7—氧化剂贮箱；9—发动机架；

10—安定面；11—舵机；

12—燃气舵；13—空气舵；

14—液体火箭发动机；15—涡轮泵组；

16—高压气瓶；17—仪器舱；

18—战斗部

图 6-16　"V-2"弹道导弹

1. 导弹头部的分离

"V-2"弹道导弹的弹头不分离,整个导弹在返回大气层时要承受相当大的载荷和气动力加热,外壳用钢制成,结构笨重。随着射程的提高,在被动段返回大气层时,作用在导弹上的外载荷和气动力加热更加严重。如果整个导弹还都按被动段的结构进行设计,导弹结构就会重得不堪设想,无法达到所需要的射程。为此,便设计出了头部可以分离的弹道导弹,如图 6-17 所示。

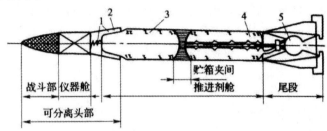

1—分离机构;2—安定裙;3—燃烧剂贮箱;4—氧化剂贮箱;5—发动机

图 6-17 头部可以分离的弹道导弹的构造示意

因为头部可以分离,弹头按被动段的结构设计,而弹体按主动段的结构设计。这样,弹体结构就很轻,如去掉推进剂舱外壳,而将贮箱做成总体受力式的结构,材料选用铝合金等,使得导弹的质量比减小得比较多,可以达到更大的速度和更远的射程。图 6-18 是头部可以分离弹道导弹的飞行过程示意图。主动段终点时,头部与弹体自动分离;再入大气层时,弹头上有安定裙,可以保证飞行稳定,而弹体在重入大气层时烧毁。

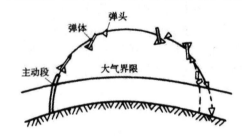

图 6-18 头部可以分离弹道导弹的飞行过程示意

2. 多弹头

多弹头是弹道导弹突防的有效措施,一般有集束式多弹头、分导式多弹头和机动式多弹头三种情况。

(1) 集束式多弹头。集束式多弹头又称为"霰弹式多弹头",由母舱(又称"母弹头")和子弹头组成。通常,在一个母舱内,集中捆绑了几个子弹头,当它们与弹体分离之后,抛掉母舱上的整流罩,将子弹头释放出去。子弹头的飞行弹道互相靠得比较近,弹着点形成一个几公里到几十公里的散布面,如图 6-19 所示。集束式多弹头的命中精度差,只适宜打击

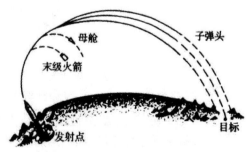

图 6-19 集束式多弹头的飞行弹道示意

大城市那样的面目标，对于摧毁导弹发射井一类的硬点目标，却无能为力。

（2）分导式多弹头。分导式多弹头是集束式多弹头的发展，它的母弹头装有推进系统和制导系统，而子弹头上没有。图6-20是母弹头的结构示意图。母弹头与弹体分离后，可以作机动飞行，在不同的高度、速度和方位上逐个释放子弹头。各子弹头可以分别攻击不同的目标，也可以沿着不同的方向去攻击同一个目标，如图6-21所示。分导式多弹头的特点是：子弹头的分布空域大，两子弹头的落点间距可以达到几百甚至上千公里；同时还可以投放诱饵，因此突防能力较强；由于每次投放导弹都要对速度和方位进行微调，以修正误差，因此可以提高命中精度。但是，子弹头被释放后，仍沿惯性弹道飞向目标，容易被敌方拦截。另外，核弹头越小，核材料利用越不充分。

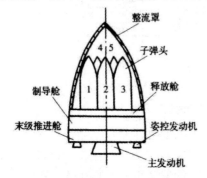

图6-20　分导式多弹头的母弹头结构示意　　　　图6-21　分导式多弹头的飞行弹道示意

（3）机动式多弹头。机动式多弹头又称"全导式多弹头"，它的母弹头和子弹头都装有推进系统和制导系统，都可以作机动飞行，实际上就是在弹头分导的基础上加末制导。子弹头可以以弹道式的轨迹机动飞行，也可以平飞滑翔，也可以突然跃起然后俯冲飞向目标，如图6-22所示。这种子弹头的突防能力很强，敌方的反导弹系统很难对它进行拦截。另外，由于各子弹头加上了精确的末制导系统，能够自动寻找和瞄准目标，大大提高了命中精度。

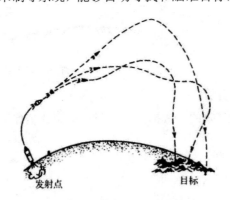

图6-22　机动式多弹头的飞行弹道示意

3. 战略弹道导弹动力装置和制导系统的发展概况

在动力装置方面，战略弹道导弹是从可贮存液体火箭发动机向固体火箭发动机过渡的。美国现役战略弹道导弹已全部采用了固体火箭发动机；俄罗斯除了较先进的液体火箭发动机的战略弹道导弹继续服役以外，SS-13(洲际)、SS-20(中程)、SS-N-17(潜射中程)等战略弹道导弹都采用了固体火箭发动机，特别是最新一代洲际战略弹道导弹 SS-24 和 SS-25，全都采用固体火箭发动机。固体火箭发动机的壳体材料有一个从钢、钛合金、玻璃纤维、凯芙拉-49 到石墨纤维-环氧的发展过程，最新采用的材料使壳体质量比最初的钢材料减轻了 76%～79%。固体推进剂的发展是逐步提高比冲，改进力学性能，减少危险性和降低成本等。20 世纪 50 年代的理论比冲只有 2255 m/s，而现在可以达到 2667 m/s。

美国早期研制的战略弹道导弹的固体火箭发动机都采用 4 个小喷管，这种喷管的质量大、效率低。计算表明，一个直径 1.5 m、推力约为 742 kN 的固体火箭发动机，用单喷管比用四个小喷管的结构质量减轻约 125 kg。这种单喷管一般都是潜入式的，比非潜入式多喷管在入口处的涡流损失要小，比冲可以提高约 4%；同时采用柔性密封接头，使喷管绕转动中心全向摆动 3°～6°，比使用万向铰链式接头的构造简单、响应快、工作可靠、密封性能好，一般称这种喷管为柔性喷管。

图 6-23 是美国研制的 MX 洲际导弹第三级发动机喷管可延伸出口锥的构造图。在气压作动器的操纵下，两个锥段向后移动后，变成一个大喷管，可以使发动机的比冲增加 5.6%。有了可延伸出口锥，2 级到 3 级级间段的长度就短得多。20 世纪 70 年代末，美国使用碳-碳复合材料制造的活动喷管性能优良，质量可以减轻 35%。

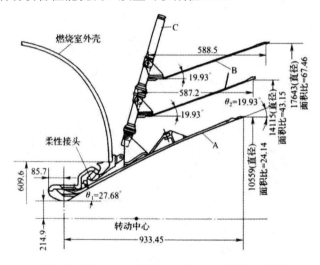

A—潜入式喷管；B—可延伸出口锥；C—气动作动筒

图 6-23　喷管可延伸出口锥的构造

以前战略弹道导弹的固体火箭发动机，为了实现主动段终点推力突然终止，一般都是通过在末级发动机壳体上安装的反向喷管来实现的。但是，这样会削弱发动机壳体的强度，打开反向喷管时容易出现故障，反向喷出的高温高压燃气和爆破碎片还会冲向弹头。因此，三叉戟 I 潜地弹道导弹和 MX 弹道导弹等都采用新研制的总能量管理系统，即由控制系统控制导弹交替地按正、负姿态飞行，使末级发动机的推进剂恰好在主动段终点耗尽，终止推力。

弹道导弹一般采用惯性制导系统。由于惯性仪表中陀螺的漂移量从 $10^{-2}(°)/h$ 减到了 $10^{-5}(°)/h$，加速度表的零位偏差从 10^{-5} 下降到了 $10^{-7}～10^{-9}$ g，因而弹道导弹的命中精度 (CEP) 也由 1.6 km (民兵 I 弹道导弹) 提高到了 0.12 km (MX 弹道导弹)。

采用星光惯性制导系统，主要是对弹道中段进行制导，用以补偿潜地导弹和陆基机动导弹。发射点位置变化对命中精度的影响，使三叉戟Ⅰ潜地弹道导弹的命中精度达到了460 m(射程 7400 km)。三叉戟Ⅱ潜地弹道导弹采用了一种改进的自容星光跟踪辅助惯性制导系统 MK6，以及导航星全球定位系统信号接收辅助系统，在射程增加到 11 000 km 的情况下，使命中精度提高到 122 m。在潘兴Ⅱ弹道导弹上采用了惯导系统加雷达相关末制导，使命中精度提高到 30 m(射程 1800 km)。

6.2.3　反弹道导弹导弹系统

反弹道导弹导弹系统是拦截敌方来袭的弹道导弹的武器系统(又称弹道导弹防御系统)，包括弹道导弹预警系统、目标识别系统、反弹道导弹导弹、引导系统和指挥控制通信系统。到目前为止，只有美国和俄罗斯部署了反弹道导弹防御武器系统。美国有"卫兵"反弹道导弹防御武器系统，俄罗斯有 ABM-1 和 ABM-X-3 反弹道导弹防御武器系统。

美国的"卫兵"反弹道导弹防御武器系统是 1975 年 10 月完成部署的，1976 年 2 月宣布关闭。这是一种双层拦截的反弹道导弹导弹系统，由一部远程搜索雷达、一部导弹场地雷达、四个遥控发射场(包括导弹反射井)和拦截导弹组成。图 6-24 是弹道导弹防御系统的示意图。

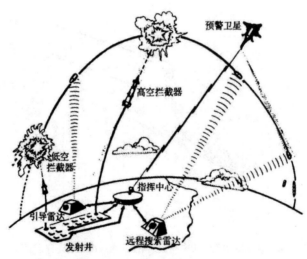

图 6-24　弹道导弹防御系统的示意

苏联解体后，美国政府决定由重点发展战略导弹防御系统，转向重点发展战区导弹防御系统。1993 年，将战略防御计划更名为弹道导弹防御计划。主要包括三方面的内容。其一，战区导弹防御系统。这个系统主要是为了对付战术弹道导弹，其中要发展的导弹主要有"爱国者"导弹的改进型(PAC-2，为大气层内的拦截弹)、增程拦截弹(ERINT，PAC-3，一种小而轻的动能杀伤拦截弹)、战区高空区域防御拦截弹(THAAD，一种高空远程拦截弹)、"箭"(ATBM，一种反战术弹道导弹)拦截弹。其二，国家导弹防御系统(NMD)。这是美国本土反导防御系统，主要是为了对付战略弹道导弹的，其中有陆基拦截弹(GBI)及其配套系统。其三，先进反导技术研究。这包括被列入"后续系统"的智能卵石(BP，一种可以单个分散部署在低地球轨道上，接到作战命令后能在空间自主工作的小型天基动能拦截弹)、定向能技术和电磁炮技术。

6.3 航 天 器

6.3.1 航天器的基本系统

航天器由功能不同的若干分系统组成，一般有专用系统和保障系统。专用系统用于直接执行特定的航天任务，保障系统则用于保障专用系统的正常工作。

(1) 专用系统。专用系统随航天器的任务而异，如天文卫星的天文望远镜、光谱仪等；侦察卫星的可见光照相机、电视摄像机、无线电侦察接收机等；通信卫星的转发器和通信天线；空间站上供航天员进行各种试验和观测用的各种专用设备等。

(2) 保障系统。各类航天器的保障系统是类似的，一般除需配有无线电测控系统和计算机系统外，还需包括下列一些分系统。

① 结构系统。结构系统用于支承和固定航天器上各种仪器设备，并以骨架结构与外壳结构相连接，制成一个密闭的整体，为仪器设备和航天员提供必要的工作和生活环境，也承受地面运输、发射和空间运行时的各种力学和环境载荷。

② 热控制系统。热控制系统是用来保障各种仪器设备处于允许的温度环境中，或保障航天员生活在允许的温度环境中。

③ 生命保障系统。生命保障系统用于载人航天器，主要包括维持航天员正常生活所必需的设备和条件，其中有温度、湿度调节，供水供氧、空气净化、废物排除和封存，食品制作、保管和水的再生等。

④ 电源系统。电源系统用来为航天器所有的仪器设备提供电能。人造地球卫星多采用蓄电池和太阳能电池阵电源，空间探测器采用太阳能电池阵电源系统或空间核电源，载人航天器则大多采用氢氧燃料电池或太阳能电池阵电源系统。

⑤ 姿态控制系统。姿态控制系统用来保持或改变航天器的运行姿态。

⑥ 轨道控制系统。轨道控制系统用来保持或改变航天器的运行轨道。它由机动发动机提供动力，通过程序控制装置控制或地面测控站遥控。

⑦ 返回着陆系统。返回着陆系统用以保障返回型航天器的安全，一般由制动火箭、降落伞、着陆装置、标位装置和控制装置等组成。

6.3.2 卫星结构

卫星结构形式因其用途而异，但从功能上看，都是由承力结构、外壳、安装部件、天线、太阳能电池阵结构、防热结构和分离连接装置等组成。图 6-25 是一种应用技术卫星的构造示意图，图中标示了星体、天线、太阳能电池翼，以及一些仪器和设备。

(1) 承力结构。承力结构与运载火箭相连接，承受发射时的火箭推力，因而需要有很高的强度和刚度，一般由铝合金、钛合金或纤维增强复合材料的薄壁圆柱壳、波纹或蜂窝夹层圆柱，以及截锥壳与杆件组成。

(2) 外壳。外壳是卫星的最外层，形成卫星的外表面，也承受一部分外力，起承力构件的作用。外壳的形状可以为球形、多面柱形、锥形或不规则的多面体形等。除了维持外形外，外壳还应满足容积、热控制、防辐射等要求。其结构分为半硬壳式结构、蜂窝结构和夹层结构、整体结构和柔性张力表面结构。

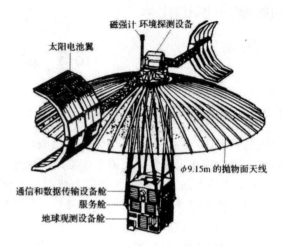

(3) 安装部件。安装部件是安装仪器设备，并保证安装精度和防振、防磁、密封等要求的结构，可以是仪器舱式或盘式结构。

(4) 天线结构。天线结构为抛物面形，有固定式和展开式。固定式天线的反射面是一个大面积的薄壁构件，为了

图 6-25　应用技术卫星的构造示意

防止热变形影响天线的电性能，通常用线膨胀系数很小的石墨纤维复合材料制成。而展开式天线有伞式、花瓣式、鱼网式和桁架式等。

(5) 太阳能电池阵。太阳能电池阵可以是直接粘贴在卫星外表面的一组太阳能电池片。有些卫星外壳做成套筒式伸展结构，卫星发射时缩叠，进入空间轨道后外筒伸展，以增加太阳能电池阵的面积。另外一种是可伸展开太阳能电池翼(或称太阳能帆板)，进入轨道后可伸展成翼状，加大太阳能电池阵的面积。

6.3.3　空间探测器结构

空间探测器是在人造地球卫星的基础上发展起来的，由于它要对月球或更远的星体进行探测，要承受非常严酷的空间环境，因此需采用特殊的防护结构。例如，月球探测器要在月球着陆或行走，就要求它具有一些特殊形式的结构。图 6-26 就是月球轨道环行器(见图 6-26(a))和在月球表面上自动行驶的月球车 1 号(见图 6-26(b))。

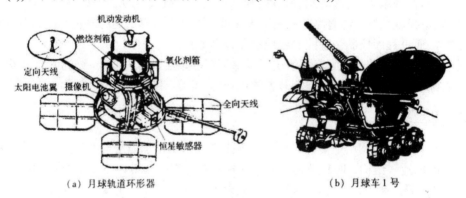

(a) 月球轨道环形器　　　　　　　　(b) 月球车 1 号

图 6-26　月球轨道环行器(a)和月球车 1 号(b)

6.3.4　载人飞船

载人飞船是载人在外层空间生活、工作，以及执行预定的航天任务并返回地面的航天

器。载人飞船一般由轨道舱(又称指挥舱)、服务舱、对接舱、应急舱和乘员返回舱等几部
分组成。图 6-27 是"联盟号"卫星式载人飞船的示意图。

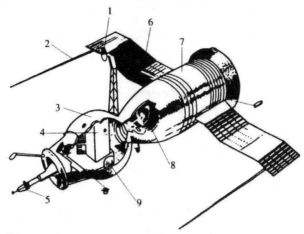

1—会合雷达；2—通用天线；3—轨道舱；4—仪器舱；5—对接装置；
6—太阳能电池翼；7—服务舱；8—返回舱；9—出口舱门

图 6-27 "联盟号"卫星式载人飞船的示意图

乘员返回舱是飞船的核心部分，是整个飞船的控制中心，供航天员在上升和返回时乘
坐。轨道舱是航天员在轨道上的工作场所，里面有各种试验仪器和设备。服务舱通常安装
推进系统、电源、气源等设备，对飞船起服务保障作用。对接舱是用来与航天站或其他航
天器对接的舱段。应急舱具有救生装置，可以保障航天员在危急情况下安全返回地面或转
移到其他航天器上。图 6-28 是"阿波罗"登月飞船的示意图。

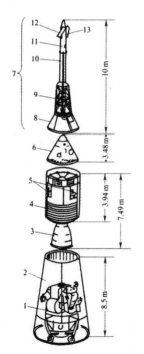

1—登月舱；2—登月舱的过渡段；

3—服务舱主发动机；4—服务舱；

5—姿态控制和稳定系统的发动机组；

6—指挥舱；7—发射逃逸系统；

8—防热罩；9—发射逃逸塔；

10—逃逸发动机；11—分离用火箭发动机；

12—空气舱；13—辅助发动机

图 6-28 "阿波罗"登月飞船的示意

6.3.5 空间站

空间站又称航天站，是供多名航天员巡访、长期工作的航天器。空间站的基本组成部分与载人飞船类似，但是由于航天员要在空间站内长期工作，所以要有保障航天员长期生活和工作的设施。图 6-29 是"和平号"空间站的结构示意图。

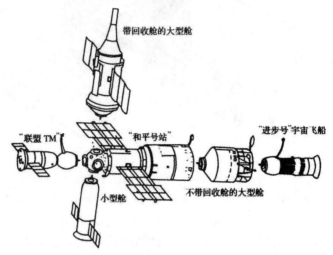

图 6-29 "和平号"空间站的结构示意

6.4 火 箭

火箭是依靠火箭发动机推进的飞行器。它的应用范围十分广泛，包括从节日烟火用的小火箭到将人送上月球的巨型运载火箭，从火箭炮到洲际弹道导弹等。这里所说的火箭是指探空火箭和运载火箭，而其他以火箭发动机为动力的飞行器往往不用火箭命名。

6.4.1 探空火箭

探空火箭是对近地空间进行环境探测、科学研究和技术试验的火箭，按研究对象可以分为气象火箭、地球物理火箭、生物火箭、防雹火箭等。探空火箭一般是没有控制的，具有结构简单、成本低廉、发射灵活方便等优点。探空火箭比探空气球飞得高，比低轨道运行的人造卫星飞得低，是在 30～200 km 高空的唯一探测工具。

中国的探空火箭发展始于 1958 年，北京航空学院(现名北京航空航天大学)研制了"北京 2 号"G 和 E 两种类型的无控探空火箭，分别以固体火箭发动机和液体火箭发动机为主动力装置，而且都装有相同的固体火箭助推器(作为火箭的第一级)。同年 9 月 24 日，"北京 2 号"G 型无控探空火箭在东北白城子草原靶场发射成功；10 月 3 日，"北京 2 号"E 型无控探空火箭又在东北白城子草原靶场发射成功，这是中国首次(也是亚洲首次)发射成功探空火箭。当时共发射了六次，均获得成功。

从 1960 年起，中国又先后研制和发射成功了 T-7、T-7A、"和平 2 号"和"和平 6 号""织女 1 号"和"织女 3 号"等六种型号的探空火箭，同时在 T-7A 探空火箭的基础上改制并发射成功了多种生物试验火箭和技术试验火箭。世界上已有 20 多个国家研制和发射了气象火箭，并建立了 80 多个气象火箭发射场。

6.4.2　运载火箭

运载火箭是把人造地球卫星、载人飞船、航天站、空间探测器、航天飞机等有效载荷送入预定轨道的火箭。运载火箭一般都是在洲际弹道导弹的基础上发展起来的，两者在各方面都基本相同，但是，也各有不同的特点。其一，导弹最重要的是提高战斗效率和生存能力；而运载火箭最重要的是提高可靠性和各种轨道的运载能力，提高通用性和经济性。其二，导弹要求尽量缩短发射的准备时间，因此最好采用固体推进剂或可以贮存的液体推进剂；而运载火箭可以采用贮存性差、能量高的冷冻推进剂(如液氢和液氧等)和廉价的烃类燃烧剂(如煤油、甲烷、丙烷等)。

目前，使用单级运载火箭很难使航天器进入轨道。但是，多级运载火箭的结构复杂，可靠性低，同时，级数过多对减小运载火箭的起飞质量并不很显著。因此，当速度能满足要求时，应尽量减少级数，现在很少采用多于四级的运载火箭发送航天器。

多级火箭的组合有串联式组合、并联式组合、混合式组合三种方式，如图 6-30 所示。串联式组合就是将几个单级火箭依次同轴配置(见图 6-30(a))。这种多级火箭的气动阻力小，结构紧凑，级间连接简单，分离故障少，发射装置较为简单；但是，长度大，弯曲刚度差，运输、贮存和起竖等都不够方便。并联式组合就是各子级火箭的轴线围绕基本级(又称芯级)的纵轴周围配置(见图 6-30(b))，俗称"捆绑式火箭"。这种多级火箭，可以将已有的单级火箭组合在一起，因而加快了火箭的研制过程，火箭的长度短，竖立在发射台上的稳定性也比较好；但是，径向尺寸大，发射装置比较复杂，级间连接与分离机构也比较复杂，分离时干扰大。混合式组合是将并联、串联式组合结合在一起的配置(见图 6-30(c))。例如，第一级与第二级为并联式组合，第二级与第三级为串联式组合，这样就组成了三级火箭。

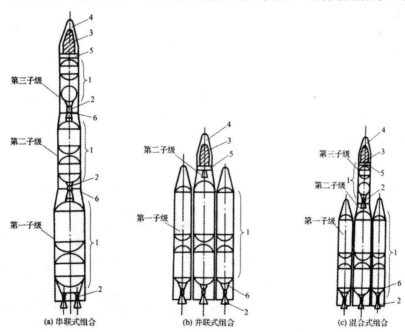

1—推进剂箱；2—火箭发动机；3—有效载荷；4—头部整流罩；5—仪器舱；6—级间承力接头

图 6-30　多级火箭组合的示意

图 6-31 是典型的液体运载火箭第一级箭体的结构示意图，其他各级的箭体结构与其类似。图中的两个贮箱除了贮存推进剂以外，还是箭体的承力结构，箭体主要承受轴向载荷、弯矩和内压。为了提高箭体承受内压的能力，一般将贮箱底做成外凸形状。箭体结构的其他部分，如级间段、后过渡段、尾段和仪器舱等，由于没有内压作用，因此要承受较大的轴压作用，一般将它们设计成半硬壳式结构。由于运载火箭大部分是在大气层之外飞行，因此对气动外形的要求不很严格。

从 1957 年世界上第一颗人造地球卫星发射至今，世界各国已研制成功 20 多种运载火箭，主要有美国的"大力神""德尔它"和"土星"号运载火箭，苏联的"宇宙""联盟"和"质子"号运载火箭，欧洲空间局的"阿里安"号运载火箭，中国的"长征"号运载火箭。

中国的运载火箭是从 1965 年开始研制的，至今共研制成功"长征"号和"风暴 1 号"等八种运载火箭。图 6-32 是中国长征系列运载火箭的外形图。"长征 1 号"(代号 CZ-1，英文代号 LM-1)是中国最早研制成功的运载火箭，1970 年 4 月 24 日，用它成功地发射了我国第一颗人造地球卫星"东方红 1 号"。"长征 2 号"是二级液体火箭，1975 年 11 月，用它成功地发射了我国第一颗返回式遥感卫星。"长征 3 号"为三级液体火箭，第一、二级以"长征 2C 号"火箭为原型进行修改设计，第三级采用我国研制的第一台液氢、液氧火箭发动机，1984 年 4 月，用它将我国第一颗试验通信卫星送入了预定的地球同步转移轨道。"长征 4 号"也是一种三级火箭，第一、二级是从"长征 3 号"的第一、二级发展而来的，第三级为新研制的，1988 年 9 月，用它将我国的第一颗试验气象卫星"风云 1 号"送入了太阳同步轨道。

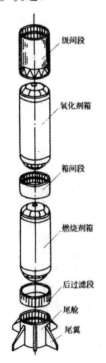

图 6-31　第一级箭体的结构示意

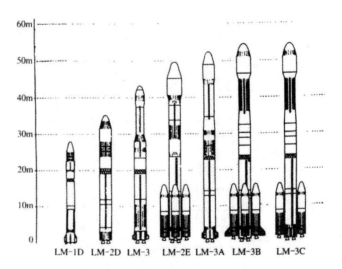

图 6-32　中国长征系列运载火箭的外形

"长征 2E 号"是一种二点五级的"捆绑式"运载火箭,以经过改进的"长征 2C 号"火箭作芯级,第一级箭体上并联了四个长 15.3 m、直径 2.25 m 的液体助推器,每个助推器上采用了与芯级相同的单台发动机。1992 年 8 月,"长征 2E 号"成功地把美国研制的澳大利亚卫星与其上面级(总质量为 7659 kg)送入了倾角为 28°、近地点为 202 km、远地点为 1049 km 的椭圆轨道。"长征 3A 号"的第一、二级与"长征 3 号"基本相同,而第三级高能氢氧级火箭是新研制的。改进后的火箭总长 52 m,起飞质量 241 t,可以将约 2.5 t 的卫星送入地球同步转移轨道。"长征 3B 号"以"长征 3A 号"作为芯级,捆绑有四个与"长征 2E 号"相同的助推器。这种火箭总长 55 m,起飞质量 425 t,可以将 4.8 t 的卫星送入地球同步转移轨道,可满足国际新一代通信卫星(质量在 2.5～3.5 t 之间)发射的需要。

　　图 6-33 是世界各国参与未来竞争的大型运载火箭的外形示意图。"H-2"号是日本研制的二点五级运载火箭,第一、二级都采用氢氧火箭发动机,助推器为两台大型固体火箭发动机。"H-2"号的起飞质量为 260 t,各轨道的运载能力为低地球轨道(LEO)10 t,地球同步转移轨道(GTO)4 t,地球同步定点轨道(GEO)2 t。因此,将用它发射不载人的航天飞机(HOPE)等。

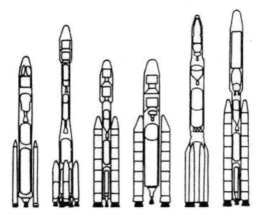

图 6-33　世界各国参与未来竞争的大型运载火箭的外形示意

　　"阿里安"号运载火箭是欧洲空间局 11 个成员国联合研制的商用运载火箭。"阿里安-44L"号为三点五级运载火箭,其组合方式和各级所采用的推进剂与我国的"长征 3B 号"运载火箭完全相同。"阿里安-5"号是一种全新的二点五级运载火箭,第一级直径 5.4 m,采用大型氢氧火箭发动机,在第一级上捆绑了两枚大型固体火箭助推器;第二级(上面级)采用可贮存推进剂 N_2O_4 和单甲基肼。这种火箭的起飞质量为 721.3 t,可以将 5.9～6.8 t 卫星送入地球同步转移轨道(GTO),或不加上面级可以将 21 t 的航天器(如"使神号"航天飞机)送入近地轨道。

　　"大力神"号运载火箭是美国以"大力神 2"型洲际弹道导弹为基础研制的大型运载火箭,共有多种型号。"大力神-3"号为二点五级运载火箭,是将"大力神-2"号二级运载火箭的贮箱加长,并在其两侧捆绑了两台大型固体火箭助推器而成的。两级火箭都选用 N_2O_4 和混肼 50 作为推进剂,起飞质量为 681 t,可以将 14 t 的有效载荷送入低地球轨道(LEO)。"大力神-4"号又加长了芯级和助推器的长度,并采用新研制的助推器,推进剂的性能更好,发动机外壳由钢改为碳复合材料,起飞质量为 800～900 t,低地球轨道(LEO)

的运载能力为 18.8 t(二点五级)和 22.7 t(三点五级，有惯性上面级)，可以为美国空军发射大型地球同步通信卫星和各种重型近地卫星。

"质子"号运载火箭是苏联的重型运载火箭，可以组成二级、三级和四级运载火箭。第一级由六个液体火箭并联捆绑而成，第二级(即芯级)位于中央，第三级和第四级串接于第二级之上。第一、二、三级均采用 N_2O_4、偏二甲肼发动机，第四级采用液氧、煤油发动机。火箭的起飞质量为 670～680 t，可以将 21 t 的航天器送入低地球轨道(LEO)，也可以将 5.7 t、5.3 t 和 4.6 t 的航天器分别送入月球、金星和火星轨道，已经使用它发射了"礼炮"号空间站和"和平"号空间站，以及多个月球、金星、火星探测器和多种地球静止卫星等。

"土星"5 号运载火箭是美国为载人登月研制的巨型运载火箭，是迄今世界上最大、最重的运载火箭。它的直径为 10 m，长度为 110.6 m，起飞质量为 2928 t。这种火箭为串联三级火箭，第一级为液氧、煤油发动机，第二、三级为氢、氧发动机。"土星"5 号运载火箭可以将 120 t、60 t、50 t 的有效载荷分别送入低地球轨道(LEO)、地球同步转移轨道(GTO)和逃逸轨道(EO)。1969 年 7 月 16 日，"土星"5 号(AS-506)发射了"阿波罗11号"飞船，于同年 7 月 20 日首次实现了人类登上月球的理想。但由于"土星"系列火箭发展总成本高，使用和维护复杂，在"阿波罗"及其后继计划结束后便停止使用了。

6.5　航天飞机和空天飞机

6.5.1　航天飞机

航天飞机既是可以重复使用的、往返于地球表面和近地轨道之间运送有效载荷的航天运载器，又是可以进入近地轨道完成多种任务的航天器。它可以将各种卫星直接送入近地轨道；也可以先送上近地轨道，然后再从这个轨道上发射，进入高轨道。航天飞机进入近地轨道的部分叫做轨道器，可以完成人造地球卫星、货运飞船、载人飞船甚至小型航天站的许多功能。另外，轨道器还可以完成一般航天器所没有的功能，如向近地轨道施放卫星，从轨道上捕捉、维修和回收卫星等。

图 6-34 是美国航天飞机的总体外形图。它由轨道器、外挂贮箱和两个固体助推器组成，是一种垂直发射、水平着陆、两级入轨、部分回收、多用途、全火箭式航天飞机。三台主发动机装在轨道器上，所用的液氢、液氧推进剂由外挂贮箱供给，真空总推力为 6269 kN，起飞推力约为 30 622 kN。

航天飞机垂直发射时，主发动机和助推器一起工作。当飞行高度约为 50 km、飞行速度为 1391 m/s 时，助推器熄火并分离(助推器分离后依靠降落伞在海面上回收后再利用)。当飞行高度约为 100 km 及飞行速度接近入轨速度时，主发动机关机，外挂贮箱与轨道器分离(外挂贮箱重返大气层而销毁，是一次性使用)；然后，轨道器上的机动发动机开动两次，将轨道器送入高度为 185～390 km、倾角为 28.5° 的圆轨道。轨道器可以在近地轨道上运行 3～30 天，返回进入大气层后按大攻角(30° ～40°)飞行，这样可以降低过载和气动加热。因为轨道器是无动力滑翔水平着陆，所以只能一次成功。轨道器计划重复使用 100 次左右，主发动机 50 次以上，助推器 20 次以上。

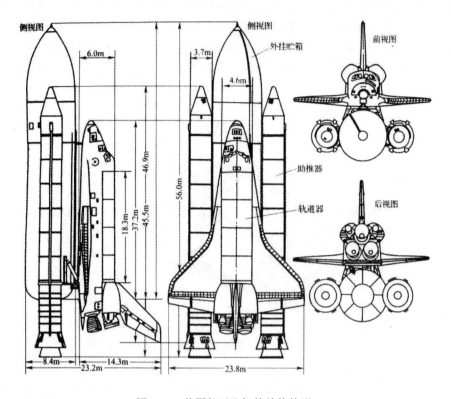

图 6-34　美国航天飞机的总体外形

　　轨道器是航天飞机的核心部分，也是设计最困难和结构最复杂的组成部分，如图 6-35 所示。轨道器所经历的飞行过程及环境比现代飞机要恶劣得多，它的气动外形既要适合在大气中作高超声速、超声速、亚声速和水平着陆时的低速飞行，又要有利于防护气动力加热。轨道器从构造上来说，包括机身、机翼、尾翼和着陆架等，其结构形式大多为铝合金蒙皮骨架组成的薄壁结构和铝蜂窝结构的升降副翼。机身中段的有效载荷舱的容积将近 $300\,\mathrm{m}^3$，为了在轨道上布放或回收有效载荷，舱内设有可以遥控的机械臂。

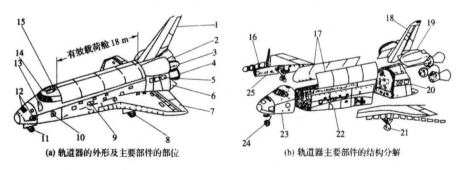

1—方向舵和减速板；2—轨道机动发动机；3—后部反作用控制发动机；4—主发动机；5—发射用脱落插头盖板；
6—襟翼；7—升降副翼；8、21—主着陆架；9—有效载荷脱落插头盖板；10—侧舱口；11、24—头部着陆架；
12—前部反作用控制发动机；13—恒星跟踪器盖；14—乘员舱；15—有效载荷观察窗；16—前缘；17—货舱门；
18—垂直尾翼；19—轨道机动系统；20—尾段机身；22—中段机身；23—前段机身；25—机翼

图 6-35　轨道器的示意

轨道机动系统(OMS)的主要功用，是为航天飞机提供入轨机动、轨道修正、变轨、交会和脱离轨道所需要的推力。它有两台液体火箭发动机，分别安装在后机身两侧的两个外吊舱内，如图 6-36 所示。轨道机动系统所用的推进剂为 N_2O_4 和一甲基肼，属于可贮存的自燃推进剂，以便长期在空间多次起动。左、右两套轨道机动系统总共可以为轨道器提供 $305\,\mathrm{m/s}$ 的速度增量。

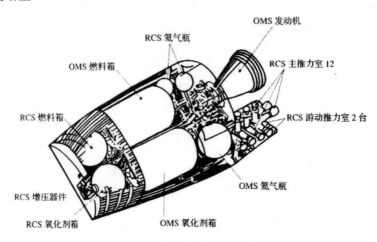

图 6-36　左舱内 OMS 和反作用控制系统(RCS)的配置

　　反作用控制系统(RCS)的主要功用，是为轨道器精确的姿态控制和三个轴向移动提供需要的推力。它共有 38 个主推力室(每个推力为 $3885\,\mathrm{N}$)和 6 个游动推力室(每个推力为 $108\,\mathrm{N}$)，前舱系统共有 14 个主推力室和两个游动推力室，如图 6-37 所示。尾部的左、右舱系统各有 12 个主推力室和两个游动推力室(见图 6-35)，游动推力室的作用是对轨道器进行更精确的姿态控制。一般来说，控制航天器的 3 个姿态角和 3 个轴向移动不发生相互干扰，仅需要 12 个推力室，而采用 38 个推力室主要是为了提高控制灵活性和备份可靠性。

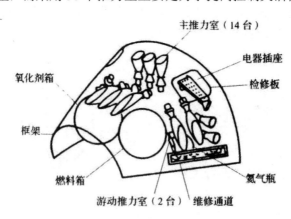

图 6-37　前舱 RCS 的配置情况

　　航天飞机的气动加热在再入段比上升段要严重得多，但是与飞船比较起来其热流要低得多。航天飞机的最大热流为 $79.5\,\mathrm{kJ/(m^2\cdot s)}$，而"水星"号载人飞船为 $670\,\mathrm{kJ/(m^2\cdot s)}$，"阿波罗"载人飞船为 $2596\,\mathrm{kJ/(m^2\cdot s)}$。这是因为航天飞机有大面积($250\,\mathrm{m^2}$)的机翼，并以大攻角再入大气层时能够产生较大的阻力，在比较高的空中就开始减速，这样便大大地减少了气动加热。另外，航天飞机为多次重复使用，要求防热材料也能够多次重复使用，而不能采用弹头和飞船那样的烧蚀式防热材料。

1981 年 4 月 12 日，美国的第一架航天飞机"哥伦比亚"号试飞成功(2003 年 2 月在返回地面的途中于空中解体坠毁)。后来，美国又有三架航天飞机投入使用，它们是"挑战者"号、"发现"号和"阿特兰蒂斯"号(也称"大西洲"号)。1986 年 1 月，"挑战者"号爆炸失事后，又生产了一架"奋进"号来代替它。从 1981 年 4 月到 2011 年 7 月，美国航天飞机共飞行了 135 次，美国政府便宣布航天飞机集体退役，航天飞机也就永久尘封在历史中了。

6.5.2　空天飞机

空天飞机是一种可以重复使用的飞行器，既能在大气层内飞行，又能在外层空间轨道上飞行，并能在普通跑道上水平起降。它除了装有火箭发动机以外，还装有空气喷气发动机(包括涡轮喷气发动机和冲压喷气发动机)。由于空气喷气发动机工作时所需要的大量氧化剂来自空气，不需要自身携带，因此起飞质量小。图 6-38 是德国正在研究的"桑格尔"空天飞机的示意图。它是一种水平起降、两级入轨、一级采用吸气式发动机、完全重复使用的空天飞机，由第一级"载机"和其背上驮着的第二级"轨道器"组成。载机采用组合式液氢涡轮冲压发动机，轨道器采用氢氧火箭发动机。

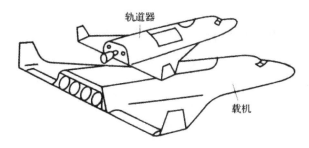

图 6-38　德国正在研究的"桑格尔"空天飞机示意

载机驮着轨道器从普通机场水平起飞，先以涡轮喷气发动机的工况工作，加速爬升到 $Ma = 3$，高度达到 18~20 km 时，转换为冲压喷气发动机的工况工作；加速爬升到 $Ma = 6.8$，高度达到 31 km 时，载机与轨道器分离，载机返回机场降落。轨道器在自身的火箭发动机推动下，继续加速爬升，达到 85 km 高度和入轨速度时，进入近地点 85 km、远地点 450 km 高度的椭圆轨道，然后再转入 450 km 高度和 28.5° 倾角的圆轨道。轨道器完成任务后，可以像美国的航天飞机那样再入大气层和水平着陆。载机实际上就是一架大型的高超声速飞机，经过改装就可以变成一架高超声速旅客机。

思考题与习题

一、选择题

1. 可以说，_____飞机的出现，拉大了美国与世界的差距。

A. F-22　　　　　　B. F-4　　　　　　C. F-100　　　　　　D. F-16

2. 1989 年 7 月，美国的_____隐身轰炸机首次试飞，这是一种更先进的远程战略轰炸机。

A. B-1B　　　　　B. B-52　　　　　C. B-2　　　　　D. B-52H

3. _____是用于搜索和监视空中、地面或海上目标的活动，并能引导和指挥己方军用飞机对其进行攻击的飞机。

A. 无人机　　　B. 侦察机　　　C. 直升机　　　D. 预警机

4. 到目前为止，只有_____部署了反弹道导弹防御武器系统。

A. 美国　　　　B. 俄罗斯　　　C. 英国　　　　D. 法国

5. _____是载人在外层空间生活、工作，以及执行预定的航天任务并返回地面的航天器。

A. 人造地球卫星　　　　　　　B. 空间探测器

C. 空间站　　　　　　　　　　D. 载人飞船

6. 在 1958 年，_____研制了"北京 2 号"G 和 E 两种类型的无控探空火箭，分别以固体火箭发动机和液体火箭发动机为主动力装置，而且都装有相同的固体火箭助推器。

A. 南京航空学院　　　　　　　B. 西北工业大学

C. 北京航空学院　　　　　　　D. 哈尔滨工业大学

7. 中国的运载火箭是从_____开始研制的，至今共研制成功"长征"号和"风暴 1 号"等八种运载火箭。

A. 1965 年　　　B. 1962 年　　　C. 1976 年　　　D. 1958 年

8. 已经使用_____运载火箭发射了"礼炮"号空间站和"和平"号空间站，以及多个月球、金星、火星探测器和多种地球静止卫星等。

A. "阿里安-5"号　　　　　　　B. "大力神-4"号

C. "质子"号　　　　　　　　　D. "土星"5 号

二、填空题

1. 20 世纪 70 年代以后，只有(　　　)和(　　　)两个国家尚在继续研制远程超声速轰炸机。

2. 美国的(　　　)飞机是当前世界上最大的宽体远程旅客机，它的机翼下吊装有四台大推力的涡轮风扇发动机。

3. 1992 年首次亮相的俄罗斯研制的(　　　)，被称为"武装直升机之王"。

4. 多弹头是弹道导弹突防的有效措施，一般有(　　　)、(　　　)和(　　　)三种情况。

5. 反弹道导弹导弹系统是拦截敌方来袭的弹道导弹的武器系统(又称弹道导弹防御系统)，包括(　　　)、(　　　)、(　　　)、(　　　)和(　　　)。

6. 航天器由功能不同的若干分系统组成，一般有(　　　)和(　　　)。(　　　)用于直接执行特定的航天任务，(　　　)则用于保障专用系统的正常工作。

7. 我们所说的火箭，一般是指(　　　)和(　　　)，而其他以火箭发动机为动力的飞行器往往不用火箭命名。

8. (　　　)是把人造地球卫星、载人飞船、航天站、空间探测器、航天飞机等有效载荷送入预定轨道的火箭。

9. (　　　　)是可以重复使用的、往返于地球表面和近地轨道之间运送有效载荷的航天运载器，又是可以进入近地轨道完成多种任务的航天器。

10. (　　　　)是一种可以重复使用的飞行器，既能在大气层内飞行，又能在外层空间轨道上飞行，并能在普通跑道上水平起降。

三、问答题

1．到目前为止，哪些飞机属于特殊飞机？为什么要发展和研制这些飞机？

2．有翼导弹具备什么特点？发展了哪些类型的有翼导弹？各种有翼导弹使用在什么样的场合？

3．弹道导弹为什么一般要设计成有效载荷(导弹头部)可以分离和受力式贮箱？

4．航天器有哪些种类？各执行什么任务？

5．多级火箭各级之间的组合方式有几种？各有何优缺点？

6．美国的航天飞机飞行过的一共有多少架？共飞行了多少次？

第 7 章　飞行器有关技术概述

7.1　CAD/CAM 技术

7.1.1　CAD/CAM 基础知识

计算机辅助设计及制造(CAD/CAM)技术，产生于 20 世纪 50 年代后期发达国家的航空和军事工业中，随着计算机软硬件技术和计算机图形学技术的发展而迅速发展起来。1989年，美国国家工程科学院将 CAD/CAM 技术评为当代(1964—1989)十项最杰出的工程技术成就之一。

目前，CAD/CAM 已经取得了令人瞩目的成就，应用范围也迅速扩张。工程设计借助计算机已经可以直接从三维造型开始，实现计算机无纸化设计乃至虚拟产品开发(VPD)。而在制造技术方面，已经完全可以在计算机上实现零件建模、工艺设计、自动生成数控代码，以及与数控机床的数据通信，甚至已经可以实现计算机上的虚拟制造与装配。

1. CAD 的定义

从最广泛的意义上来说，CAD 是指利用计算机解决设计问题的任何应用。但一般定义是指用计算机图形显示技术进行产品开发、分析、修改和优化的应用。CAD 系统由能够完成特定用户功能的软件和硬件组成：硬件包括计算机主机、图形终端、输入输出设备和相关的外围设备等；软件由计算机图形系统和应用程序组成。CAD 系统主要有几何造型、工程分析、设计评估、自动绘图、零件分类与编码五个任务，并为产品制造提供数据库，而且这个数据库包括设计阶段产生的所有数据，使产品的设计和制造之间建立了直接联系。

2. CAM 的定义

CAM 通过各种接口，用计算机去规划、管理和控制制造工厂的操作。通常的 CAM 可以分为两大类：一类是计算机监控，即计算机直接连接到制造过程，以监督或控制产品生产，称为直接应用；另一类是制造支持应用，这时计算机和制造过程中没有直接接口，称为间接应用，如数控编程、计算机辅助工艺过程设计、生产调度及材料需求计划等。

从 CAD/CAM 集成系统的角度来看，与 CAD 相关联的 CAM 应用，主要包括：从生产计划到原材料的合理使用，人员的适当安排，机械设备的有效利用等生产管理；如何选择加工条件，以及数控编程；具体生产时的生产技术。如果从最狭义的角度理解 CAM，一般是指数控编程。但从根本上说，数控编程在 CAM 处理的整个对象中只占据很小的一部分。

3. CAD/CAM 的定义

在飞行器设计阶段，设计者根据少量的总体参数或三面图的外形数据，建立全机外形数学模型，用各种适当的曲面方程来表示飞机各部分的机体表面。此后的设计工作，如气动性能核算、结构强度校验、系统设计的空间协调等，需要用到的一切外形数据都统一由计算机从数学模型上提取。凡是与飞机外形有关的吹风模型加工、模线绘制、工艺装备元件(如钣金模具、标准样件的型面部分和定位基准等)和零件加工等都从数学模型上提取有关的外形数据。这样，飞机的设计和制造过程紧密衔接，统一于全机数学模型，形成以计算机为中心手段，以数学模型为基础的设计、制造、检验过程，这就是计算机辅助飞行器几何设计与制造的基本内容。

CAD/CAM 软件一般分为三大部分，即 CAE(计算机辅助工程)、CAGD(计算机辅助几何设计)、CAM。对于飞机而言，CAE 所包含的内容为飞机性能计算及参数选择、飞机总体方案优化、气动系数计算、气动载荷计算、有限元结构分析、振动及颤振分析、重量重心及惯性矩分析、结构优化、飞机操纵性能分析、复合材料板件设计等；CAGD 所包含的内容有曲线曲面定义、飞机外形设计、机械零件及运动机构机械设计、电器安装及电缆铺设、管路布置、绘图及图样发放等；CAM 则包含数控加工与测量、切削参数自动选择、工装制造、工业过程设计(CAPP)、成组技术(GT)、质量控制和系统安装测试等内容。

随着计算机技术的发展，CAD/CAM 的研究内容也在逐步扩展。按现在惯常的理解，计算机辅助飞机设计、制造、管理的研究内容及相互关系如图 7-1 所示。从图中可以看出，CAGD 是 CAE 和 CAM 的连接环节。按国外的习惯，CAGD 往往也称为 CAD，主要完成对设计对象的几何形状的设计工作。

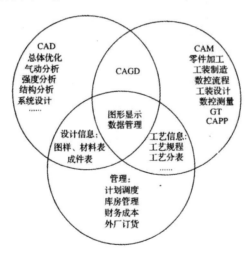

图 7-1 CAD/CAM 的关系示意

4. CAD 的几何模型系统

CAD/CAM 技术及其应用领域随着全球工业的发展而不断发展，CAD/CAM 所基于的几何模型也不断推陈出新，从最早的线框几何模型，发展到曲面几何模型和实体几何模型；从参数化技术到变量化技术和特征造型技术，每一种新技术的出现都会大大促进 CAD 技术的发展。

1) 线框几何模型(Wireframe Mode)

线框结构的几何模型是在 CAD 刚刚起步时使用的几何模型。早期对线框结构的几何模型研究得比较多，所以它也是一种被广泛采用的模型，现在的很多二维软件都基于这种几何模型。它的描述手段是以线段、圆、弧和一些简单的曲线为描述对象，因而也把线段、圆、弧和一些简单的曲线称为图形元素。但这种初期的线框造型系统只能表达基本的几何信息，不能有效表达几何数据间的拓扑关系，在三维方面的进一步处理上有很多麻烦和困难，如消隐、着色、特征处理等，而且由于缺乏形体的表面信息，CAM 和 CAE 均无法实现，因而在现代的 CAD 系统中较少使用。

2) 曲面几何模型结构(Surface Mode)

20 世纪 70 年代，正值飞机和汽车工业蓬勃发展。这个期间，飞机和汽车制造中遇到了大量的自由曲面问题，当时只能采用多截面视图和特征纬线的方式来近似表达所设计的自由曲面。由于三视图方法表达具有不完整性，因而经常发生设计完成后，制作出来的样品与设计者所想象的有很大差异，甚至完全不同。这样，对更先进设计手段的需求越来越迫切，同时，相关的数学理论和方法研究也取得了相当的成果，促使了曲线曲面几何模型的产生。

曲线造型方法有许多种，如 Hermit Cubic Splines、Bezier Curves、B-Spline Curves、Non-Uniform Rational B-Spline 等。这些曲线都是通过基底函数来合成的，所以能随意构成任何造型的曲线，也能描述圆弧、椭圆、抛物线这些熟悉的曲线。

对于曲面形状的描述，一般是通过一组离散点的集合来给定的。这时就需要将一元样条函数拓展成二元样条函数，将一维样条曲线拓展为二维样条曲面。现在应用比较广泛的曲线造型方法是非均匀有理 B 样条(Non-Uniform Rational B-Spline)方法，简称为 NURBS。在 NURBS 曲线的基础上可以建立 NURBS 曲面，现在很多曲面几何模型的基石都是 NURBS 曲面，如 SurfCAM、Alias Studio 等。

曲面几何模型主要应用在航空、船舶和汽车制造领域，以及对模型的外形要求比较高的软件中。但曲面几何模型也有一些缺点，例如，曲面模型技术只能表达形体的表面信息，难以准确表达零件的其他特性，如质量、重心、惯性矩等，对 CAE 十分不利。最大的问题在于分析的前处理特别困难，在有限元分析、物性计算等方面很难应用。

3) 实体几何模型结构(Solid Mode)

实体几何模型理论的发展可以追溯到 1970 年。当时利用构造几何体(Constructive Solid Geometry，CSG)方法，将所建立的实体首先大致描绘出来，然后再将这个实体转换，用边界表示法(Boundary Representation，BR)表示出来。其中，CSG 方法是首先定义一些基本体素，即标准形状的基本实体(如立方体、圆柱体、圆锥体、球体等)和它们的几何尺寸(半径、长度等)，然后对这些基本体素进行布尔运算(并、交、差)，从而形成复杂的零件形状；BR 方法则是用显式或隐式方程描述实体的边界曲线、曲面方程，并记录其拓扑信息。

这种方法需要事先按一定的顺序建立好大小、位置合适的基本实体，并且不能改变。由于在工程设计中没有办法保证设计结果不被修改，也因为这种方法操作上确实太过繁杂，所以当时没能被设计人员所接受。基于对 CAD/CAE 一体化技术发展的探索，美国 SDRC 公司于 1979 年发布了世界上第一个完全基于实体造型技术的大型 CAD/CAE 软件，这就是

I-DEAS。由于实体造型技术能够精确表达零件的全部属性，在理论上有助于统一 CAD、CAE、CAM 的模型表达，因而给设计带来了惊人的方便性，也代表着未来 CAD 技术的发展方向。

4) 参数化(Parametric)设计、变量化(Variational)设计和特征(Feature)设计

参数化设计一般是指设计对象的结构形状比较定型，可以用一组参数来约定尺寸关系，参数的求解较简单，参数与设计对象的控制尺寸有显式对应关系，设计结果的修改受尺寸驱动。例如，生产中最常用的系列化标准件就属于这一类型。

变量化设计是指设计对象的修改需要更大的自由度，需通过求解一组约束方程来确定产品的尺寸和形状。约束方程可以是几何关系，也可以是工程计算条件，设计结果的修改受到约束方程驱动。变量化设计允许尺寸欠约束的情况存在，设计者可以采用先形状后尺寸的设计方式，将满足设计要求的几何形状放在第一位而暂时不用考虑尺寸细节，设计过程相对宽松。变量化设计可以用于公差分析、运动机构协调、设计优化、初步方案设计选型等，尤其在概念设计时更显得得心应手。

特征造型是 CAD 建模方法的一个新里程碑，是在 CAD/CAM 技术的发展和应用达到一定的水平，要求进一步提高生产组织的集成化和自动化程度的历史进程中孕育成长起来的。过去的 CAD 技术从二维绘图起步，经历了三维线框、曲面和实体造型发展阶段，但都是着眼于完善产品的几何描述能力，也就是只描述了产品的几何信息；而特征造型则是着眼于更好地表达产品完整的功能和生产管理信息，为建立产品的集成信息模型服务。

特征(Feature)在这里作为一个专业术语，兼有形状和功能两种属性，包括产品的特定几何形状、拓扑关系、典型功能、绘图表示方法、制造技术和公差要求。特征造型技术使产品的设计工作在更高的层次上进行，设计人员的操作对象不再是原始的线条和体素，而是产品的功能要素。特征的引用直接体现了设计意图，使建立的产品模型更容易为人理解和组织生产，为开发新一代的基于统一产品信息模型的 CAD/CAPP/CAM 集成系统创造了条件。

7.1.2 常用的 CAD/CAM 软件

1. AutoCAD 及 MDT

AutoCAD 系统是美国 Autodesk 公司为微机开发的一个交互式绘图软件，基本上是一个二维工程绘图软件，具有较强的绘图、编辑、剖面线和图案绘制、尺寸标注以及方便用户的二次开发功能，也具有部分的三维作图造型功能。

MDT(Mechanical Desktop)是 Autodesk 公司在机械行业推出的基于参数化特征实体造型和曲面造型的微机 CAD/CAM 软件，应用也是比较广泛的。

2. Pro/Engineer

Pro/Engineer 系统是美国参数技术公司(Parametric Technology Corporation，PTC)的产品，1988 年刚一面世，就以其先进的参数化设计、基于特征设计的实体造型而深受用户的欢迎。此外，Pro/Engineer 系统一开始就建立在工作站上，使系统独立于硬件，便于移植。这个系统用户界面简洁、概念清晰，符合工程人员的设计思想与习惯。

Pro/Engineer 系统的曲面生成、编辑能力覆盖了曲面造型中的主要问题，一般用于构造

表面模型、实体模型，并且可以在实体上生成任意凹下或凸起物等，尤其是可以将特殊的曲面造型实例作为一种特征加入特征库中。Pro/Engineer 系统自带的特征库就含有复杂拱形表面、三维扫描外形、复杂的非平行或旋转混合、混合-扫描、管道等特征，它的曲面处理仅适于通用的机械设计中较为常见的曲面造型问题。Pro/Engineer 整个系统建立在统一的数据库上，具有完整而统一的模型，能够将整个设计至生产过程集成在一起，共有 20 多个模块可以供用户选择。

Creo 是美国 PTC 公司于 2010 年 10 月推出的 CAD 设计软件包。Creo 整合了 PTC 公司的三个软件中的技术，包括 Pro/Engineer 的参数化技术、CoCreate 的直接建模技术和 ProductView 的三维可视化技术，是 PTC 公司闪电计划所推出的第一个产品，从此，Pro/Engineer 的名字变为 Creo。

3. I-DEAS Master Series

I-DEAS Master Series 是美国 SDRC(Structural Dynamics Research Corporation)公司于 1993 年推出的新一代机械设计自动化软件，也是 SDRC 公司在 CAD/CAE/CAM 领域的旗舰产品，以其高度一体化、功能强大、易学易用等特点而著称。这款软件采用了超变量化 (VGX)技术，用户可以直观、实时地进行三维产品的设计和修改。

VGX 的好处有：第一，不必要求模型"全约束"，在全约束及非全约束的情况下均可以顺利地完成造型；第二，模型修改不必拘泥于造型历史树，可以基于造型历史树，也可以超越造型历史树；第三，可以直接编辑任意 3D 实体特征，没有必要回到生成这种特征的 2D 线框初始状态；第四，可以就地以拖动方式随意修改 3D 实体模型，而没有必要仅以"尺寸驱动"一种方式来修改；第五，模型修改许可形状及拓扑关系发生变化，而并非像参数技术那样仅仅是尺寸的数据发生变化；第六，所有操作均采用"拖-放"方式，操作简便。

这个软件的 Master Surface 模块是建立复杂雕塑曲面的快捷工具,基于双精度 NURBS,与实体模型完全集成。它支持各种曲线曲面的造型方法，如拉伸、旋转、放样、扫掠、网格、点云等，强大的变量扫掠支持变截面、多轨迹线以及尺寸驱动，结果是一个曲面集合成具有拓扑关系的曲面实体模型，这个模型可以参与全部几何造型的操作、干涉检查、物性计算等。

I-DEAS 提供了独特的变量成型工具，它基于最小能量法，使用先进的高层次操作，较完整地解决了主要的曲面造型问题。例如，对直观的几何形状进行推挤、弯扭、相斥、吸引等，使底层的曲面曲线成型；也可以对真实的几何体直接进行交互修改，从而得到光顺的形状，而不像传统的那样对控制点、权、节点进行交互操作。

4. CATIA

CATIA 系统是法国达索(Dassault)飞机公司 Dassault Systems 工程部开发的产品。这个系统是在 CADAM 系统(原由美国洛克希德公司开发，后并入美国 IBM 公司)的基础上扩充开发的，在 CAD 方面购买了原 CADAM 系统的源程序，在加工方面则购买了有名的 APT 系统的源程序，经过几年的努力，形成了商品化的系统。CATIA 系统如今已发展为集成化的 CAD/CAE/CAM 系统，具有统一的用户界面、数据管理以及兼容的数据库和应用程序接口，并拥有 20 多个独立的模块，美国波音飞机公司研制的波音 777 飞机便是其杰作之一。

5. EUCLID

EUCLID 软件是法国 MATRA 公司信息部的产品,是由法国国家科学研究中心为英国和法国联合研制的"协和"号超声速旅客机开发的软件,目前在汽车工业上的应用较多。这个软件具有统一的面向对象的分布式数据库,在三维实体、复杂曲面、二维图形及有限元分析模型间不需要做任何数据的转换工作。由于数据是彼此引用,而不是简单的复制,所以用户在修改某部分设计时,其他相关数据会自行更新。

6. Unigraphics(UG)

Unigraphics(UG)是起源于美国麦道(MD)公司的产品。1991 年 11 月,麦道公司并入美国通用汽车公司 EDS 分部,UG 由其独立子公司 Unigraphics Solutions 开发。是一个集 CAD、CAE 和 CAM 于一体的机械工程辅助系统,适用于航空航天器、汽车、通用机械以及模具等的设计、分析和制造工程。

UG 以 Parasolid 几何造型核心为基础,采用基于约束的特征建模和传统的几何建模为一体的复合建模技术。它的曲面功能包含于 Freeform Modeling 模块之中,采用了 NURBS、B 样条、Bezier 数学基础,同时保留了解析几何实体造型的方法,造型能力较强。UG 的曲面建模完全集成在实体建模之中,并可以独立生成自由形状形体以备实体设计时使用。而许多曲面建模操作可以直接产生或修改实体模型,曲面壳体、实体与定义它们的几何体完全相关。UG 软件实现了面与体的完美集成,可以将没有厚度的曲面壳缝合到实体上。总体而言,UG 的实体化曲面处理能力是其主要特征和优势。

UG 具有尺寸驱动编辑功能和统一的数据库,实现了 CAD、CAE、CAM 之间无数据交换的自由切换。它具有很强的数控加工能力,可以进行 2 轴、2.5 轴、3 轴、4 轴、5 轴联动的复杂曲面的加工和镗铣。UG 还提供了二次开发工具 GRIP、UFUNG、ITK 等,允许用户扩展 UG 的功能。

7. SolidWorks

SolidWorks 是一套基于 Windows 的 CAD/CAE/CAM/PDM 桌面集成系统,是由美国的 SolidWorks 公司于 1995 年 11 月研制开发的。这个软件采用自顶向下的设计方法,可以动态模拟装配过程。它采用基于特征的实体建模,自称 100%的参数化设计和 100%的可修改性,具有先进的特征树结构,使操作更加简便和直观。由于 SolidWorks 是直接基于 Windows 平台开发的,较好地利用了 Windows 的系统资源。

7.2　主动控制与综合控制技术

7.2.1　主动控制技术

主动控制技术(Active Control Technology,ACT)是指在飞行器设计的初始阶段就主动地考虑飞行控制系统的作用,利用控制系统来改变飞行器的静态和动态性能,以达到总体设计的目标,放宽气动、结构和推进等方面的要求,提高飞行器的整体性能水平。

主动控制技术是由美国率先提出的一种飞行器设计和控制技术。从飞行器设计的角度来说,主动控制技术是在飞行器设计的初始阶段就考虑到飞行控制系统对总体设计的影响,充分发挥飞行控制系统潜力的一种飞行控制技术。

采用主动控制技术的飞行器设计方法不同于常规的设计方法。常规的飞行器设计方法的过程是这样的：根据任务要求，考虑气动力、结构强度和发动机三大因素，并在它们之间进行折中以满足任务要求。这样，为获得某一方面的性能就必须在其他方面作出让步或牺牲，如为了实现更好的气动稳定性就必须在尾翼的质量和阻力方面付出代价。折中之后确定飞行器的构型，再经过风洞吹风后，对飞行器的各分系统(其中包括飞行控制系统)提出设计要求。这里的飞行控制系统和其他分系统一样，处于被动地位。

而采用主动控制技术的设计方法则打破了这一格局，把飞行控制系统提高到和气动力、结构强度、发动机三大因素同等重要的地位，使其成为选型必须考虑的四大因素之一，并起积极的作用。在飞行器的初步设计阶段就考虑全时间、全权限的飞行控制系统的作用，综合选型，选型后再对飞行控制系统以外的其他分系统提出设计要求，这样，就可以放宽对气动力、结构强度和发动机方面的限制，依靠控制系统主动提供人工补偿，于是飞行控制系统由原来的被动地位变为主动地位，充分发挥了飞行控制的主动性和潜力，因而称这种技术为主动控制技术。采用主动控制技术的飞行器设计方法如图 7-2 所示。

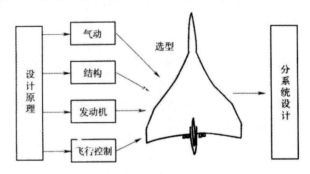

图 7-2　主动控制技术的飞行器设计方法示意

由于采用主动控制技术的设计方法时，在选型和布局的过程中都将控制系统作为一个主要因素来考虑，所以这种技术又被称为随控布局技术(Control Configured Vehicle)。目前，主动控制技术的功能包括放宽静稳定性(Reduced Static Stability，RSS)、边界控制(Boundary Control，BC)、直接力控制(Direct Force Control，DFC)、阵风减缓(Gust Load Alleviation，GLA)、乘座品质控制(Ride Quality Control，RQC 或 RC)、机动载荷控制(Maneuvering Load Control，MLC)和颤振模态控制(Flutter Mode Control，FMC)等。

(1) 放宽静稳定性。在飞机设计中，传统的设计要求保证焦点(F)在质心(cg)之后，如图 7-3 所示。这样，就可以保证飞机的纵向静稳定性，如图 7-4 所示。放宽静稳定性飞机的好处，主要是可以减小配平阻力，并由此减少燃料消耗量，增加有效航程，从而增加飞机的加速性、爬升速度与升限；同时，可以减小平尾与垂尾的面积和质量，增加有用升力，并由此增加法向加速度和飞机的机动能力。

(2) 边界控制。无边界限制的飞机，飞行员在操纵时必须非常谨慎、小心，一般倾向于远离边界，避免超出边界而发生危险。这样，一方面难以发挥飞机的机动能力，另一方面也增加了飞行员的工作负担。采用边界控制后，飞行员实现了"无忧操纵"，能够充分发挥飞机的潜力。常见的边界控制有迎角限制、侧滑角限制、过载限制、马赫数限制和空速限制。

（3）直接力控制。直接力控制是指直接改变升力、侧力而不需要先改变姿态，或者改变力矩而不影响升力、侧力(轨迹)。纵向和侧向一般都包括直接力控制、指向控制和平移控制三种模态，如图 7-5 所示。

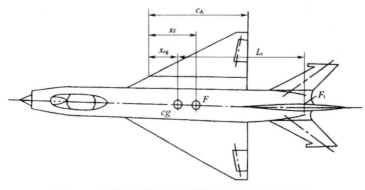

图 7-3　传统飞机设计中飞机的焦点与质心的关系

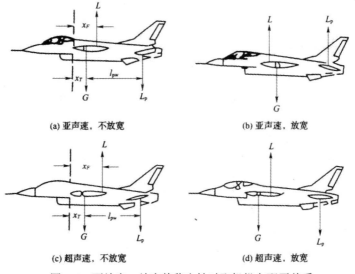

(a) 亚声速，不放宽　　　(b) 亚声速，放宽

(c) 超声速，不放宽　　　(d) 超声速，放宽

图 7-4　不放宽、放宽静稳定性时飞机纵向配平关系

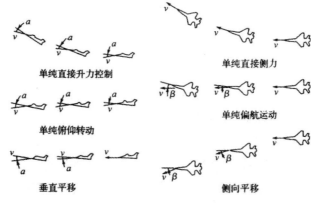

单纯直接升力控制　　　单纯直接侧力

单纯俯仰转动　　　单纯偏航运动

垂直平移　　　侧向平移

(a) 纵向非常规机动　　　(b) 侧向非常规机动

图 7-5　直接力控制的示意

直接力控制所带来的好处体现在两个方面。一是可以减少飞机着陆时的危险性，如图7-6所示。普通侧风着陆时，飞机必须侧航或者带坡度侧滑，在接近跑道时容易出现危险(见图7-6(a))；使用直接侧力可以保证机身水平、航向对正，同时抵消侧风影响(见图7-6(b))。二是可以在攻击中使用机身指向控制，提高瞄准速度，增加持续攻击时间，如图7-7所示。

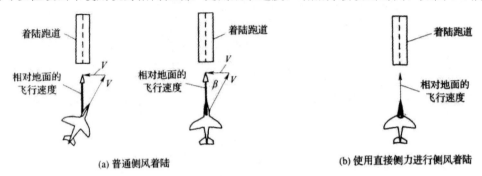

图 7-6　直接力控制减少飞机着陆危险的示意

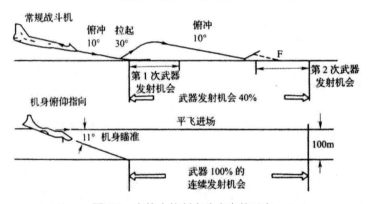

图 7-7　直接力控制在攻击中的示意

　　(4) 机动载荷控制。机动载荷控制是指根据飞机的机动状态，调节机翼的载荷分布来达到所要求的性能，如图7-8所示。例如，大型飞机如果能使机翼不同部位的控制面偏转，重新分布机翼载荷，使翼根附近载荷增加，而使翼根弯矩减小，就可以减轻机翼结构质量(见图7-8(a))；小型飞机可以通过控制机动时的升力分布来提高升阻比，进而改善机动性能(见图7-8(b))。

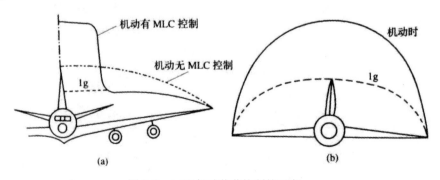

图 7-8　ACT 机动载荷控制的示意

(5) 颤振模态控制。颤振模态控制是指利用控制系统，根据颤振模态，产生相应的控制力，主动地抑制颤振，如图 7-9 所示。它的功能是感受颤振模态，产生校正反馈信号，从而产生控制力。

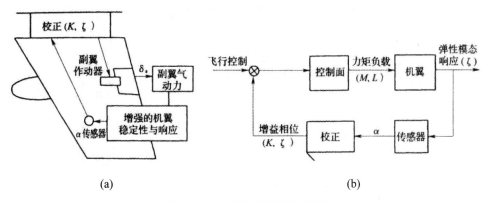

(a)　　　　　　　　　　　　　　　　　　　(b)

图 7-9　主动颤振控制机构原理

7.2.2　综合控制系统

综合控制系统(Integrated Control System，ICS)是指通过飞机各系统之间的交互协调、信息共享、自动协作等提高飞机的性能，扩展飞机的功能，增强飞机的任务能力。例如，将火力控制和飞行综合(Integrated Fire and Flight Control，IFFC)控制耦合起来，可以自动根据火力控制系统解算出的信息，向飞行控制系统提供合适的控制信号，操纵攻击机按要求的方向飞行，实现快速、精确而持续的瞄准攻击，还可以完成一些由人工无法完成的机动攻击，如图 7-10 所示。

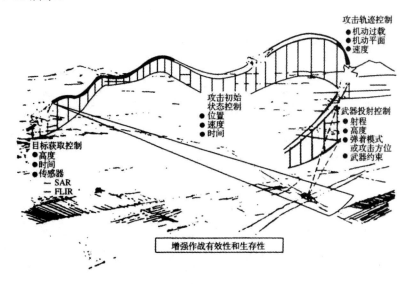

图 7-10　IFFC 空地攻击任务过程的示意

又如，将飞行和推进综合控制(Integrated Flight and Propusion Control，IFPC)耦合起来，可以增强航迹和姿态控制能力，提高飞行性能。按不同的任务要求可以快速调节推力，也可以节省燃油，增大航程，延长发动机寿命。同时，还可以与任务、导航等系统综合，实现自动、自主飞行。IFPC 导致的飞行包线扩展如图 7-11 所示。

F-22 飞机在设计的初始阶段就融入了 IFPC 概念，推进被作为飞行控制的一部分，飞行员操纵时不区别矢量推力与常规舵面，由飞行控制系统根据飞行条件协调使用矢量喷管和气动舵面，并适当调节推进系统的推力。

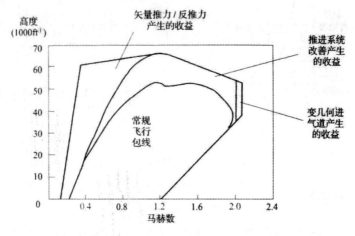

图 7-11　IFPC 导致的飞行包线扩展的示意

再如，火飞推综合控制(Integrated Fire-Flight-Propusion Control，IFFPC)可以实现多种自动、自主飞行及自动、自主攻击，目前已在很多有人驾驶飞机和无人作战飞机上得到应用。通过飞行推进综合可以构建完善的飞机运动控制系统，然后与综合火控系统耦合，根据火控攻击要求自动操纵飞机，实现自动机动攻击，如图 7-12 所示。

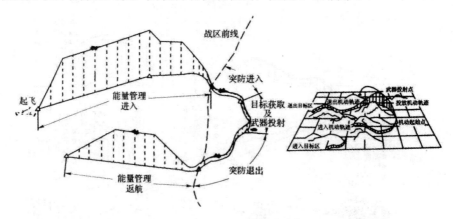

图 7-12　典型任务飞行过程和在目标区典型自动机动攻击过程的示意

综合控制系统能够自动协调控制所有飞行控制舵面及发动机工作状态，实现飞行或攻击需要用到的运动状态。结合任务、导航、战术等系统可以构建自动、自主飞行及自动、自主攻击系统，完成任务飞行的大部分工作。美国计划中的无人作战飞机(Uninhabited Combat Air Vehicle，UCAV)在与操纵员的联系被切断的情况下，可以完全自主地完成任务规划、自动飞行、目标搜索、攻击决策、机动攻击等工作，其研制水平代表了目前综合化、自动化、智能化发展的水平，也显示了未来航空武器系统的发展方向。

7.3 隐 身 技 术

7.3.1 隐身技术的一般概念

隐身技术的专业定义是：在飞机研制过程中设法降低它的可探测性，使之不容易被敌方发现、跟踪和攻击的专门技术。简言之，隐身就是使敌方的各种探测系统(如雷达等)发现不了我方的飞机，从而无法实施拦截和攻击。当前，研究的重点是雷达隐身技术和红外隐身技术。

隐身技术在飞机上的应用并不是近些年才出现的，早在第一次世界大战的时候，德国空军就曾经用透明材料制造过飞机，使地面人员难以发现它们。1912 年五六月间，有一名奥匈飞行员驾驶过一架 Etrich Taube 单翼飞机。这架飞机的机身蒙着一种称为 Emaillit 的从赛璐璐中提炼出的透明材料。根据历史资料记载，当这架飞机在 800 m 以上的空中飞行时，地面的观测员不能发现它；当它在 640 m 高的空中飞行时，观测员只能 "模糊可见"。1935 年，苏联研制出了一种名叫 Rodoid 的透明材料，它首先应用在雅克-4 飞机上。飞机的内部结构涂上了一层银白色涂料，地面的观测人员仅能听到它的声音而不能确定其位置。因此，它曾取得了小小的成功，在 800 m 之外，观测人员仅能通过透明表面看到飞机的白色构件。

但是，隐身技术真正得到重视是在雷达发明以后。第二次世界大战中，美国和德国都曾把几种雷达波吸收材料应用到飞机上，使雷达难以发现它们。1945 年，美国研制出了一种吸收雷达波的涂料，代号为 MX-40，据说使用效果很好。但是这种涂料用到飞机上后，飞机的质量大大增加，严重影响了飞机的性能。

第二次世界大战以后，各国都把隐身技术视为绝密军事技术。在美国，它被视为与核技术、星球大战计划并列的国防三大高技术之一；在苏联，它也被列为最高机密，至今没有透露它的内容。20 世纪 80 年代末，美国开始向外界公开一些隐身计划的内容，世人这才对它有了一点了解。现在，人们都已对美国的全隐身飞机 F-117 战斗轰炸机，以及 B-2 战略轰炸机非常熟悉了。其实，在这之前，美国已经在其他一些飞机上运用了隐身技术，如 U-2 高空侦察机、TR-1 高空侦察机、SB-71 高空侦察机和 B-1B 战略轰炸机。

真正的全隐身飞机是美国现在已经投入使用的 F-117A 战斗轰炸机，以及 B-2 战略轰炸机。从 20 世纪 70 年代初到 1988 年，F-117A 战斗轰炸机对于军事分析家们来说一直是一个谜。一些专家发现，在美国战斗机序列里有 F-16 飞机、F-18 飞机和 F-20 飞机，唯独没有 F-17 飞机和 F-19 飞机，于是猜测 F-17 飞机和 F-19 飞机就是神秘的隐身飞机。

1988 年 11 月，美国军方宣布了长期处于保密状态的最新式战斗轰炸机 F-117A 飞机和战略轰炸机 B-2 飞机的有关资料，人们才明白隐身飞机的内情。被怀疑的 F-19 飞机就是 F-117A 战斗轰炸机，是 1978 年由美国卡特政府批准研制的隐身战斗机。1981 年，第一架原型机开始试飞，1983 年 10 月装备军队。

B-2 战略轰炸机是由美国诺斯普罗公司研制的一种全隐身战略轰炸机，采用了新型的飞翼气动外形，也就是一种没有平尾、翼身融合的布局形式，整个飞机的外形呈光滑曲线，以求达到最佳的隐身效果。B-2 战略轰炸机除了飞翼布局外，还大量采用了石墨碳纤维材料、锯齿状雷达散射结构、蜂窝状雷达吸波结构、雷达吸波材料涂层，进一步缩小了雷达反射截面积。据称， B-2A 战略轰炸机在正常探测距离下的雷达反射截面积与一只小鸟相当。它的所有燃料和武器系统全部设计在机体内，因而外形异常"干净"；机体使用了隐身材料，有些部位还涂有吸波材料。这一切，都有效地实现了良好的隐身性能。

7.3.2　隐身技术原理

在现代战争中，探测飞机最主要的手段就是雷达。雷达是利用无线电波发现目标，并测定其位置的设备。由于无线电波具有恒速、定向传播的规律，所以当雷达波碰到飞行目标(飞机、导弹等)时，一部分雷达波便会反射回来，根据反射雷达波的时间和方位便可以计算出飞行目标的位置。

由此可见，飞机要想不被雷达发现，除了超低空飞行避开雷达波的探测范围外，就得想办法降低对雷达波的反射，使反射雷达波弱到敌方无法辨别的程度。雷达散射截面积(Radar Cross-Section，RCS)是一个衡量飞行器雷达回波强弱的物理量，是飞行器对雷达波的有效反射面积，雷达隐身的方法便是采用各种手段来减小飞行器的雷达散射截面积。例如，美国的 B-52 轰炸机的 RCS 大于 100 m^2，很容易被雷达发现；而与其同类的采用了隐身技术的 B-2 轰炸机的 RCS 约为 0.1 m^2，一般雷达很难探测到它。

关于 RCS，需要明确两点。一是所说的"反射"一词，其实是一个简化的概念。雷达发出的能量并不会像皮球撞上墙那样反弹回来，而是从目标中感应出电磁流，通过这些电磁流的流动，又产生出电磁波，正是这个电磁波被雷达看作反射的回波。由此也可以看出，不导电的非金属物体是不会反射雷达波的。二是对于一个目标(如一架飞机)，它的雷达散射截面积并不是固定的，而是随着观测角度的变化，可能会有很大的变化，如图 7-13 所示。

广义上说，雷达隐身技术包括电子干扰技术、战术机动飞行(如超低空突防)和减小飞行器雷达回波强度的雷达散射截面积减缩技术。目前，降低雷达散射截面积的主要技术途径有：第一，改变飞行器的外形和结构，避免设计出在雷达方向上产生强

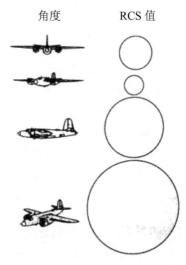

角度　　　　　　RCS 值

图 7-13　RCS 随角度变化的示意

反射的外形；第二，使用非金属材料；第三，采用吸收雷达波的涂敷材料和结构材料；第四，遮掩或消除剩余的反射。另外，采用阻抗加载技术也可以适当减小雷达散射截面积。

一般来说，飞机上的强散射源主要有能产生镜面反射的表面、产生角反射器效应的部位、飞机各部件的边缘和尖端、机体上的凸出物和外挂物、发动机的进气道和尾喷口。当然，除此之外，像一般机载雷达的天线、飞机表面的缝隙和开口、金属和非金属表面的交接处等，也都会形成一定强度的散射。因此，减缩雷达散射截面积的措施有如下几项：

(1) 改善飞机的总体布局。图 7-14 是相关飞机的外形尺寸与雷达散射截面积的示意图。对于隐身飞机而言，显然以飞翼的形式或近似于飞翼的形式最为有利，如 B-2 战略轰炸机。

这种飞机不仅没有单独的机身，甚至取消了尾翼。随着机体部件的减少，整个飞机的强散射源必然大为减少。除此以外，还要注意在机体表面尽量避免凸起、凹陷、缝隙和台阶，使飞机表面尽量光滑和"干净"，使飞机上的散射源减少到最低限度。

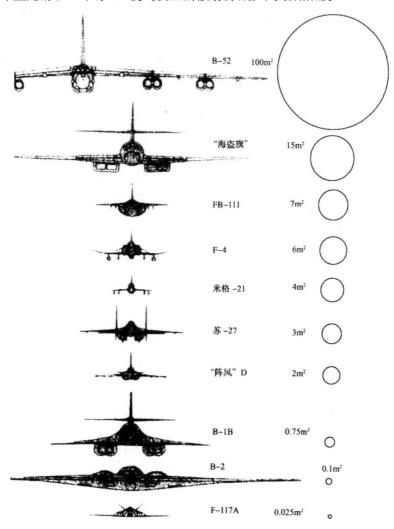

图 7-14　飞机外形尺寸与雷达散射截面积的示意

(2) 采用小的展弦比和适当的后掠角机翼。从测试和计算得知，三角形机翼比一般大展弦比的直机翼的雷达散射截面积要小得多。

(3) 消除和避免产生角反射器效应。例如，在机翼和机身的连接处会产生二面角反射的情况，应该采用翼身融合体将其消除；垂直尾翼与水平尾翼(或机翼)也构成了二面角，也需要采用双垂尾使其向内(或向外)倾斜。

(4) 对强散射源进行遮挡。飞机上有一些强散射源是无法避免的。例如，发动机进气道口和尾喷口、飞行员的座舱等都是强散射源，又都是飞机所必需的。因此，需要考虑利用飞机机体的其他部件对它们进行遮挡，使雷达波在飞机的主要姿态角上不能直接照射到这些强散射源上。如 F-117 战斗轰炸机的进气道安置在背部，并且进气道和尾喷口都采用了具有屏蔽作用的格栅式设计。座舱的散射波则是由于雷达波透过玻璃座舱盖，照射在杂乱的座舱内部而产生的。防止这种情况发生的办法之一，就是在玻璃座舱盖上镀一层很薄的金属膜，使座舱盖和机体形成一个连续导体，遮挡住座舱内部。

(5) 控制回波的方向。一般来说，地面雷达和机载雷达的探测角大都处于飞机轴平面的正负 30° 范围之内，应该避免在这个范围内出现强反射。例如，F-117A 战斗轰炸机大部分表面的倾角都设计成大于 30°，可以将雷达波偏转出去，而避开散射源。F-117A 战斗轰炸机的机身表面和转折处的设计可以使反射波变为集中于水平面内的几个窄波束，而不是像常规飞机那样全向散射。这样，就能使两波束之间的"微弱信号"与背景噪声难以区别。

(6) 取消外挂物。取消外挂物是将武器等收藏到机身(或机翼)内部，尽量保证飞机有"干净"的外形。

除了雷达隐身之外，飞机躲避红外线、光学、声学探测的能力也很重要。实战中，不是单独用一种方法就能保证隐身飞机具有躲避探测的能力。需要适当综合应用雷达、红外线、可见光与声学信号的减弱技术，借助主动和被动电子对抗，才能做到完善的隐身。

7.3.3　反隐身技术

目前，隐身技术发展很快，美国在发展隐身飞机的同时，也正在着手研制隐身导弹。美国在已经投入使用的巡航导弹身上，大量地采用了隐身技术。例如，"战斧"巡航导弹的雷达散射截面积就很小，而且发动机产生的红外辐射也很小。随着隐身技术的发展，反隐身技术也在发展，正所谓有矛就有盾。当前常用的反隐身技术有以下几种：

(1) 合理地部署雷达网。这是因为无论怎样改变飞行器的外形，都不可能使飞行器在所有方向上反射的雷达波都很弱。因此，采用雷达网从多方位同时探测多个目标，有可能收到良好的效果。

(2) 增加雷达储备功率。在探测隐身目标时，动用雷达储备功率，这样对隐身飞行器的探测距离可以增大一些。

(3) 采用过低或过高频率的雷达。这是因为隐身涂料和非金属材料的隐身效果与雷达工作的频率有关，当采用过高或过低频率的雷达时，隐身材料的隐身效果将会降低，有利于探测到目标。

(4) 使用被动跟踪、定位系统。对于发射电磁波的隐身飞行器，可以采用单站被动式雷达定向、多站雷达系统定位。

(5) 采用激光或电视技术。隐身技术主要是针对无线电波和红外线采取隐身措施，它们对可见光没有明显的隐身效果，可以采用激光、电视技术对付它。

7.4　系 统 工 程

目前，系统工程尚没有完全统一的定义，一般倾向于这样的说法：系统工程是以大规模复杂系统为研究对象的一门交叉学科。系统工程把自然科学和社会科学的某些思想、理论、方法、策略和手段等，根据总体协调的需要而有机地联系起来，把人们的生产、科研或经济活动有效地组织起来，应用定量分析和定性分析相结合的方法和计算机仿真等工具，对系统的构成要素、组织结构、信息交换和反馈控制等功能进行分析、设计、制造和服务，从而达到最优设计、最优控制和最优管理的目的，以便最充分地发挥人力、物力的潜力，通过各种组织管理技术，使局部和整体之间的关系协调配合，以实现系统的综合最优化。

一般来说，系统工程是建立在一般系统论、大系统理论、经济控制论和运筹学的理论基础之上的。可以根据军用飞行器的特点，对飞行器概念设计和决策方面的系统工程问题进行初步的了解。例如，现代飞行器设计中所涉及的主要概念及关系如图 7-15 所示。

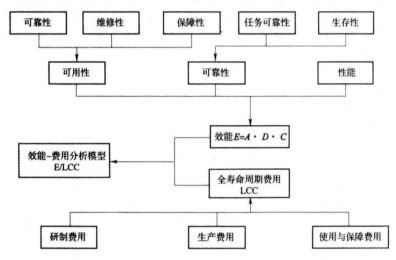

图 7-15　现代飞行器设计中所涉及的主要概念及其关系

7.4.1　飞行器的可用性

(1) 可靠性(Reliability)。可靠性指系统在规定的条件下和规定的时间内，无故障完成规定功能的能力。它是系统的设计特性，主要考虑在平时的自然环境下可能出现的所有故障的影响，用于度量系统无需保障的工作能力。可靠性的概率度量为可靠度，常用的可靠度指标是平均无故障工作时间(MTBF)。MTBF 是指相邻两次故障之间的平均工作时间。同时也泛指在总的使用阶段累计工作时间与故障次数的比值。对于飞行器系统来说，还可以用平均故障间隔飞行小时(MFHBF)来度量。

(2) 维修性(Maintainability)。维修性指在规定的条件下和规定的时间内，对系统按规定的程序和方法进行维修时，保持或恢复其规定状态的能力。它是可靠性的重要补充，指的是系统维修的难易程度，是设计决定的质量特性。维修性的概率度量为维修度，常用的维修度指标是平均修复时间(MTTR)，指的是使系统由故障状态修复到具有完成规定功能状态所需时间的平均值)，以及每飞行小时维修工时(MMH/FH)和维修工时率(M_1)。

(3) 保障性(Supportability)。保障性指系统的设计特性和计划的保障资源，满足平时和战时使用要求的能力。保障性包含了两个不同性质的内容，也就是设计特性和保障资源。这里的设计特性是指与保障有关的设计特性，如与可靠性和维修性等有关的，以及保障资源要求系统具有的设计特性。而保障资源本身并不是设计特性，它是保障系统平时和战时使用的人力和物力。因此，保障性可以说是可靠性、维修性和保障条件的函数。由于装备各不相同，保障性的度量比较复杂，主要有保障性资源参数、保障性设计参数和保障性综合参数三种。每种参数可以用许多指标衡量，其中对飞机武器系统较常用的参数有再次出动准备时间(TAT)和平均后勤延误时间(MLDT)。

(4) 可用性(Availability)。可用性指系统在任一随机时刻需要和开始执行任务时，处于可工作或可使用状态的程度。它是将飞机系统可靠性、维修性、保障性变换成效能时的一个综合参数，表征了系统的这样一个特性：在规定的条件下，当需要的时候，系统是否可以用。也就是说，可用性是系统在任一时刻投入战斗的能力，是影响系统作战能力的主要特征，它的概率度量称为可用度。根据相关文献，可用度按时间可以分为瞬时可用度、平均可用度、稳态可用度三种。其中，稳态可用度又分为固有可用度、可达可用度和使用可用度。

固有可用度的计算式为

$$A_1 = \frac{\text{MTBF}}{\text{MTBF} + \text{MTTR}} \tag{7-1}$$

可达可用度的计算式为

$$A_a = \frac{T_0}{T_0 + T_{\text{CM}} + T_{\text{PM}}} \tag{7-2}$$

式中，T_0 为工作时间，h；T_{CM} 为修复性维修时间，h；T_{PM} 为预防性维修时间，h。

使用可用度的计算式为

$$A_0 = \frac{\text{MTBF}}{\text{MTBF} + \text{MTTR} + \text{MLDT}} \tag{7-3}$$

此外，常用的还有飞机出动架次率(SGR)和任务成功率(MCR)。如果从飞行器系统的整个服役期着眼，单纯的可靠性设计是不完善的，必须同时考虑它的维修性和保障性。维修性是可靠性必须的重要补充，而保障性则通过与可靠性、维修性的综合，保证了飞行器系统的设计特性与现有的或要求的保障资源完美地结合起来。三者相辅相成，使飞行器系统的可用性与战略完好性能达到最佳的状态。从使用可用度的计算式(7-3)也不难看出，可用性是影响系统作战能力的主要特性，它把系统的可靠性、维修性和保障性综合起来，是确定系统可靠性、维修性、保障性参数，并对这些参数进行权衡分析的重要依据。

图 7-16 是 TAT、MTTR、MTBF 和 SGR 的关系曲线。从图中不难看出，当提高了可靠性(MTBF 升高)、维修性(MTTR 降低)和保障性(TAT 降低)时，飞行器的出动架次率(SGR)显著提高。可用性与飞机作战效能的关系曲线如图 7-17 所示。

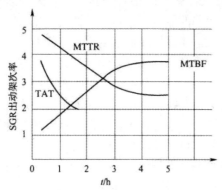

图 7-16 TAT、MTTR、MTBF 和 SGR 的关系曲线

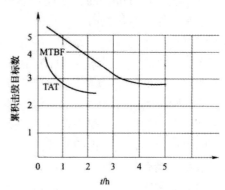

图 7-17 可用性与飞机作战效能的关系曲线

7.4.2　飞行器的可信性

(1) 任务可靠性(Reliability)。任务可靠性指系统在规定的任务剖面内完成规定功能的能力。它反映了系统对任务成功性的要求，是在平时的自然环境中和战时的敌对环境中，不考虑人为敌对因素仅考虑导致任务失败的故障的情况下系统完成任务的能力。它的概率度量为任务可靠度(MR)，常用的还有任务中断(BR)等。

(2) 生存性(Survivability)。生存性指飞行器系统避开或承受人为敌对环境的能力，也就是飞行器在敌对环境下作战时能避免被敌方发现，或虽然被敌方发现但能避开其攻击，或虽然受到攻击并被击中但能承受这一攻击，并能够保持一定飞行状态的能力。

生存性又包括敏感性、易损性和战伤修复特性等主要概念。敏感性是系统不能避免被敌方发现或击中的可能性；易损性是系统被击中后不能承受这个攻击而被杀伤的可能性；战伤修复特性是飞行器在作战过程中受损后能够快速地修复、恢复其战斗力的特性。经常所说的隐身问题就是敏感性中的一个关键问题，相比较而言，目前对易损性和战伤修复特性的重视还不够。但要达到完全的隐身是非常困难的，代价也是非常大的，而对易损性的减缩同样能够增强飞行器系统的生存能力。

海湾战争中，美国空军的飞机共出动了 3020 架次，有 38 架战伤严重的飞机飞回基地，其中有 4 架 F/A-18 飞机和 3 架 A-10 飞机是直接被导弹击中的，这是单纯的敏感性减缩无法实现的，因此，应该从生存性的角度对敏感性和易损性加以全面的综合考虑。生存性的概率度量称为生存力(P_s)，常用的还有易损面积(A_v)等度量指标。

(3) 可信性(Dependability)。可信性指整个任务期间，飞行器系统持续工作的能力。它综合了飞行器的生存性及任务可靠性，是反映系统实战能力的重要特性。前面说的飞行器的可用性是指在纯自然环境中(无人为敌对威胁)正常使用时，飞行器处于可以执行任务状态的能力，评估的是系统的质量特性及设计特性。而可信性则是指系统在自然环境中的状态良好的情况下，由于执行作战任务，受到人为的敌对威胁，可能出现由于人为威胁所致的故障或杀伤时，其执行各项功能的能力。可信性的好坏直接受到飞行器生存性及其任务可靠性的影响，是这两者的函数。它的概率度量是可信度。

7.4.3　飞行器的能力

能力是指飞行器在自然使用环境及敌对环境下均正常连续工作时，能否完成任务(如摧毁目标)。它给出的是理想任务状态下可能的结果，代表系统纯粹的作战能力。它受到系统的机动性、武器的精度、作用距离、杀伤力，以及其他设备的性能影响。

7.4.4　飞行器的有效性

飞行器系统的有效性是其可用性、可信性及性能的综合反映，是系统实战能力的最终量度。有效性可以写成 $E = A \cdot D \cdot C$，式中的 E 为系统效能；A 为系统可用度在任务开始时的矢量阵，$A = \{a_i, i = 1, 2, \cdots, n\}$，$a_i$ 为任务开始时系统处于 i 状态的概率，n 为系统可能的状态数；$D = \{d_{ij}, i, j = 1, 2, \cdots, n\}$，为系统可信度在某一时间间隔内的条件概率矩阵，$d_{ij}$ 为系统在任务开始时处于 i 状态，在预期的时间间隔内处于 j 状态的概率；$C = \{c_j, j = 1, 2, \cdots, n\}$，为性能，也就是系统在给定的状态下完成任务要求的概率阵，c_j 为系统处于 j 状态时满足任务要求的概率。正如前面所说的，飞行器的可用性、可信性和能力是在作战任务的不同环境及不同时期中起作用的，三者互相依托。如果可用性不高，则在任务初期就只有很低的出动架次率，那么成功完成任务的可能性显然就很小。类似的，可用性高但可信性不高，或者可用性、可信性均高而能力不高等，都会对任务的完成有很大的影响。

　　可用性是影响系统有效性的主要因素，它保证了己方随时具备足够战斗力(飞行器数目)，并在这个基础上取得应有的战果。图 7-16 有效地说明了这一点，图 7-17 更是直接地从累积击毁目标数与 TAT、MTTR、MTBF 的关系曲线反映出这一关系。由图 7-17 可见，随着可靠性、维修性及保障性的提高(MTBF 升高，TAT 与 MTTR 降低)，累积击毁目标数显著提高。

　　飞行器的可信性(即生存性与任务可靠性)也是影响系统有效性的主要因素。因为如果飞行器先于目标被击毁或中断任务，就不能完成战斗任务，当然不会是有效的武器系统。而且，如果飞行器在完成任务后能安全返航，从而直接或经修理后执行下一任务，对战斗力的保持也是很关键的。图 7-18 是可信性与效能的关系曲线。图中给出了在有无战伤修理和是否考虑生存性设计的情况下，72 架飞机经 10 天战斗后的可作战飞机数。从图中可知，损失率由 2% 降到 1%，可用飞机数将增加 1.3 倍。

　　能力对有效性有最直接的影响。能力直接决定了能否完成作战任务，如果可用性与可信性均较高但能力不好，那么作战飞行就无疑成了战地旅游。

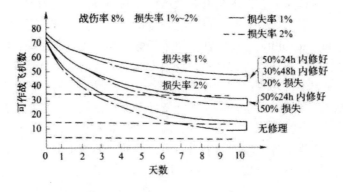

图 7-18　可信性与效能的关系曲线

7.4.5　飞行器的寿命周期费用

　　费用问题是飞行器设计和使用中的一个很重要的因素。随着设计技术与设计要求的提高，各项费用均大幅度提高。费用，或者说是飞行器系统的全寿命周期费用，是指在系统的寿命周期内为系统的论证、研制、生产、使用与保障，以及直到退役所付出的一切费用之和。由于论证与退役费用所占比例很小，在效费分析时可以略去不计。

　　研制费用又称研究设计和发展费用，也就是从系统立项到系统研制完成(定型、生产)所需费用之和；生产费用指系统投入批量生产后所需的重复性和非重复性生产费用，以及其他生产阶段所需费用之和；使用与保障费用是系统投入使用后所需的使用费用和维修保障费用之和，在全寿命周期费用(LCC)中所占的比例最大(约为 60%)，并以每年的 3% 的速率持续增长。图 7-19 是研制、生产、使用与保障费用在全寿命周期费用(LCC)中所占的比例关系图。

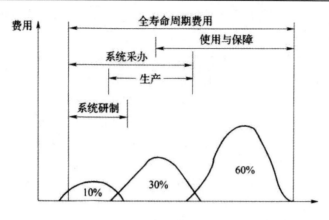

图 7-19　寿命周期费用的比例关系

7.5　微机电系统

7.5.1　微机电系统概述

微机电系统(Micro Electron Mechanic System，MEMS)就是利用制造技术，将机械零件、传感器、作动器与电子元器件集成到一个共用的硅片上，集微传感器、微执行器、微机械结构、微电源、微能源、信号处理和控制电路、高性能电子集成器件、接口、通信等于一体的微型器件或独立的智能系统。

MEMS 具有以下几个基本特点：

(1) 微型化。MEMS 器件体积小、重量轻、耗能低、惯性小、谐振频率高、响应时间短。

(2) 以硅为主要材料，机械电气性能优良。硅的强度、硬度和杨氏模量与铁相当，密度类似铝，热传导率接近钼和钨。

(3) 批量生产。用硅微加工工艺在一片硅片上可同时制造成百上千个微型机电装置或完整的 MEMS。批量生产可大大降低生产成本。

(4) 集成化。可以把不同功能、不同敏感方向或致动方向的多个传感器或执行器集成于一体，形成微传感器阵列、微执行器阵列，甚至把多种功能的器件集成在一起，形成复杂的微系统。微传感器、微执行器和微电子器件的集成可制造出可靠性、稳定性很高的 MEMS。

(5) 多学科交叉。MEMS 涉及电子、机械、材料、制造、信息与自动控制、物理、化学和生物等多种学科，并集合了当今科学技术发展的许多尖端成果。

7.5.2　MEMS 在航空领域的应用

MEMS 在航空领域最常见的应用是各种 MEMS 传感器，它们具有不同的特点，适应不同的场合。

1. MEMS 传感器介绍

MEMS 传感器是采用微电子和微机械加工技术制造出来的新型传感器。与传统的传感器相比，MEMS 传感器具有体积小、重量轻、成本低、可靠性高、适于批量化生产、易于集成和实现智能化的特点。同时，微米量级的特征尺寸使得它可以完成某些传统机械传感器所不能实现的功能。

(1) MEMS 压力传感器。压力传感器在飞行器飞行、发动机测试、结构强度检测、风洞试验、飞行器试飞以及设备的设计制造过程中应用十分普遍。压力测试的特点是被测压力种类多且范围广、测试点多、测量要求精度高。微机械压力传感器是最早开始研制的微机械产品，也是微机械技术中最成熟、最早开始产业化的产品。MEMS 压力传感器的先进特性有：用于绝对压力检测的封闭真空腔、集成的遥测接口、闭环控制、对污染物不敏感、在恶劣环境或高温条件下可使用非硅薄膜材料(如陶瓷、金刚石)。

压力传感器可分为压阻式和电容式两种。压阻式传感器具有较高的测量精度，较低的功耗，极低的成本。惠斯顿电桥的压阻式传感器，如无压力变化，其输出为零，几乎不耗电。电容式压力传感器属于极距变化型电容式传感器，可分为单电容式压力传感器和差动电容式压力传感器。电容式压力传感器主要由参考电容、敏感电容以及电子电路组成。参考电容容值不变，敏感电容容值在被测压力作用下发生改变，通过测量电路即可输出与被测压力成一定关系的电信号。根据输出信号，可得到被测压力值。

(2) MEMS 加速度传感器。MEMS 加速度传感器主要有压阻式加速度传感器、压电式速度计和电容式加速度计。

① 压阻式加速度传感器。该传感器具有体积小、低功耗等特点，易于集成在各种模拟和数字电路中。

② 压电式加速度传感器。该传感器又称压电式加速度计，也属于惯性式传感器。压电式加速度传感器的原理是利用压电陶瓷或石英晶体的压电效应，在加速度计受振时，质量块加在压电元件上的力也随之变化，当被测振动频率远低于加速度计的固有频率时，力的变化与被测加速度成正比。

③ 电容式加速度传感器。该传感器是基于电容原理的极距变化型的电容传感器。

除了以上介绍的三种加速度传感器外，还有谐振式加速度传感器、热电偶式加速度传感器等。谐振式加速度传感器输出准数字量，可直接用于复杂的数字电路，免去了其他类型传感器在信号传递方面的诸多不便；热电偶式加速度传感器多应用于低成本的传感器领域，既可以测量动态加速度，也可以测量静态加速度。

(3) MEMS 陀螺仪。陀螺仪是指用高速回转体的动量矩敏感壳体相对惯性空间绕正交于自转轴的一个或两个轴的角运动检测装置。利用其他原理制成的角运动检测装置起同样功能的也称陀螺仪。陀螺仪的种类很多，按用途，它可以分为传感陀螺仪和指示陀螺仪。传感陀螺仪用于飞行器运动的自动控制系统中，作为水平、垂直、俯仰、航向和角速度传感器。指示陀螺仪主要用于飞行状态的指示，作为驾驶和领航仪表使用。按结构，陀螺仪可分为压电陀螺仪、微机械陀螺仪、光纤陀螺仪和激光陀螺仪，它们都是电子式的，并且可以和加速度传感器、磁阻芯片、GPS 做成惯性导航控制系统。

除了上面介绍的集中传感器外，还有流量传感器、气体传感器、温度传感器等。

2. MEMS 在航空领域的发展

MEMS 传感器具有的独特优势，使其在航空领域得到广泛应用。美国空军早在 20 世纪末就展开了 MEMS 传感器在飞机上应用的可行性研究，并进行了大量的地面和空中实验。2004 年，北大西洋公约组织(NATO)就针对 MEMS 技术在航空航天中的应用开展了一系列研究。随着现代微机电系统的飞速发展，硅微陀螺(俗称芯片陀螺)的研制工作进展很快，美国已开始小量生产由硅微陀螺和硅加速度计构成的微型惯性测量装置，其成本低、功耗低及体积小、重量轻的特点使其最先应用于战术导弹和无人机上。

早在 JSF 战斗机研制的初期，洛克希德·马丁公司就着手研究 MEMS 技术在军用飞机上应用的可行性，同时考虑在现役的 F16 战斗机中采用 MEMS 技术。据报道，JSF 战斗机的智能轮胎内嵌入了 MEMS 轮胎压力传感器，可以对轮胎的膨胀压力和温度进行感应和传输，并跟踪轮胎序列号，帮助监控轮胎寿命。美国海军的 H-46 型直升机将 MEMS 传感器嵌入轮胎内部，使维修停飞期缩短了 50%，故障减少了 30%，每年节约维修费用 6000 万美元。采用 MEMS 技术将机电系统的状态检测设计成分布式结构，可以大大降低系统的复杂程度，并增加系统的灵活性和可靠性。

波音公司研制了基于 MEMS 技术的压力带，用于飞行载荷检测。压力带采用模块化、多芯片模块(MCM)的设计思路，将整个压力带分成若干个段，可以有 127 个段，每段有一个包含 6 个压力传感器的智能模块。智能模块包含有敏感部分，对应信号调节和处理电路、校准机构和通信接口。压力带首先用在波音 757-300 飞机上，对飞机的起落架性能进行检测，之后又用于测量飞机机翼表面的空气动力分布。利用 MEMS 技术研制的压力带，可提高安装效率 5 倍，提高精度 10 倍。压力带样机在波音 757-300、737-BBJ、767-400 和 F-18E 飞机上进行了充分的飞行试验，并在 737-900 飞机上进行了产品的飞行试验。

目前，MEMS 传感器在航空领域的应用主要包括阻力感知和控制、检测和控制、飞机结构和发动机健康状态监控、惯性导航、监视和跟踪目标、使用智能墙纸进行噪声抑制等。

7.5.3 MEMS 在微纳卫星领域的应用

微电子技术的发展，特别是近年来以微型机电系统(MEMS)和微型光机电系统(MOEMS)为代表的微米、纳米技术的发展，使微型卫星、纳卫星和皮卫星等微小卫星的实现成为可能。MEMS 加工技术本身的特点，使 MEMS 器件很容易将传感器、执行器及控制电路集成在硅基底上，极大地减少了系统的组件个数，使卫星的体积和重量大大减小。纳型、皮型卫星是以 MEMS 技术和由数个 MEMS 组成的专用集成微型仪器 ASM 为基础的一种具有全新概念的卫星，是 MEMS 应用于航天领域的重要成果。

纳型、皮型卫星及其星座和编队飞行的发展同时给星上推进、姿控、电源等系统提出了包括体积、质量、功耗、成本和可靠性等在内的更高的要求。按照传统加工方法已无法使推进系统和星务管理、电源等系统在保证功能的同时达到纳型、皮型卫星或者将来更小型卫星的质量、体积和功耗要求。只有采用 MEMS 技术，使卫星分系统和部件微型化，再使这些分系统和部件高度集成，研制出有较强功能的微型卫星，然后再发展分布式空间系统结构，才能最终实现超小型的纳米卫星。基于 MEMS 技术的微型元器件以及微型姿控、推进分系统就是以此为契机迅速发展起来的。

(1) 微推进系统。为满足微型、纳型卫星的发展，必然要求有与其相适应的微推进技术，除对小冲量和小推力的要求更为苛刻外，还包括对重量、体积和功率等的苛刻要求。利用 MEMS 加工技术，能将推进系统的贮箱、喷嘴、阀门、推进剂进给系统甚至控制电路都集成在一个或几个硅片上，再通过装配技术将这些 MEMS 器件组装在一起，形成功能完善、稳定性高的集成微推进系统。现在比较适用于微小卫星的推进技术是数字阵列微推力器和微压力传感器。

(2) 微惯性测量组合。通过集成三轴 MEMS 陀螺和加速度计，构成一个结构灵巧、价格便宜的惯性测量器件，可取代传统的惯性装置，用于姿态调节。我国清华大学研制的 NS-1 试验了新型 MIMU 装置，它拥有 3 个陀螺，可以精确测量卫星的运动轨迹，短期精度比较高，主要用于三轴稳定姿态控制。MIMU 对卫星的机动能力有重大意义，结合液氨微推进技术，可以使小卫星具有很强的精确变轨能力。

(3) 海量数据存储。在硅片上制造的基于并行原子力分辨率的数据存储系统，将显著降低存储系统的尺寸、重量、存取等待时间、失效率和成本，且存储数据量大，存储密度达到 $1 \sim 100 \, \text{Gb/cm}^2$，远远高于目前的磁存储和光存储。

(4) 微型高能能源。目前开发的微型能源有太阳能电池、燃料电池和新型电池。微型能源可以突破成本和重量的限制，提供高能动力保障，其能量密度要比现有的最好电池高出几十倍。微蓄电池的开发也在微能源的研究中占有重要地位，目前，实际使用中以锂电池居多。锂电池有较高的比能量($100 \sim 200 \, \text{A·h/kg}$)和优良的循环使用性能。利用各种沉积技术，可以制成各种二维形状的电池，能够方便地与微机电器件集成在一起，或者利用集成电路的制造工艺，大批量单独制造或是与集成电路同时制造微型锂蓄电池。

(5) 热控。在空间运行的卫星约有一半时间受到太阳光直射，剩余时间处在地球的阴影中。卫星周期性地受到照射(高温)和进入阴影(低温)，若不采取适当的措施，会影响到卫星的正常工作和寿命。德克萨斯仪器公司开发的微镜的薄窗板覆盖卫星表面，对卫星实行热量或温度控制。窗板由硅衬底上的制动柱和铰链支撑，其铝金属的盖反射热和光，硅衬底表面涂有高辐射率的材料。当需将热量从卫星散走时，电动铰链打开面对太阳的窗板，露出高辐射率的涂层。因为硅对红外线透明，所以在涂层下的热源会向外辐射红外线，使仪器温度下降。也可在硅衬底表面腐蚀出小沟道，然后用薄膜封住形成小管道，将甲醇泵进这些小管道，将热量从卫星的一处带到另一处。

总体而言，在航空航天领域，MEMS 主要有五种用途：① 提供有关航空、航天器的工作信息，进行故障诊断；② 判断各分系统的工作协调性，验证设计方案；③ 提供全系统自检所需信息，给指挥员提供决策依据；④ 提供各分系统以及整机内部检测参数，验证设计的正确性；⑤ 检测飞行器内外部环境，为飞行员提供所需生存条件，保证正常飞行参数。

MEMS 技术是一种多学科交叉的前沿高新技术，随着其在航空、航天领域的应用发展，MEMS 技术将展现出更多的优势，未来将在航空、航天领域得到更广泛的应用。

思考题与习题

一、选择题

1. _____，美国国家工程科学院将 CAD/CAM 技术评为当代的十项最杰出的工程技术成就之一。

A. 1959 年　　　　　B. 1969 年　　　　　C. 1979 年　　　　D. 1989 年

2. _____是一个集 CAD、CAE 和 CAM 于一体的机械工程辅助系统，适用于航空航天器、汽车、通用机械以及模具等的设计、分析和制造工程。

A. Pro/Engineer　　　　B. Unigraphics(UG)　　C. SolidWorks　　D. AutoCAD

3. 主动控制技术是由_____率先提出的一种飞行器设计和控制技术。

A. 英国　　　　　　　　B. 德国　　　　　　　C. 美国　　　　　D. 法国

4. 综合控制技术(ICS)是指通过飞机各系统之间的_____等提高飞机的性能，扩展飞机的功能，增强飞机的任务能力。

A. 延长寿命　　　　　　B. 交互协调　　　　　C. 信息共享　　　D. 自动协作

5. _____是指系统在任一随机时刻需要和开始执行任务时，处于可工作或可使用状态的程度。

A. 可靠性　　　　　　　B. 维修性　　　　　　C. 保障性　　　　D. 可用性

6. _____是指整个任务期间，飞行器系统持续工作的能力。

A. 任务可靠性　　　　　B. 可信性　　　　　　C. 生存性　　　　D 有效性

二、填空题

1. 计算机辅助设计及制造(CAD/CAM)技术，产生于 20 世纪 50 年代后期发达国家的(　　)和(　　)工业中，随着计算机软硬件技术和计算机图形学技术的发展而迅速发展起来。

2. CAD/CAM 技术及其应用领域随着全球工业的发展而不断发展，CAD/CAM 所基于的几何模型也不断推陈出新，从最早的(　　)模型发展到(　　)模型和(　　)模型；从(　　)技术到(　　)技术和(　　)技术，每一种新技术的出现都会大大促进 CAD 技术的发展。

3. 主动控制技术的设计方法则是把飞行控制系统提高到和(　　)、(　　)、(　　)三大因素同等重要的地位，成为选型必须考虑的四大因素之一，并起积极的作用。

4. 1988 年 11 月，美国军方宣布了长期处于保密状态的最新式(　　)飞机和(　　)飞机的有关资料，人们才明白隐身飞机的内情。

5. 广义上说，雷达隐身技术包括(　　)、(　　)和减小飞行器雷达回波强度的(　　)。

6. (　　)受到系统的机动性、武器的精度、作用距离、杀伤力，以及其他设备的性能影响。

7. 飞行器系统的(　　)是其可用性、可信性及性能的综合反映，是系统实战能力的最终量度。

8. 飞行器的(　　)、(　　)和(　　)是在作战任务的不同环境及不同时期中起作用的，三者互相依托。

三、问答题

1. 常用的 CAD/CAM 软件有哪些？这些软件各有什么特点？

2. 什么是飞行器主动控制技术(ACT)？ACT 对飞行器设计的影响是什么？

3. ACT 有哪些功能？这些功能会给飞行器设计带来什么好处？

4. 综合控制技术有哪些种类？它们的主要作用是什么？

5. 什么是隐身技术？当前隐身技术研究的重点是什么？

6. 飞机上的强散射源主要有哪些？减缩雷达散射截面积的措施有哪些？

7. 当前常用的反隐身技术有哪些？

8. 系统工程的一般定义是什么？它建立在哪些理论基础之上？

主要参考文献

[1]　何庆芝. 航空航天概论[M]. 北京：北京航空航天大学出版社，1997.

[2]　宋静波. 飞机构造基础[M]. 北京：航空工业出版社，2004.

[3]　刘大响，陈光，等. 航空发动机：飞机的心脏[M]. 北京：航空工业出版社，2003.

[4]　王细洋. 航空概论[M]. 北京：航空工业出版社，2006.

[5]　杨华保. 飞机原理与构造[M]. 西安：西北工业大学出版社，2002.

[6]　姜长英. 中国航空史[M]. 北京：清华大学出版社，2000.

[7]　宋笔锋，谷良贤，等. 航空航天技术概论[M]. 北京：国防工业出版社，2006.

[8]　史超礼. 航空概论[M]. 北京：北京航空学院出版社，1986.

[9]　方振平. 飞机飞行动力学[M]. 北京：北京航空航天大学出版社，2005.

[10]　李成智，李小宁，田大山. 飞行之梦：航空航天发展史概论[M]. 北京：北京航空航天大学出版社，2004.

[11]　顾诵芬，史超礼，李成智，等. 世界航空发展史[M]. 郑州：河南科学技术出版社，1998.

[12]　顾诵芬，史超礼，李成智，等. 世界航天发展史[M]. 郑州：河南科学技术出版社，2000.

[13]　廖家璞，毛明久. 航空概论[M]. 北京：航空工业出版社，1999.

[14]　邹家骅. 中国大百科全书：航空航天卷[M]. 北京：中国大百科全书出版社，1985.

[15]　卢成文. 世界飞机手册[M]. 北京：航空工业出版社，1994.

[16]　徐德康. 航空百年故事集锦[M]. 北京：航空工业出版社，2000.

[17]　方昌德，马春燕，等. 航空发动机的发展历程[M]. 北京：航空工业出版社，2007.

[18]　李业惠. 飞机发展历程[M]. 北京：航空工业出版社，2007.

[19]　程昭武，沈美珍，孟鹊鸣. 中国名机珍藏[M]. 北京：中国民航出版社，1998.

[20]　程昭武，沈美珍，孟鹊鸣. 世界飞机100年[M]. 北京：国防工业出版社，2002.